Python编程训练入门

数据分析的准备

U0166331

吴喜之　张　敏　编著

中国人民大学出版社
·北京·

前 言

本书为没有专门学过计算机软件编程但又要经常做数据分析的读者所编写. 目的是让人们学会用 Python 编程处理各种数据课题, 而不是成为编写完美程序的编程专家. 本书的对象群体包括涉及统计或其延伸领域 (比如计量经济等) 的师生及做数据分析的任何领域的实际工作者.

编程语言是数据科学最重要的工具, 难以想象一个数据科学工作者不懂编程语言. 我们主张在学习数据科学各方面内容的同时, 通过处理数据来学习编程语言, 而不是在专门的编程课上学习. 学习编程的方式主要是自学. 我们需要的是泛型编程能力, 而不是学习一两种语言本身. 编程不是目的, 编程是为数据科学服务的.

最好在完成一项又一项目标中学习编程, 而不是按照手册一个功能一个功能地死记硬背. 本书是以目标导向的编程训练方式, 引导读者在使用软件完成任务过程中学会编程. 当然, 我们的目标是数据分析而不是诸如漫游、动画、生成网页等其他实践, 因此, 这里的训练内容也是基于数据处理及相关画图的需要. 我们的训练是从简单的数字及逻辑运算、线性代数运算到机器学习模型拟合的由简入繁、循序渐进的过程.

本书的许多训练是用各种编程软件都具有的函数 (名称和功能都类似) 的简单代码完成一些已有函数的功能. 这是基本功的训练, 对于未来的创造性编程有很大的意义. 如果一切都使用已有函数, 就类似于使用傻瓜软件, 虽然能达到同样的效果, 但也仅仅是实现别人的函数可以达到的目标, 无法超越和创新.

本书给出的各训练课题的参考代码是没有加以修饰或完美化的简单粗糙的程序, 可以实现例子中的目标, 但不保证在复杂情况下也不出错, 当然也不是最优的. 笔者的经验表明, 相当多的学习者写出的程序比给出的 "参考代码" 更加简洁, 效率更高. 相信读者自己编写的程序会更加优秀, 这也是本书给出参考代码的抛砖引玉目的.

本书的安排是训练在前, 供参考的基础知识在后. 这借鉴了在使用中学习的经验. 有多少人是在学会用母语说话和读书之前先学习语法和背单词的? 学习编程也不必先学会所有的语法, 不必重复经历通过背单词和语法来学习语言的枯燥而又低效的过程.

本书的排版是笔者通过 LaTeX 软件实现的, 错误由笔者负责.

吴喜之

目录

第 10 章 pandas 模块

第 11 章 matplotlib 模块

第 12 章 seaborn 模块

第 13 章 scipy 模块

第一部分

训练篇

第 1 章　初等编程训练

1.1　走出第一步

1.1.1 最简单的代码

采用任一种方式 (参考第 6 章), 打开你的 Python 界面 (这里使用 Jupyter Notebook), 输入下面代码:

```
Sentence = 'Python is easy! '
print(Sentence*3)
```

得到赋值到 Sentence 的一段文字的 3 次重复:

```
Python is easy! Python is easy! Python is easy!
```

上面的两行代码虽然简单, 但有以下一些含义:

1. Sentence 是一个对象或者变量, 而 'Python is easy! ' 是一个字符串, 该字符串被符号 "=" 赋值到这个对象. 凡是用一对单引号或一对双引号包含的字符都有类型 str (字符串).
2. print 是一个内置函数 (builtin_function_or_method). Python 是用很多内置函数组成的, 比如使用另一个内置函数 type 了解这些对象的类型:

   ```
   type(Sentence), type(3), type(print)
   ```

   输出了 Sentence, 数字 3 和 print 的类型 (字符串, 整数和内置函数).

   ```
   (str, int, builtin_function_or_method)
   ```

   上面的输出是用圆括号包含的用逗号分开的两个类型名称, 这种用圆括号包括的多元素对象称为 tuple. 读者还可以发现, 上面打印 (输出) 没有用 print, 这是因为 Jupyter Notebook 最后一行会自动打印.
3. 好奇的读者会问: 代码 type(*) 会产生错误信息, 那么 "*" 是什么类型呢? 其实, 诸如 +, -, *, / 一类的运算符都是函数的缩写, 其全名函数在模块 operator 中. 试着输入下面等同于加减乘除运算符的代码和类型:

   ```
   from operator import *
   add(3,2),sub(20,23),truediv(3,2),mul(7,3),type(mul)
   ```

输出为:

```
(5, -3, 1.5, 21, builtin_function_or_method)
```

1.1.2 更复杂的代码

下面代码的目的是计算在 6 个身高 (Heights) 中有几个人高过及不高过 my_height:

```
Heights = [1.6, 1.71, 1.65, 1.82, 2.15, 1.5]
my_height = 1.8
k = 0
m = 0
for i in Heights:
    if i > my_height:
        k = k + 1
    else:
        m += 1  # 等价于 m = m + 1
print(k, 'people higher than me, and ', m, "not so.")
```

输出为:

```
2 people higher than me, and  4 not so.
```

上面代码的要点包括:

1. 变量 Heights 的类型为 list, 其元素类型为 float (浮点型), 这可以用下面的代码核对:

   ```
   type(Heights), type(Heights[0])
   ```

   输出为:

   ```
   (list, float)
   ```

   注意 list 的元素用方括号包含的整数标识, 第 1 个元素下标为 0, 倒数第 k 个元素的下标为 -k.

2. 逻辑运算符 “>” 代表 “大于”, 这一类的常用运算符有 “<” (小于), “<=” (小于或等于), “>=” (大于或等于), “==” (等于), “!=” (不等于).

3. 循环语句 for i in Heights: 及后面缩入的若干行是一个循环语句, 意思是依次遍历 Heights 中的每个元素 (用 i 表示), 看看有没有比 my_height 大的或其他的, 如果有某种比较结果 (通过条件语句 if i > my_height: 及 else:), 则在初始设为 0 的相应计数器上加 1 (通过代码 k = k + 1 或 m += 1).

4. 最终打印 (或输出) 用逗号分隔的不同对象. 注意, 打印这种混合对象的等价代码还有下面两种 (第二种是 Python 3.6 以上的版本):

   ```
   print(f'{k} people higher than me, and {m} not so.')
   print('{} people higher than me, and {} not so.'.format(k,m))
   ```

1.1.3 函数的编写

下面是一个求某区间素数的函数及应用的代码:

```
def PrimNumber(L, U):
    PN=[]
    k = L
    while k < U:
        if k > 1:
            for j in range(2, k):
                if (k % j) == 0:
                    k += 1
                    break
            else:
                PN.append(k)
                k += 1
    return PN

L = 600
U = 660
print(f"Prime numbers between {L} and {U} are:\n {PrimNumber(L,U)}")
```

输出为:

```
Prime numbers between 600 and 660 are:
 [601, 607, 613, 617, 619, 631, 641, 643, 647, 653, 659]
```

上面代码的要点包括:

1. 函数的开头 `def PrimNumber(L, U):` 包含函数名字、变元 (这里是 `(L, U)`)、函数中间内容的缩进以及最后的输出内容 (`return PN`).
2. 另一个循环语句 `while` 其后跟着继续循环的条件.
3. 空 list `PN` 利用 `PN.append` 填补元素.
4. 满足 `(k % j) == 0` 条件时 (`%` 是余数) 通过命令 `break` 走出这次循环.

我们已经有了一个简单的开头, 我们不会更多地介绍各种语法细节, 本书后面关于 Python 的附录也仅仅为读者参考方便. 主要靠读者通过完成各种具体目标来自学. 编程高手大多是自学出来的, 他们知道如何通过各种方式获得必要的编程知识.

新手编程以能够准确完成目的为目标. 随着熟练程度的增加, 会自然地注意编程技巧及运行效率等艺术. 此外, 很多人很注意程序的美观, 比如养成等号前后增加空格、逗号后面增加空格、一行中只写一句代码等良好的习惯. 笔者不太关注这些编程的美学, 因此写出的程序缺乏美感, 读者可根据自己的感觉来增加程序的可读性和美感.

我们将在后面的章节根据逐步加深的目标做编程训练, 并且给出一些要求及限制. 当然, 答案并不是唯一的. 我们也给出可执行的供参考的解决方案. 这些方案中的程序远非完美, 更不是最优的, 希望能够抛砖引玉.

1.2 只使用基本函数的训练

这一节的所有训练大多使用 list, dict 或 tuple 等基本模块的数组对象. 不使用其他模块的函数 (有些可以用 numpy 模块函数来验证). 最基本的代码反映了编程思维的最本质的逻辑. 希望初学者能够感受到底层编程的乐趣并欣赏其思维方式. 这对于未来在实践中理解及使用有效率的现成函数不无补益.

1.2.1 简单目标的训练

训练 1.2.1 写出一个 (或几个) 函数, 求一个 list 中的和、累积和、乘积、累积乘积. 要求为:

1. 仅使用基本的 Python 函数, 不使用其他模块的函数.
2. 产生的效果如同下面 (使用 numpy 模块函数) 的代码:

```
x=[2,-3,5,6]
np.sum(x),np.cumsum(x),np.prod(x),np.cumprod(x)
```

参考代码:

```
def Oper(x):
    s=0
    cs=[]
    p=1
    cp=[]
    mx=x[0]
    mn=x[0]
    for i in x:
        s=s+i
        p=p*i
        cs.append(s)
        cp.append(p)
        if i>mx:
            mx=i
        if i<mn:
            mn=i
    return {'sum':s,'cumsum':cs,'prod':p,'cumprod': cp,'max':mx,'min':mn}
x=[2,-3,5,6]
Oper(x),Oper(x)['cumprod']
```

训练 1.2.2 写出一个函数, 与 `list(range(x))` **有相同的结果.** 要求为:

1. 仅使用基本的 Python 函数 (`range` 除外), 不使用其他模块的函数.
2. 产生的效果如同下面的代码:

```
print(list(range(5)),list(range(2,4)),list(range(1,5,2)),
      list(range(-1,-7,-2)))
```

参考代码:

```
def Range(start=0,stop=None,step=None):
    seq=[]
    if stop==None and step==None:
        k=0
        while k<start:
            seq.append(k)
            k+=1
    elif stop!=None and step==None:
        k=start
        while k<stop:
            seq.append(k)
            k+=1
    elif stop!=None and step!=None:
        k=start
        if start<stop:
            while k<stop:
                seq.append(k)
                k+=step
        else:
            while k>stop:
                seq.append(k)
                k+=step
    return seq

Range(5),Range(2,4),Range(1,5,2),Range(-1,-7,-2)
```

训练 1.2.3 写出一个函数, 求数组元素个数. 要求为:

1. 仅使用基本 (除 `len` 以外) 的 Python 函数, 不使用其他模块的函数.
2. 产生的效果如同下面的代码:

```
x=[2,-3,5,6,8,2,-3];y=(2,-3,5,6)
z={'2':3, '4':5};u='I am OK'
print(len(x),len(y),len(z),len(set(x)),len(u))
```

参考代码:

```
def Len(x):
    if not hasattr(x, '__iter__'):
            return 1
    k=0
    for i in x:
        k+=1
```

```
    return k

x=[2,-3,5,6,8,2,-3];y=(2,-3,5,6)
z={'2':3, '4':5};u='I am OK'
Len(x),Len(y),Len(z),Len(set(x)),Len(u)
```

训练 1.2.4 写出一个 (或几个) 函数, 求一个数量元素 list 中的均值、2 种方差、2 种标准差[1].

要求为:

1. 仅使用基本的 Python 函数, 除了前面训练自编的函数外, 不使用其他模块的函数.
2. 产生的效果如同下面 (使用 numpy 模块函数) 的代码:

```
x=[2,-3,5,6.5]
np.mean(x),np.var(x),np.var(x,ddof=1),np.std(x),np.std(x,ddof=1)
```

参考代码:

```
def Summary(x):
    Mean=Oper(x)['sum']/Len(x)
    sse=Oper([(a-Mean)**2 for a in x])['sum']
    Var=sse/Len(x)
    Var1=sse/(Len(x)-1)
    Std=Var**0.5
    Std1=Var1**0.5
    return {'mean': Mean,'var': Var,'var1':Var1,'std':Std,'std1':Std1}

Summary(x)
```

1.2.2 可转成 2 维数字矩阵 list 的运算

这里所谓的可转换成 2 维数字矩阵的 list, 是指一个 list (比如 x), 在 numpy 的 `np.array` 函数作用下, 可成为二维数字矩阵 (比如 `np.array(x)` 为二维数字矩阵). 这样的 list 例子 (这里是 x) 为:

```
x=[[2,3.1],[5,2.6],[-3,5]]
np.array(x).shape,np.array(x).dtype
```

输出为:

```
((3, 2), dtype('float64'))
```

这些计算完全可以很容易地把 list 转换成 numpy 的 array 形式, 并通过 numpy 函数来实

[1]方差在 numpy 中的默认定义 `np.var(x)` 为 $\frac{1}{n}\sum_{i=1}^{n}(x_i-\overline{x})^2$, 而在选项 `ddof=k` 时为 $\frac{1}{n-k}\sum_{i=1}^{n}(x_i-\overline{x})^2$, 相应的标准差是前面 2 种方差的平方根.

现, 但这里的训练要求不用 numpy 中的函数, 以熟悉 Python 的最基础的编程技能, 当然, 最终可以用 numpy 函数核对结果, 并熟悉相应的 numpy 操作.

训练 1.2.5 写出一个函数, 求 (最多 2 维) 矩阵 list 的维度 (形状). 要求为:

1. 仅使用基本的 Python 函数, 除了前面训练自编的函数外, 不使用其他模块的函数.
2. 产生的效果如同下面 (使用 numpy 模块函数) 的代码:

```
x=[[2,9,-2,-3],[7,2,0,1],[3,3,-1,6]]; y=[2,3,5]; u=[[1],[2]]
np.array(x).shape,np.array(y).reshape(1,-1).shape,np.array(u).shape
```

参考代码:

```
def Shape(x):
    if Len(x)==1: shape=(1,1)
    if Len(x)>1 and Len(x[0])==1 and type(x[0])!=list:
        shape=(1,Len(x))
    if Len(x)>1 and Len(x[0])==1 and type(x[0])==list:
        shape=(Len(x),1)
    elif Len(x)>1 and Len(x[0])>1:
        shape=(Len(x),Len(x[0]))
    return shape

x=[[2,9,-2,-3],[7,2,0,1],[3,3,-1,6]]; y=[2,3,5]; u=[[1],[2]]
Shape(x),Shape(y),Shape(u)
```

训练 1.2.6 写出一个函数, 求 2 维数字矩阵 list 的转置. 要求为:

1. 仅使用基本的 Python 函数, 除了前面训练自编的函数外, 不使用其他模块的函数.
2. 产生的效果如同下面 (使用 numpy 模块函数) 的代码:

```
x=[[2,9,-2,-3],[7,2,0,1],[3,3,-1,6]]
np.array(x),np.array(x).shape, np.array(x).T,np.array(x).T.shape
```

参考代码:

```
def Trans(x):
    n,m=Shape(x)
    if n>1 and m>1:
        T=[]
        for i in Range(m):
            r=[]
            for j in Range(n):
                r.append(x[j][i])
            T.append(r)
    elif n==1 and m>1:
```

```
        T=[]
        for k in x:
            T.append([k])
    elif n>1 and m==1:
        T=[]
        for k in x:
            T.append(k[0])
    elif n==1 and m==1:
        T=x
    return T

x=[[2,9,-2,-3],[7,2,0,1],[3,3,-1,6]]; y=[2,3,5]; u=[[1],[2]]
print(Shape(x), Trans(x), Shape(Trans(x)))
print('\nCheck with numpy:')
print(np.array(x).shape,'\n',np.array(Trans(x)),'\n',
      np.array(Trans(x)).shape)
print(np.array(Trans(y)),'\n',np.array(Trans(u)))
```

训练 1.2.7 写出一个函数, 得到全是某个常数值的 2 维数字矩阵 list. 要求为:

1. 仅使用基本的 Python 函数, 除了前面训练自编的函数外, 不使用其他模块的函数.
2. 产生的效果如同下面 (使用 numpy 模块函数) 的代码:

```
np.ones((2,3))*5,np.zeros((3,4))
```

参考代码:

```
def Const(n,m,const=0):
    M=[]
    for i in Range(n):
        r=[]
        for j in Range(m):
            r.append(const)
        M.append(r)
    return M

Const(2,3,5), Const(3,4)
```

训练 1.2.8 写出一个函数, 使得数字矩阵 list 和对角线元素 (矩阵) 互相转换: (1) 取出矩阵对角线元素作为 1 维数组; (2) 把 1 维数组转换成以其为对角线的对角线矩阵; (3) 根据整数生成该整数维的单位矩阵. 要求为:

1. 仅使用基本的 Python 函数, 除了前面训练自编的函数外, 不使用其他模块的函数.
2. 产生的效果如同下面 (使用 numpy 模块函数) 的代码:

```
x=[[2,9,-2,-3],[7,2,0,1],[3,3,-1,6]]
np.diag(np.array(x)),np.diag([2,3,5]),np.diag(np.ones(3))
```

参考代码:

```
def Diag(x):
    n,m=Shape(x)
    if n>1 and m>1:
        D=[]
        for i in Range(n):
            for j in Range(m):
                if i==j:
                    D.append(x[i][j])
    elif n==1 and m>1:
        D=Const(m,m)
        for i in Range(m):
            D[i][i]=x[i]
    elif n==1 and m==1:
        D=Const(x,x)
        for i in Range(x):
            D[i][i]=1
    elif n>1 and m==1:
        D=Const(n,n)
        for i in Range(n):
            D[i][i]=x[i][0]
    return D

print(Diag(x),Diag([2,3,5]),Diag(3),Diag([[4],[2],[7]]))
print('\nCheck with numpy:')
print(np.array(Diag(x)),'\n',np.array(Diag([2,3,5])),'\n',
      np.array(Diag(3)),'\n',np.array(Diag([[4],[2],[7]])))
```

训练 1.2.9 写出一个函数, 对数字矩阵 list 每行 (列) 的数组做诸如求均值、方差、和、乘积等运算, 每行 (列) 的结果为一个 list 的一个元素 (元素本身可以是一个数组). 要求为:

1. 仅使用基本的 Python 函数, 除了前面训练自编的函数外, 不使用其他模块的函数.
2. 产生的效果类似下面 (使用 numpy 模块函数) 的代码:

```
np.array(x).sum(1),np.array(y).cumprod(0)
```

参考代码:

```
# method: 'sum','cumsum','prod','cumprod','max','min'
def Apply(x,method='mean',byrow=True):
    n,m=Shape(x)
    A=[]
    if byrow:
        for i in Range(n):
            A.append(Oper(x[i])[method])
    else:
        y=Trans(x)
        for i in Range(m):
            A.append(Oper(y[i])[method])
    return A
x=[[2,9,-2,-3],[7,2,0,1],[3,3,-1,6]]
y=[[12,-6.3,22,4.2],[17,2.1,-0.4,21]]
Apply(x,'sum'),Apply(y,'cumprod',False)
```

训练 1.2.10 写出一个函数, 把数字矩阵 list 按行或列拉成一个向量. 要求为:

1. 仅使用基本的 Python 函数, 除了前面训练自编的函数外, 不使用其他模块的函数.
2. 产生的效果类似下面 (使用 numpy 模块函数) 的代码:

```
x=[[2,9,-2,-3],[7,2,0,1],[3,3,-1,6]]
np.array(x),np.array(x).reshape(1,-1),np.array(x).T.reshape(1,-1)
```

参考代码:

```
def Vec(x,byrow=True):
    n,m=Shape(x)
    if byrow:
        y=x
    else:
        y=Trans(x)
    M=[]
    for i in y:
        M.extend(i)
    return(M)
Vec(x),Vec(x,False)
```

训练 1.2.11 写出一个函数, 把数字矩阵 list 按行或列组成新矩阵. 要求为:

1. 仅使用基本的 Python 函数, 除了前面训练自编的函数外, 不使用其他模块的函数.
2. 产生的效果类似下面 (使用 numpy 模块函数) 的代码:

```
x=[[2,9,-2,-3],[7,2,0,1],[3,3,-1,6]]
np.array(x),np.array(x).reshape(2,6),np.array(x).T.reshape(2,6)
```

参考代码:

```
def Reshape(x,r,c,byrow=True):
    n,m=Shape(x)
    if r==1 or c==1: return 'Use Vec function!'
    if n*m!=r*c: return 'Wrong shape!'
    z=Vec(x,byrow)
    M=[]
    for k in Range(r):
        M.append(z[(c*k):(c*(k+1))])
    return M

x=[[2,9,-2,-3],[7,2,0,1],[3,3,-1,6]]
print(Reshape(x,2,6),Reshape(x,2,6,False))
print('\nCheck with numpy:')
print(np.array(Reshape(x,2,6)),'\n',np.array(Reshape(x,2,6,False)))
```

训练 1.2.12 按行或按列合并两个数字矩阵 list, 组成新矩阵. 要求为:

1. 仅使用基本的 Python 函数, 除了前面训练自编的函数外, 不使用其他模块的函数.
2. 产生的效果类似下面 (使用 numpy 模块函数) 的代码:

```
x=[[9,-2,4],[-10,2,7]]
y=[[5,3,4],[2,-1,6]]
print(np.vstack((np.array(x),np.array(y))),'\n',
      np.hstack((np.array(x),np.array(y))))
```

参考代码:

```
def Stack(x,y,byrow=True):
    if byrow:
        M=x.copy()
        for i in y:
            M.append(i)
    else:
        M=Trans(x)
        y1=Trans(y)
        for i in y1:
            M.append(i)
        M=Trans(M)
    return M

x=[[9,-2,4],[-10,2,7]]
y=[[5,3,4],[2,-1,6]]
print(Stack(x,y),Stack(x,y,False))
```

```
print('\nCheck with numpy:')
print(np.array(Stack(x,y)),'\n',np.array(Stack(x,y,False)))
```

训练 1.2.13 序列 (按照升序或降序) 排序并另外给出排序的下标. 要求仅使用基本的 Python 函数 (提示: 可使用针对 list 的 inser 函数), 除了前面训练自编的函数外, 不使用其他模块的函数.

参考代码:

```
def OrderSort(x,decreasing=False):
    if x[0]<x[1]:
        s=x[:2]
        O=[0,1]
    else:
        s=[x[1],x[0]]
        O=[1,0]
    for i in Range(2,Len(x)):
        j=0
        while j<Len(s):
            if x[i]<s[j]:
                s.insert(j,x[i])
                O.insert(j,i)
                break
            elif j==Len(s)-1 and x[i]>s[j]:
                s.insert(j+1,x[i])
                O.insert(j+1,i)
                break
            else:
                j+=1
    if decreasing==True:
        s=s[::-1]
        O=O[::-1]
    return {'Order':O,'Sort':s}

# 测试:
x=[2.3,-7,10,23,-78,9,6]
print(OrderSort(x))
print(OrderSort(x,decreasing=True))
y=['I', 'am', 'a', 'student']
print(OrderSort(y))
print(OrderSort(y,decreasing=True))
```

训练 1.2.14 两个数字矩阵 list 之间的矩阵乘积 (点积). 用数学符号来说就是

$$\underset{n\times m}{\boldsymbol{Z}} = \underset{n\times p}{\boldsymbol{X}}\ \underset{p\times m}{\boldsymbol{Y}},$$

当然这里的矩阵都是可以转换成相应矩阵的 list. 要求为:

1. 仅使用基本的 Python 函数, 除了前面训练自编的函数外, 不使用其他模块的函数.
2. 产生的效果类似下面 (使用 numpy 模块函数) 的代码:

```
x=[[9,-2,5.6],[-10,7,3.4]]
y=[[5,3,4],[2,-1,6],[4.2,3.8,-9.1]]
x1=np.array(x);y1=np.array(y)
print(x1.dot(y1),'\n', x1[0,:].dot(x1[0,:].T),'\n',
      x1[0,:].reshape(-1,1).dot(x1[0,:].reshape(1,-1)))
```

参考代码:

```
def Dot(x,y):
    n,p=Shape(x)
    q,m=Shape(y)
    if q!=p: return 'Wrong shape!'
    z=Trans(y)
    P=Const(n,m,0)
    for i in Range(n):
        for j in Range(m):
            for k in Range(p):
                if n>1 and m>1:
                    P[i][j]=P[i][j]+x[i][k]*z[j][k]
                elif n==1 and m>1:
                    P[i][j]=P[i][j]+x[k]*z[j][k]
                elif n==1 and m==1:
                    P[i][j]=P[i][j]+x[k]*z[k]
                elif n>1 and m==1:
                    P[i][j]=P[i][j]+x[i][k]*z[k]
    return P
print(Dot(x,y),Dot(x[0],Trans(x[0])),Dot(Trans(x[0]),x[0]))
print('\nCheck with numpy')
print(np.array(Dot(x,y)),'\n',np.array(Dot(x[0],Trans(x[0]))),'\n',
      np.array(Dot(Trans(x[0]),x[0])))
```

训练 1.2.15 写出用主元 Gauss-Jordan 消元法求逆矩阵的函数. 要求为:

1. 仅使用基本的 Python 函数, 除了前面训练自编的函数外, 不使用其他模块的函数.
2. 产生的效果类似下面 (使用 numpy 模块求逆矩阵函数 `np.linalg.inv`) 的代码:

```
w=[[5,4,4],[8,9,8],[9,4,7]]
np.linalg.inv(np.array(w))
```

Gauss-Jordan 消元法解决方案原理是把要求逆的方阵放在单位阵旁边 (比如左边), 然后用行乘以常数并互相加减把目标矩阵转换成单位阵, 而原先的单位阵在同样的行操作之后则转换为逆矩阵. 具体的做法是: 首先, 把 $n \times n$ 目标阵 $\boldsymbol{X} = \{x_{ij}\}$ 放在单位阵左边, 形成一个 $n \times 2n$ 的矩阵 $[\boldsymbol{X}|\boldsymbol{I}]$, 然后实施下面步骤:

1. 除以第一行适当的数字 (比如 x_{11}), 使得矩阵左上角 (第一行最左边元素 x_{11}) 等于 "1", 如果原矩阵的 $x_{11} = 0$, 则可以和其他行交换使得其值不为 0. 除非矩阵不满秩, 否则总存在某一行的第一个元素不为 0.
2. 每一行都减去第一行乘以适当的数字, 把第二行开始的第一列都转换成 "0", 即 $x_{i1} = 0\ (i = 2, 3, \ldots, n)$;
3. 把第 2 行第 2 列的元素 x_{22} 转换成 "1";
4. 把第 2 列其他元素转换成 "0", 即 $x_{i2} = 0\ (i \neq 2)$;
5. 如此下去, 把矩阵 $[\boldsymbol{X}|\boldsymbol{I}]$ 左边的 $\boldsymbol{X}$ 转换成对角阵, $[\boldsymbol{X}|\boldsymbol{I}]$ 右边的单位阵 $\boldsymbol{I}$ 则转换成原始矩阵 $\boldsymbol{X}$ 的逆矩阵 $\boldsymbol{X}^{-1}$.

下面是上述步骤的一个直观示例:

$$\boldsymbol{X} = \begin{bmatrix} 5 & 4 & 4 \\ 8 & 9 & 8 \\ 9 & 4 & 7 \end{bmatrix} \Rightarrow \left[\begin{array}{ccc|ccc} 5 & 4 & 4 & 1 & 0 & 0 \\ 8 & 9 & 8 & 0 & 1 & 0 \\ 9 & 4 & 7 & 0 & 0 & 1 \end{array}\right] \overset{x_{1j}/5}{\Longrightarrow} \left[\begin{array}{ccc|ccc} 1 & 4/5 & 4/5 & 1/5 & 0 & 0 \\ 8 & 9 & 8 & 0 & 1 & 0 \\ 9 & 4 & 7 & 0 & 0 & 1 \end{array}\right]$$

$$\overset{\substack{x_{2j} - x_{1j} \times 8 \\ x_{3j} - x_{1j} \times 9}}{\Longrightarrow} \left[\begin{array}{ccc|ccc} 1 & 4/5 & 4/5 & 1/5 & 0 & 0 \\ 0 & 9 - 8 \times 4/5 & 8 - 8 \times 4/5 & -8/5 & 1 & 0 \\ 0 & 4 - 9 \times 4/5 & 7 - 9 \times 4/5 & -9/5 & 0 & 1 \end{array}\right]$$

$$= \left[\begin{array}{ccc|ccc} 1 & 0.8 & 0.8 & 0.2 & 0 & 0 \\ 0 & 2.6 & 1.6 & -1.6 & 1 & 0 \\ 0 & -3.2 & -2 \times 0.8 & -1.8 & 0 & 1 \end{array}\right]$$

$$\overset{x_{2j}/2.6}{\Longrightarrow} \left[\begin{array}{ccc|ccc} 1 & 0.8 & 0.8 & 0.2 & 0 & 0 \\ 0 & 1 & 1.6/2.6 & -1.6/2.6 & 1/2.6 & 0 \\ 0 & -3.2 & -1.6 & -1.8 & 0 & 1 \end{array}\right]$$

$$\overset{\substack{x_{1j} - x_{2j} \times 0.8 \\ x_{3j} - x_{2j} \times (-3.2)}}{\Longrightarrow} \left[\begin{array}{ccc|ccc} 1 & 0 & 0.8 - 0.8 \times (1.6/2.6) & 0.2 - 0.8 \times (-1.6/2.6) & -0.8 \times (1/2.6) & 0 \\ 0 & 1 & 1.6/2.6 & -1.6/2.6 & 1/2.6 & 0 \\ 0 & 0 & -1.6 - (-3.2)(1.6/2.6) & -1.8 - (-3.2)(-1.6/2.6) & -(-3.2)(1/2.6) & 1 \end{array}\right]$$

$$\Longrightarrow \cdots$$

$$\Longrightarrow \left[\begin{array}{ccc|ccc} 1 & 0 & 0 & 1.3478261 & -0.52173913 & -0.1739130 \\ 0 & 1 & 0 & 0.6956522 & -0.04347826 & -0.3478261 \\ 0 & 0 & 1 & -2.1304348 & 0.69565217 & 0.5652174 \end{array}\right]$$

$$\Longrightarrow \boldsymbol{X}^{-1} = \begin{bmatrix} 1.3478261 & -0.52173913 & -0.1739130 \\ 0.6956522 & -0.04347826 & -0.3478261 \\ -2.1304348 & 0.69565217 & 0.5652174 \end{bmatrix}.$$

参考代码:

```
def Inv(w):
    n,m=Shape(w)
    I=Diag(n)
    W=Stack(w,I,byrow=False)
    for i in Range(n):
```

```
        if W[i][i]==0:
            P=[]
            for k in Range(i+1,Shape(W)[0]):
                if W[k][i]!=0:
                    P.append(k)
            if Len(P)==0: return 'matrix is rank deficient'
            _=W[P[0]]
            W[P[0]]=W[i]
            W[i]=_
        W[i]=[x/W[i][i] for x in W[i]]
        for j in Range(n):
            if j!=i:
                _=[x*W[j][i] for x in W[i]]
                W[j]=[a-b for a,b in zip(W[j],_)]
            else:
                continue
    for i in Range(n):
        W[i]=W[i][-n:]
    return W

#测试
w=[[0,0,4],[8,9,8],[9,4,7]]
print(np.array(Inv(w)),'\nnumpy:\n',np.linalg.inv(np.array(w)))
```

1.3 一些应用的编程训练

这一部分编程练习涉及少数具体的应用课题, 自然都有相应的模块或程序包来解决, 我们不限制模块及函数的使用 (除了和训练直接有关的专门函数), 但希望尽量用最基本的函数来实现. 我们给出的解决方案仅仅是参考而已, 相信读者可以写出更好的代码.

1.3.1 随机游走

训练 1.3.1 随机游走. 如果一个喝醉的人, 每走一步都要随机地换个方向和步长, 那么其路径就差不多像个二维随机游走 (random walk). 随机游走的定义很多, 下面是其中一种定义: 每一维的步长和方向服从正态分布 $N(0,1)$ 的 m 步 n 维随机游走可以定义为:

$$\boldsymbol{x}_m = \boldsymbol{x}_0 + \sum_{i=1}^{m} \boldsymbol{e}_i, \quad \boldsymbol{e}_i \sim N(\boldsymbol{0}, \boldsymbol{I}) \ \ \forall i.$$

这里的 $\boldsymbol{x}_m$、$\boldsymbol{e}_i$、$\boldsymbol{x}_0$ 都是 n 维向量, $\boldsymbol{0}$ 是 n 维 0 均值向量, $\boldsymbol{I}$ 为单位协方差阵. 请根据这个定义生成一个二维随机游走数据, 并且画出相应的图形.

参考代码:

不用 numpy 模块函数, 参考代码如下, 生成图1.3.1.

```
import random
import matplotlib.pyplot as plt
x=0;y=0;X=[];Y=[]
random.seed(1010)
for i in range(1000):
    x=x+random.normalvariate(0,1)
    y=y+random.normalvariate(0,1)
    X.append(x)
    Y.append(y)
plt.figure(figsize=(20,7))
plt.plot(X,Y,'b.-')
```

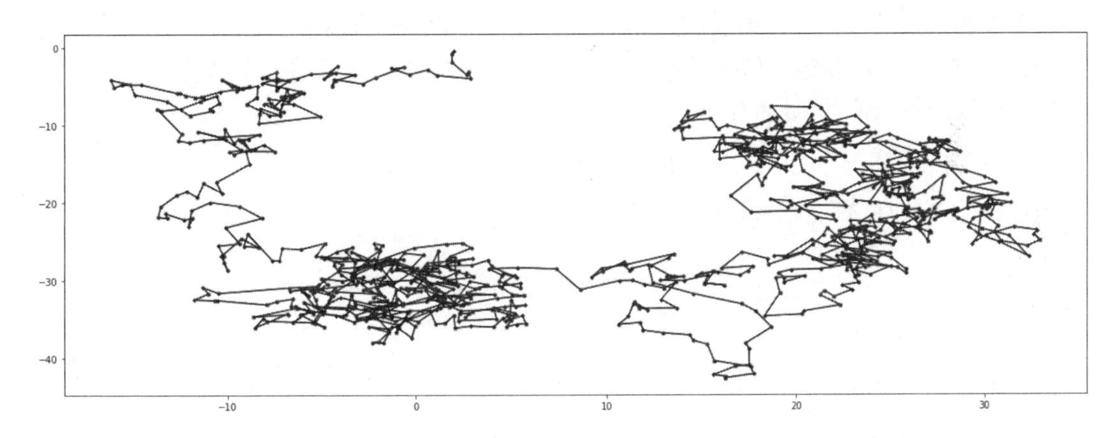

图 1.3.1 二维随机游走路径图 (不用 **numpy** 模块函数)

如果用 numpy 模块函数, 则可生成图 1.3.2.

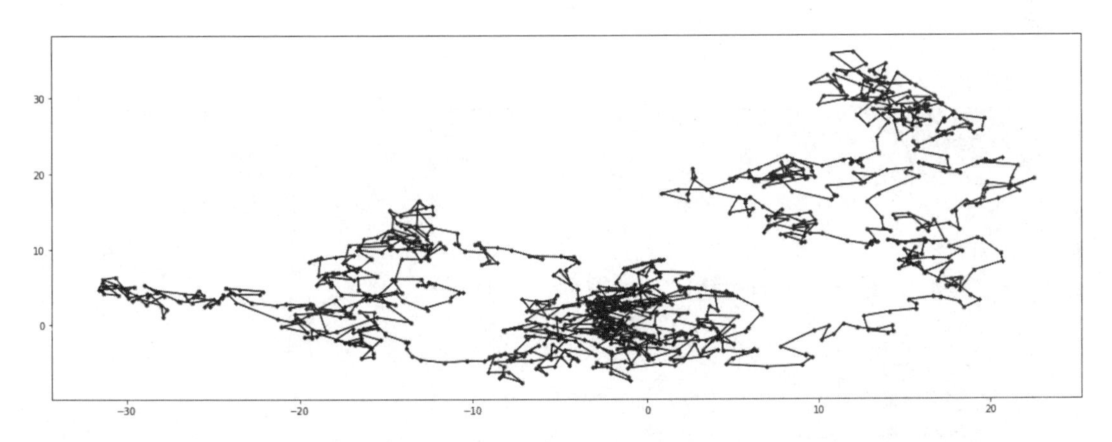

图 1.3.2 二维随机游走路径图 (用 **numpy** 模块函数)

生成图 1.3.2 的相应代码如下:

```
np.random.seed(1010)
x=np.random.randn(1000).cumsum()
y=np.random.randn(1000).cumsum()
plt.figure(figsize=(20,7))
plt.plot(x,y,'b.-')
```

1.3.2 牛顿法求非线性方程解

训练 1.3.2 牛顿法求非线性方程解. 请写出用牛顿法求非线性方程, 比如

$$\log(x)+\frac{3}{16-2\mathrm{e}^x}$$

的一个实数解的程序 (或函数).

用牛顿法求非线性方程解的原理如下. 目标是得到方程 $f(x)=0$ 的近似解. 取一个解的初始近似值 x_0. 该初始近似值并不一定是好的近似值, 也可能只是一个猜测而已, 我们希望找到更好的近似值. 为此首先得到 $f(x)$ 在 x_0 的切线

$$y=f(x_0)+f'(x_0)(x-x_0).$$

然后找到该切线与横轴的交点, 它是下面方程的解 x_1:

$$0=f(x_0)+f'(x_0)(x_1-x_0),$$

$$x_1=x_0-\frac{f(x_0)}{f'(x_0)}.$$

然后再求在 x_1 上的切线与横轴交点 x_2:

$$x_2=x_1-\frac{f(x_1)}{f'(x_1)}.$$

因此, 只要初始近似值的导数不为零, 我们就可以不断找到新的近似值 $x_3,x_4,\ldots$, 满足

$$x_{n+1}=x_n-\frac{f(x_n)}{f'(x_n)},\quad n=0,1,2,\ldots,$$

直到收敛为止.

参考代码:

```
def f(x):
    return np.log(x)+3/(16-2*np.exp(x))

def df(x):
    return 1/x+6*np.exp(x)/(16-2*np.exp(x))**2

ep=30;x0=.5;k=0
while abs(ep) > 10**-15 and k<10000:
    x0=x0-f(x0)/df(x0)
    ep=f(x0)
    k+=1
print(f'root = {x0.round(5)}, after {k} iterations')
```

得到:

```
root = 0.77325, after 5 iterations
```

1.3.3 用三次插值法求函数极小值点

训练 1.3.3 用三次插值法求函数极小值点. 请编一个程序, 求函数

$$f(x)=\frac{\mathrm{e}^x+\mathrm{e}^{-x}}{2}$$

的极小值点.

如果有个可导函数 $f(x)$ 在区间 (a,b) 上有极小值 (极大值类似), 那么可以用许多方法求其极小值, 其中之一是三次插值法. 具体步骤如下:

(1) 基于区间 (a,b) 用下面的方法近似一个极小值点 y:

$$U=f'(b);\ V=f'(a);$$
$$Z=3\frac{f(b)-f(a)}{b-a}-U-V;\ W=\sqrt{Z^2-UV};$$
$$y=a+(b-a)\left(1-\frac{U+W+Z}{U-V+2*W}\right).$$

如果 $f'(y)$ 充分小, 则认为 y 是极小值点, 否则按照下面的规则重新定义区间点:

$$\begin{cases} b=y, & \text{如果 } f'(y)>0; \\ a=y, & \text{如果 } f'(y)<0. \end{cases}$$

(2) 回到 (1), 计算新的 y, 直到满意为止.

参考代码:

```
def ee(x):
    y=(np.exp(x)+np.exp(-x))/2
    return y

def ee1(x):
    y=(np.exp(x)-np.exp(-x))/2
    return y

def p3(a,b):
    U=ee1(b);V=ee1(a);
    Z=3*(ee(b)-ee(a))/(b-a)-U-V
    W=np.sqrt(Z**2-U*V)
    y=a+(b-a)*(1-(U+W+Z)/(U-V+2*W))
    return y

k=0
a=-200;b=300
y=p3(a,b)
```

```
while abs(ee1(y))>10**-15 and k<100:
    if y>0:
        b=y
        y=p3(a,b)
    else:
        a=y
        y=p3(a,b)
    k+=1
print(f'x = argmin(f(x)) = {y.round(5)}, f(x) = {ee(y).round(5)}, \
df(x)/dx = {ee1(y).round(5)}, k = {k}')
```

得到:

```
x = argmin(f(x)) = -0.0, f(x) = 1.0, df(x)/dx = -0.0, k = 15
```

1.3.4 用黄金分割法求函数在区间中的最小值

训练 1.3.4 用黄金分割法求函数在区间中的最小值. 请编一个程序, 求函数

$$f(x)=\frac{\mathrm{e}^{x}+\mathrm{e}^{-x}}{2}$$

的极小值点.

该方法就是用黄金分割法 (0.618 法) 求函数在区间 (a_1,a_2) 上的最小值. 令 $G=(\sqrt{5}-1)/2\approx 0.618$, 具体步骤为:

(1) 取定初始区间端点 (a_1,a_2), 计算:

$$a_3=a_2-G(a_2-a_1);\ a_4=a_1+G(a_2-a_1);\ f_3=f(a_3);\ f_4=f(a_4).$$

如果 $|a_3-a_4|$ 充分小, 则认为 a_3 或 a_4 是极小值点, 否则按照下面的规则重新定义区间点及相应的函数值:

$$\begin{cases} a_2=a_4,\ a_4=a_3,\ f_4=f_3,\ a_3=a_2-G(a_2-a_1),\ f_3=f(a_3), & \text{如果 } f_3<f_4;\\ a_1=a_3,\ a_3=a_4,\ f_3=f_4,\ a_4=a_1+G(a_2-a_1),\ f_4=f(a_4), & \text{如果 } f_3>f_4. \end{cases}$$

(2) 回到 (1), 继续迭代, 直到满意为止.

参考代码:

```
def f(x):
    y=(np.exp(x)+np.exp(-x))/2
    return y

G=(np.sqrt(5)-1)/2
a1=-200;a2=300
a3=a2-G*(a2-a1)
a4=a1+G*(a2-a1)
f3=f(a3);f4=f(a4)
k=0
```

```
while abs(a3-a4)>10**-15 and k<1000:
    if f3<f4:
        a2=a4
        a4=a3
        f4=f3
        a3=a2-G*(a2-a1)
        f3=f(a3)
    else:
        a1=a3
        a3=a4
        f3=f4
        a4=a1+G*(a2-a1)
        f4=f(a4)
    k+=1
print(f'abs(a3-a4) = {np.abs(a3-a4).round(5)},\
 abs(f3-f4) = {np.abs(f3-f4).round(5)},\
 f(a_3) = {f3.round(5)}, k = {k}')
```

得到:

```
abs(a3-a4) = 0.0, abs(f3-f4) = 0.0, f(a_3) = 1.0, k = 82
```

1.3.5 最古老的伪随机数产生器

训练 1.3.5 $(0,1)$ **区间上的均匀分布伪随机数产生器.** 按照下面的方法写出单位区间上均匀分布的伪随机数的生成函数.

最古老的伪随机数产生器为:

$$x_{n+1} = \mathrm{MOD}(\beta \times x_n + \alpha, m),$$

这里 $0 < m, 0 < \beta < m, 0 \leqslant \alpha < m, 0 \leqslant x_0 < m$, x_0 为随机种子. 产生的 $(0,1)$ 区间的随机数序列为 $R_i = x_i/m$. 符号 $\mathrm{MOD}(x,y)$ 表示 x/y 的余数.

编一个程序产生 $(0,1)$ 区间的随机数列. 在老程序中, 人们经常取 $m = 65536, \beta = 2053, \alpha = 13849$, 其中 m 需要取大一些, 比如 $m = 2^{16}$. 也请点出随机数的散点图及直方图, 看其像不像随机的.

参考代码:

```
def Rand(n,seed):
    U=2053.;V=13849.;R=seed
    a=[]
    i=0
    S=2**16
    while i<n:
        R=(U*R+V)%S
```

```
        a.append(R/S)
        i+=1
    return a
# 测试: 画散点图及直方图
import matplotlib.pyplot as plt
import seaborn as sns
y=Rand(10000,1010)
fig = plt.figure(figsize=(20,5))
plt.subplot(121)
plt.scatter(range(len(y)),y,s=5)
plt.subplot(122)
sns.distplot(y, hist=True, kde=True, bins=int(300/5), color = 'darkblue',
    hist_kws={'edgecolor':'black'},kde_kws={'linewidth': 4})
```

生成的伪随机数散点图及直方图见图 1.3.3.

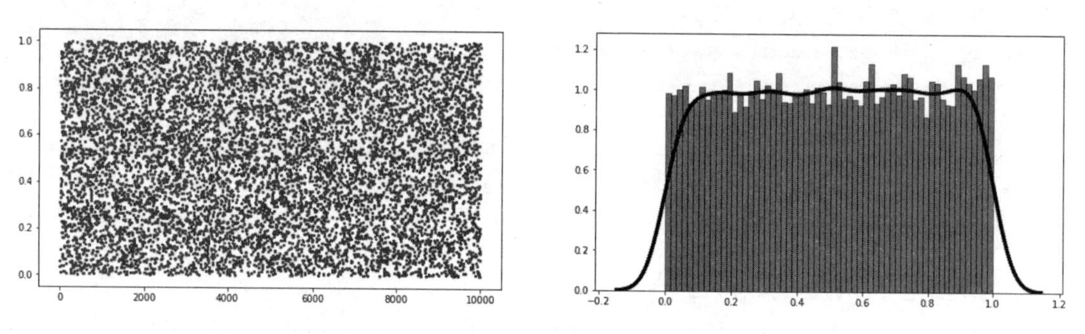

图 1.3.3 伪随机数散点图 (左) 及直方图 (右)

训练 1.3.6 正态分布 $N(\mu,\sigma^2)$ 伪随机数产生器. 按照下面的方法写出正态分布伪随机数的生成函数.

有了均匀分布的伪随机数, 就可以很容易生成各种有解析式的其他分布. 根据中心极限定理, 对任意分布的独立同分布而且均值和方差分别为 μ 和 σ^2 的随机变量 $X_1, X_2, \ldots, X_n$, 当 n 充分大时, 下式趋于 $N(0,1)$ 分布:

$$\frac{1}{\sqrt{n}\sigma}\left(\sum_{i=1}^{n} X_i - n\mu\right).$$

由于均匀分布的均值 $\mu = 1/2$, 方差 $\sigma^2 = 1/12$, 上式成为

$$\frac{1}{\sqrt{n/12}}\left(\sum_{i=1}^{n} X_i - n/2\right),$$

可以近似趋于 $N(0,1)$ 分布, 显然, 上式乘以预定的正态标准差再加上预定的正态均值就可近似 $N(\mu,\sigma^2)$ 了, 因此, 生成一个服从正态分布 $N(\mu,\sigma^2)$ 的伪随机数的公式如下:

$$y = \mu + \sigma\frac{\sum_{i=1}^{n} U_i - n/2}{\sqrt{n/12}},$$

其中 U_i $(i = 1, 2, \ldots, n)$ 为 $(0,1)$ 区间上的均匀分布的伪随机数, 这里的 n 为一个足够大的

数 ($n = 12$ 已经相当不错了).

请编写一个产生状态随机数序列的函数, 并用直方图来验证.

参考代码:

```
def RandN(n,loc,sd,seed=1010):
    A=[]
    i=0
    Seed=(np.array(Rand(n,seed))*10000)
    while i<n:
        RN=np.array(Rand(12,Seed[i]))
        A.append(loc+sd*(np.sum(RN[:12])-6))
        i+=1
    return A
# 测试并画图
import seaborn as sns
y=RandN(10000,0.,1.)
fig = plt.figure(figsize=(20,5))
plt.subplot(121)
plt.scatter(range(len(y)),y,s=5)
plt.subplot(122)
sns.distplot(y, hist=True, kde=True, bins=int(300/5), color = 'darkblue',
    hist_kws={'edgecolor':'black'},kde_kws={'linewidth': 4})
```

以上代码生成的伪标准正态随机数散点图及直方图如图 1.3.4所示.

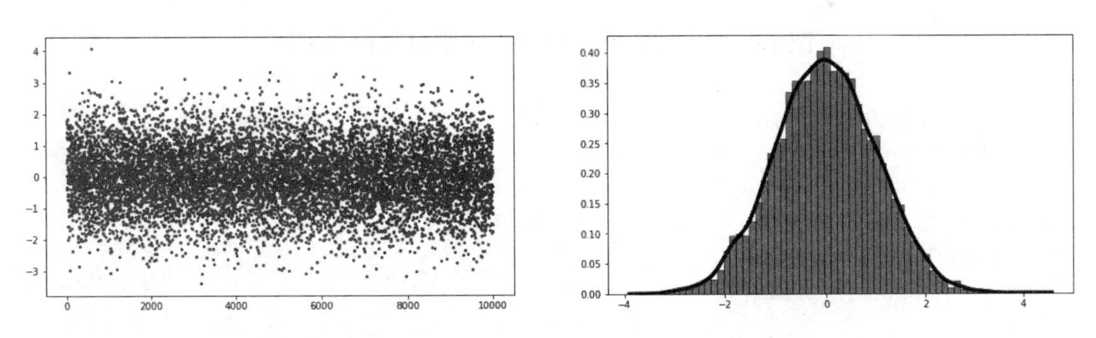

图 1.3.4 伪标准正态随机数散点图 (左) 及直方图 (右)

训练 1.3.7 不同函数产生的 "伪随机数" 能对大数定理做验证吗? 使用 `numpy.random` 及 random 模块的标准正态随机变量产生器以及我们自己编写的标准正态随机变量产生器, 各自生成 50000 个累积正态均值, 并点出相应的图.

根据弱大数定理, 如果 $X_1, X_2, \ldots, X_n$ 为独立同分布随机变量, 如果其共同分布的均值为 $\mu = E(X)$, 那么,

$$\text{当}\ n \longrightarrow \infty\ \text{时},\ \overline{X}_n = \frac{1}{n}\sum_{i=1}^{n} X_i \xrightarrow{P} \mu,$$

式中的 "$\xrightarrow{P}$" 意味着依概率收敛[2].

参考方案:

画出 3 种函数得到的 $n=50000$ 的累积均值图 (图1.3.5是 $n>1000$ 的图).

```
def CumMean(x): #向量累积和或累积均值
    c=0; k=0; M=[]
    for i in x:
        k+=1
        c=c+i
        M.append(c/k)
    return M
```

使用我们的函数及 random 模块和 numpy 模块中的相应函数生成 3 个样本量 $n=50000$ 的序列, 并对 3 个序列从第 10000 个点开始点图 (参见图 1.3.5).

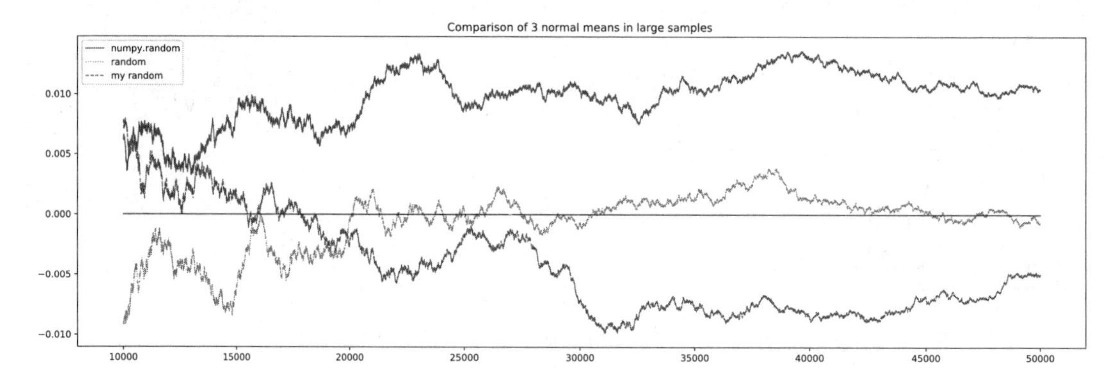

图 1.3.5　3 种正态随机数生成器的累积均值图

生成图 1.3.5 的代码为:

```
import random
random.seed(1010); np.random.seed(1010)
n=50000
x_np=np.random.randn(n)
y=[]
for i in range(n):
    y.append(random.normalvariate(0,1))
z=RandN(n,0,1,1010)
x_sq=CumMean(x_np)
y_sq=CumMean(y)
z_sq=CumMean(z)
```

[2]随机序列 $X_1, X_2, X_3, \ldots$ 依概率收敛到随机变量 X 的定义是: 如果对于所有 $\varepsilon>0$, 满足

$$\lim_{n\to\infty} P(|X_n - X| \leqslant \varepsilon) = 0.$$

当 X 是常数时为特殊情况.

```
Start=10000
idd=np.arange(Start,50000)
plt.figure(figsize=(20,6))
plt.plot(idd,x_sq[Start:],'b-',label='numpy.random',linewidth=1)
plt.plot(idd,y_sq[Start:],'g:',label='random',linewidth=1)
plt.plot(idd,z_sq[Start:],'r--',label='my random',linewidth=1)
plt.plot(idd,np.zeros(n-Start),'k-',label=None,linewidth=1)
plt.legend(loc='best')
plt.title('Comparison of 3 normal means in large samples')
```

1.4 若干画图难点训练

这里不想遍历所有图形的画法，仅通过一些比较有代表性、有一定难度的特例训练来理解各种画图的要点. 必须注意，很多图形函数在不断改变和更新，需要注意跟进.

本书第二部分包含了各种 Python 模块画图的介绍，以及画各种基本图形的方法. 这里不再罗列. 我们希望通过完成一些目标来探索其中的难点或要点. 在实践中，常会遇到下面的问题，其中一些是互相关联的:

- 不同的模块生成同一类图形的代码区别很大，包括尺寸、标签、符号等细节.
- 不同的模块生成同一类图形的数据格式要求不同.
- 即使同样的模块生成不同类图形的代码区别也很大.
- 不同模块生成的图形放在一起排列时的各种选项问题.

我们将使用下面的例子进行实践.

例 1.1 葡萄酒和死亡数据 (wine.csv). 这是 1994 年 1 月 28 日 *New York Times* 文章的数据. 共有 21 个国家的观测值, 变量有 country (国家), alcohol (摄取葡萄酒的酒精含量, 单位为升/人), deaths (每 10 万人的死亡数), heart (每 10 万人中因心脏病死亡数), liver (每 10 万人中因肝病死亡数).

例 1.2 (autocars.csv). 这是数据展示中最常用的若干与汽车有关的数据之一. 这一数据有 406 个观测值和 9 个变量, 变量包括: `Name` (汽车名), `Miles_per_Gallon` (耗油量: 每加仑汽油行驶的英里数 (mpg)), `Cylinders` (气缸数), `Displacement` (排气量), `Horsepower` (马力), `Weight_in_lbs` (重量), `Acceleration` (加速性能: 秒), `Year` (年份), `Origin` (品牌地).

例 1.3 (penguins.csv). 这是一个关于南极洲帕尔默群岛中 3 个岛屿企鹅的数据, 由 Kristen Gorman 博士和南极洲 LTER 帕尔默站 (Palmer Station Antarctica, LTER)[3] 收集并提供. 这一数据有 344 个观测值及 7 个变量: species (物种, 3 类: Adelie, Chinstrap, Gentoo), island (岛, y 有 3 个: Biscoe, Dream, Torgersen), bill_length_mm (喙的以毫米为单位的长度), bill_depth_mm (喙的以毫米为单位的深度), flipper_length_mm (鳍状肢以毫米为单位的长度), body_mass_g (单位为克的体重), sex (性别, 2 种: FEMALE, MALE).

[3] https://pal.lternet.edu/.

1.4.1 用 plt, pd, sns 等 3 种画图模块生成并排条形图以及多图排列

并排条形图的困难是选择模块和数据形式, 这比散点图等简单图形要复杂, 因此我们挑出它们来讨论.

在参考代码中使用了例 1.1 的数据, 目标是点出各个国家的 deaths, heart 和 liver 等 3 个变量的并排条形图. 也就是说有 21 个 3 个一组的条形图. 为了画图方便, 从原数据生成变换后的 3 个数据:

```
v=pd.read_csv('wine.csv')
w0=v.drop(columns='alcohol')
w1=pd.melt(w0,id_vars=['country'],var_name='death',
           value_vars=['deaths', 'heart', 'liver'])
w0.index=w0.country
w0.index.name = None
w0=w0.drop(columns='country')
```

查看各个数据结构:

```
v.head(3),w1.head(3),w0.head(3)
```

输出为:

```
(      country  alcohol  deaths  heart      liver
 0  Australia      2.5     785    211  15.300000
 1    Austria      3.9     863    167  45.599998
 2   Belg/Lux      2.9     883    131  20.700001,
       country  death  value
 0  Australia  deaths  785.0
 1    Austria  deaths  863.0
 2   Belg/Lux  deaths  883.0,
             deaths  heart      liver
 Australia     785    211  15.300000
 Austria       863    167  45.599998
 Belg/Lux      883    131  20.700001)
```

用 plt 模块生成并排条形图

训练 1.4.1 不用 pd 和 sns 的画图命令, 用 plt 模块生成并排条形图的函数, 可选择横向和纵向两种条型图. 提示: 使用例 1.1 数据的某一种形式.

参考代码:

```
def My_plt_bars(df=w0,ax=None,horiz=True):
    ax=plt.gca()
    indices=range(df.shape[1])
    r=range(df.shape[0])
```

```
    wid = np.min(np.diff(indices))/4
    color=['red','green','blue']
    if horiz:
        for i in np.arange(len(indices)):
            ax=plt.barh(y=r+(i-1)*wid,width=df.iloc[:,i],
                     height=wid,color=color[i],label=df.columns[i],align='edge')
        plt.yticks(r + 0.5*wid, df.index, rotation=0)
        plt.ylabel('country')
    else:
        for i in np.arange(len(indices)):
            ax=plt.bar(x=r+(i-1)*wid,height=df.iloc[:,i],
                    width=wid,color=color[i],label=df.columns[i],align='edge')
        plt.xticks(r + 0.5*wid, df.index, rotation=30)
        plt.xlabel('country')
    plt.legend()
    plt.title('Side by side bars in plt barplot')
    return ax

# 应用上述函数:
fig = plt.figure(figsize=(16,5))
My_plt_bars(w0,horiz=False)

# 选择性地存图:
# plt.savefig("pltbar.pdf",bbox_inches='tight',pad_inches=0)
```

上述代码生成图 1.4.1.

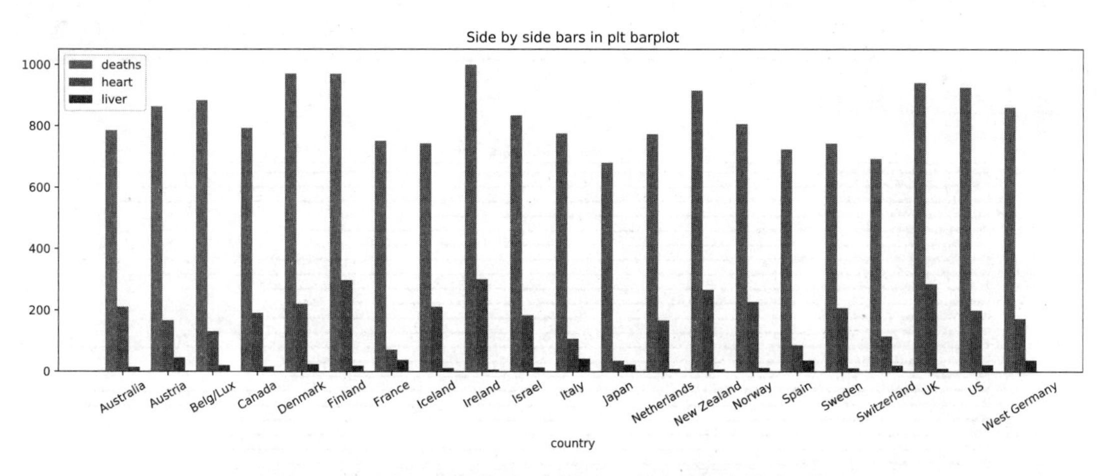

图 1.4.1 用 plt 模块生成例 1.1 数据的并排条形图

参考代码说明

生成图 1.4.1 的函数特点是:

1. plt 画一个变量的条形图很简单, 这里是让 3 个变量的单独条形图逐个产生, 叠加在一个图中. 逐个生成图放在一起是 plt 的基本做法, 比较基础.
2. 每条设定宽度. 在生成每一个变量条形图时, 每一条的位置做出微小挪动.
3. 横向条形图和纵向条形图在代码中分别用 `plt.barh` 和 `plt.bar` 表示. 注意从横向到纵向代

码转换时, 选项 (y, width, height) 应该对应于 (x, height, width).

4. 上述代码中引入 ax 也是为了输出图形而用. 如果只为生成单独图形, 所有涉及 ax 的语句及 return 都可以不要, 执行函数就可以出现图形, 但要把不同函数生成的图形放到一起, 就需要与 ax 相关的语句了, 其中, ax=plt.gca() (意思是 get current axes) 可获得当前的图表和子图. 在 plt 模块中, 许多函数都是对当前的 figure 或 axes 对象进行处理, 比如, plt.plot() 实际上可通过 plt.gca() 获得当前的 axes 对象 ax, 然后再调用 ax.plot() 方法实现真正的绘图.[a]

[a]参看官网说明: https://matplotlib.org/3.1.1/api/_as_gen/matplotlib.pyplot.gca.html.

用 pandas (pd) 数据框画图生成并排条形图

训练 1.4.2 不用 plt 和 sns 的画图命令, 用 pd 模块的数据框生成并排条形图的函数, 可选择横向和纵向两种条形图. 提示: 使用例 1.1 数据的某一种形式.

参考代码:

```
def My_pd_bars(df=w0,ax=None,horiz=True,figsize=None):
    ax=plt.gca()
    if horiz:
        df.plot(kind='barh',ax=ax,figsize=figsize)
    else:
        df.plot(kind='bar',rot=30,ax=ax,figsize=figsize)
    plt.title('Side by side bars in pd barplot')
    return ax

# 应用上述函数:
My_pd_bars(w0,figsize=(16,5))
```

上述代码生成图 1.4.2.

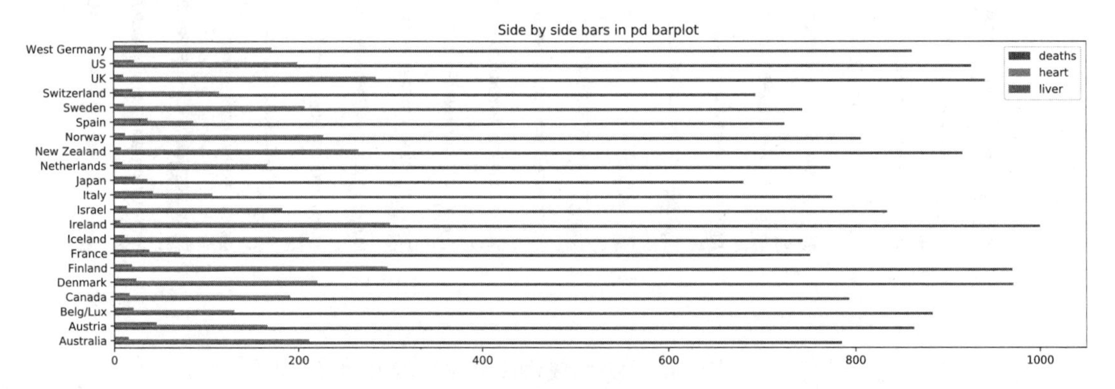

图 1.4.2 用 pd 数据框画图函数生成例 1.1 数据的并排条形图

参考代码说明

生成图 1.4.2 的函数特点是:

1. 这里的 df.plot(kind='barh') 和 df.plot.bar() 等价.
2. 如果单独使用该函数左图, plt.figure(figsize=(16,5)) 不管用, 必须用 df.plot() 里面的选项 figsize=(16,5), 但在拼接的多图中会部分起作用 (请实践来获取实际效果).

3. 横向条形图和纵向条形图在代码中分别用 `kind='barh'` 和 `kind='bar'` (或 `df.plot.barh()` 和 `df.plot.bar()`) 表示.
4. 在 pd 数据框及 pd 序列画图 (`pandas.DataFrame.plot` 函数) 中, 选项 `kind` 有下面的代表不同图形的值:
   - 线条: `kind='line'` (默认值);
   - 纵向条形图: `kind='bar'`;
   - 横向条形图: `kind='barh'`;
   - 直方图: `kind='hist'`;
   - 盒形图: `kind='box'`;
   - 核密度估计 (kernel density estimation) 图: `kind='kde'` (和 `kind='density'` 相同);
   - 面积图: `kind='area'`;
   - 饼图: `kind='pie'`;
   - 散点图: `kind='scatter'` (只对 pd 数据框应用, 因为 pd 序列只有一个变量);
   - 六边形 (hexbin) 图: `kind='hexbin'`(只对 pd 数据框应用, 因为 pd 序列只有一个变量).

用 sns 模块生成并排条形图

训练 1.4.3 不用 plt 和 pd 的画图命令, 用 sns 模块的函数 `sns.barplot` **生成并排条形图, 可选择横向和纵向两种条形图.** 提示: 使用例 1.1 数据的某一种形式.

参考代码:

```
def My_sns_bars(df=w1,ax=None,Lab=w1.columns,horiz=False):
    ax=plt.gca()
    x,hue,y=Lab
    loc='upper center'
    rot=30
    if horiz:
        y,x=x,y
        loc='center right'
        rot=0
    ax=sns.barplot(y = y, x=x, hue = hue,data=df)
    plt.xticks(rotation=rot)
    plt.title('sns.barplot')
    plt.legend(loc=loc)
    return ax

# 应用上述函数:
fig = plt.figure(figsize=(16,5))
My_sns_bars()
```

上述代码生成图 1.4.3.

参考代码说明

生成图 1.4.3 的函数特点是:

1. 这里用的数据格式是把原数据框转换成 "纵向形式", 也就是原来 3 个变量的 3 列叠加成一列 (在新数据框 `w1` 中命名为 `value`), 而原变量名成为一列字符串变量和相应的值对应 (这是用 `pd.melt` 函数转换的).

2. 横向条形图和纵向条形图只要把选项 x=... 和 y=... 所代表的数据互换即可.

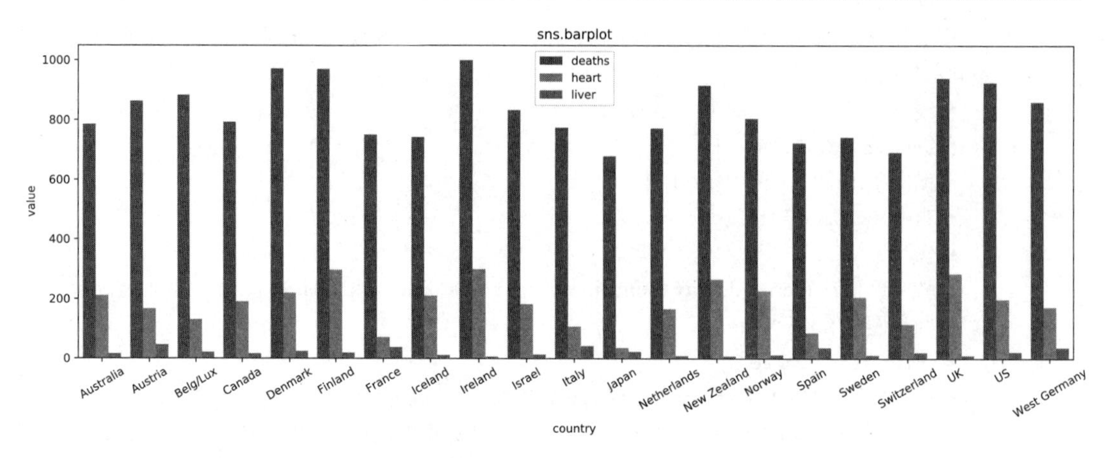

图 1.4.3 用 **sns.barplot** 函数生成例 1.1 数据的并排条形图

下面的训练是提醒大家注意 sns 的一个非常强有力的多功能画图函数 sns.catplot. 它是用于在 FacetGrid 上绘制分类图的一个图形级函数 (参见第 12 章).

训练 1.4.4 不用 plt 和 pd 的画图命令, 用 sns 模块的函数 sns.catplot **生成并排条形图, 可选择横向和纵向两种条形图.** 提示: 使用例 1.1 数据的某一种形式.

参考代码:

```
def sns_catbar(df=w1,Lab=w1.columns,vertical=True):
    y,hue,x=Lab
    loc='center right'
    rot=0
    if vertical:
        y,x=x,y
        loc='upper center'
        rot=30
    sns.catplot(y = y, x=x, hue = hue,data=df, kind='bar',
                height=4, aspect=4, legend_out=False)
    plt.xticks(rotation=rot)
    plt.title('sns.catplot')
    plt.legend(loc=loc)


# 应用上述函数:
sns_catbar(vertical=True)
```

上述代码生成图 1.4.4.

参考代码说明

生成图 1.4.4 的函数特点是:

1. 这里用的数据格式和训练 1.4.3 相同的 “纵向形式” (参考代码 w1).
2. 横向条形图和纵向条形图的转换和训练 1.4.3 相同.

3. 图形大小由确定图形高度的 height 和确定长宽比的 aspect 决定, 不能用 plt.figure(figsize=(.,.)) 来设定.
4. 图形的形式由 kind 选项确定.

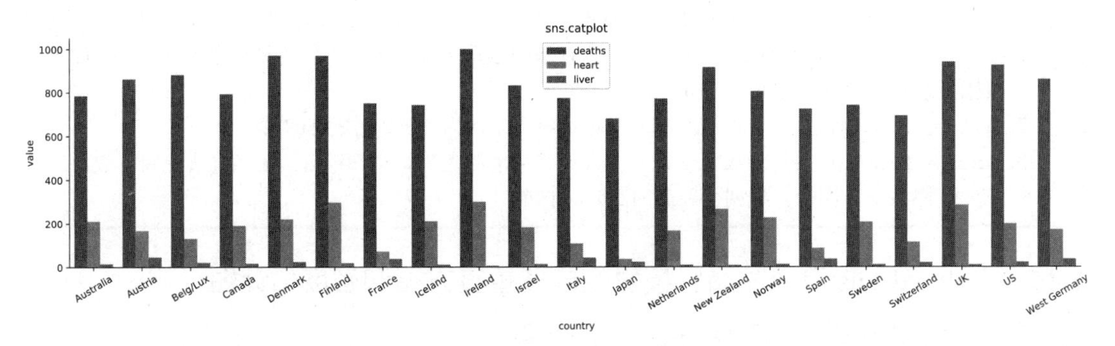

图 1.4.4 用 **sns.catplot** 函数生成例 1.1 数据的并排条形图

多个并排条形图放到一张图中

训练 1.4.5 把训练 1.4.1, 1.4.2 和 1.4.3 生成的 3 个图放到一起, 排列成 2 行, 第一行 2 个图, 第二行 1 个图. (参见图 1.4.5.)

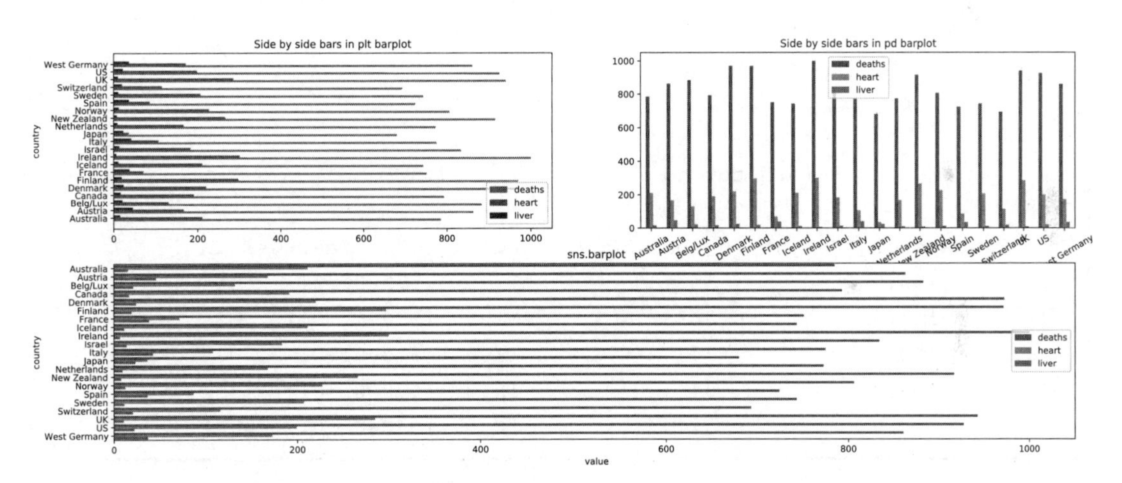

图 1.4.5 不同模块的不同函数生成的 3 个并排条形图

参考代码:

下面的参考代码可生成图 1.4.5.

```
fig=plt.figure(figsize=(20,8))
ax1 = fig.add_subplot(221)
My_plt_bars(w0,ax1)
ax2 = fig.add_subplot(222)
My_pd_bars(w0,ax2,horiz=False)
ax3 = fig.add_subplot(212)
```

```
My_sns_bars(w1,ax3,horiz=True)
```

参考代码说明

把多个图放到一起有很多方法,这里仅仅是其中之一. 后面还会有专门的训练. 在上述代码中:

1. `ax1 = fig.add_subplot(221)` 意味着该图是形为 2×2 图矩阵的第一个 (从左上向右下数), 但实际上并不一定填满这 4 个虚拟位置.
2. `ax2 = fig.add_subplot(222)` 意味着该图是形为 2×2 图矩阵的第二个.
3. `ax3 = fig.add_subplot(212)` 意味着该图是形为 2×1 图矩阵的第二个 (从上向下数). 也就是原先 2×2 图矩阵把列合并后的 2×1 矩阵.

1.4.2 用 plt, pd, sns 等 3 种画图模块生成多重直方图和密度估计图

在参考代码中使用例 1.2 的数据, 下载并查看:

```
u=pd.read_csv('autocars.csv')
print(u.head())
```

输出为:

```
                      Name  Miles_per_Gallon  Cylinders  Displacement  \
0  chevrolet chevelle malibu              18.0          8         307.0
1          buick skylark 320              15.0          8         350.0
2         plymouth satellite              18.0          8         318.0
3              amc rebel sst              16.0          8         304.0
4                ford torino              17.0          8         302.0

   Horsepower  Weight_in_lbs  Acceleration        Year Origin
0       130.0           3504          12.0  1970-01-01    USA
1       165.0           3693          11.5  1970-01-01    USA
2       150.0           3436          11.0  1970-01-01    USA
3       150.0           3433          12.0  1970-01-01    USA
4       140.0           3449          10.5  1970-01-01    USA
```

用 plt 生成多重直方图

训练 1.4.6 写出使用 plt 模块生成多重直方图. 提示: 可利用例 1.2 的数据.

参考代码:

```
def PLT_hist(df=u,ax=None,stacked=True,xlab='Weight_in_lbs',\
             hue='Origin',over=True,kde=[0.4,1.5],density=True):
    ax=plt.gca()
    x=[]
    for i in np.unique(df[hue]):
        x.append(df[df[hue]==i][xlab])
```

```
    if over:
        for k in np.unique(df[hue]):
            plt.hist(df[df[hue]==k][xlab],alpha=.5,label=k,
                     density=density)
    else:
        plt.hist(x,stacked=stacked,label=np.unique(df[hue]),
                 alpha=.7,density=density)
    plt.legend(loc='best')
    return(ax)
```

试运行函数 PLT_hist 的 3 种形式, 排列成一行 (见图 1.4.6):

```
fig=plt.figure(figsize=(20,6))#,constrained_layout = True)
ax1 = fig.add_subplot(131)
PLT_hist(u,ax1,stacked=True,over=False)
plt.title('stacked')
ax2 = fig.add_subplot(132)
PLT_hist(u,ax2,stacked=False,over=False)
plt.title('side by side')
ax3 = fig.add_subplot(133)
PLT_hist(u,ax3,over=True)
plt.title('overlapped')
plt.suptitle('Stacked, beside, and overlapped histogram by plt')
```

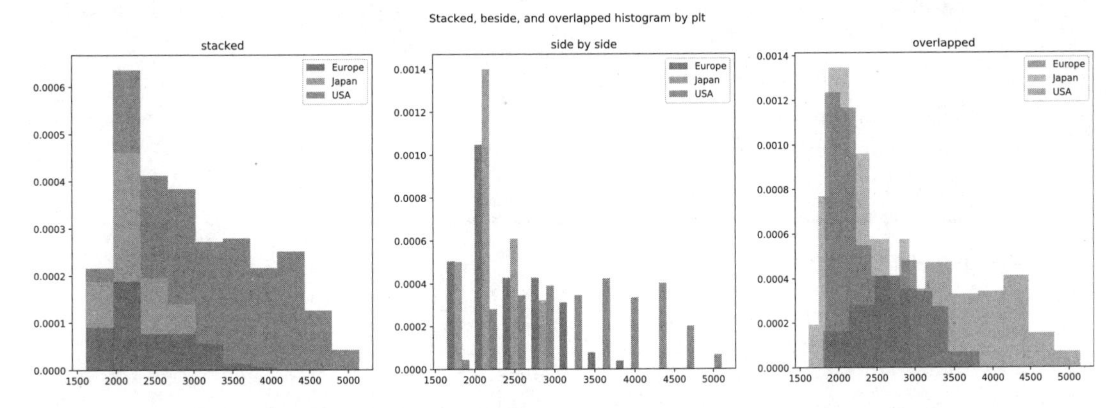

图 1.4.6 用 pls 生成的多重直方图

参考代码说明

1. 由于 plt 的基本结构是多个曲线 (或其他图形) 逐个叠加, 函数 PLT_hist 代码中的每个单独图形元素部分也必须是以迭代形式逐个增加的.
2. plt 函数 plt.hist 中的选项 density=True 不是可能被认为的点出密度曲线, 而是把直方图的尺度从计数转换成比例 (如同 R 软件函数 hist 中的选项 probability=TRUE 把原先默认的计数尺度改成直方图矩形面积和为 1 的密度尺度).

3. 用 plt 本身不易自动从数据画出非参数密度曲线, 当然可以借助其他软件计算出来之后再用 plt 生成图形或叠加. 这就留给读者去做了.

用 pd 数据框画图函数生成多重直方图和密度估计图

训练 1.4.7 写出使用 pandas (pd) 模块的数据框画图方式, 生成多重直方图及非参数密度曲线图. 提示: 可利用例 1.2 的数据.

参考代码:

```
def PD_hist(df=u,ax=None,stacked=True,xlab='Weight_in_lbs',\
hue='Origin',bins=20,density=True):
    ax=plt.gca()
    for i in np.unique(df[hue]):
        if density:
            df[df[hue]==i][xlab].plot.kde(label=i)
        else:
            df[df[hue]==i][xlab].plot.hist(alpha=0.3,label=i,bins=bins)
    plt.legend(loc='best')
    return(ax)
```

试验函数:

```
fig=plt.figure(figsize=(20,5))#,constrained_layout = True)
ax1 = fig.add_subplot(121)
PD_hist(ax=ax1,density=False)
plt.title('histogram')
ax2 = fig.add_subplot(122)
PD_hist(ax=ax2,density=True)
plt.title('density curve')
plt.suptitle('Overlapped histogram and density curve by pd')
```

上述代码生成图 1.4.7.

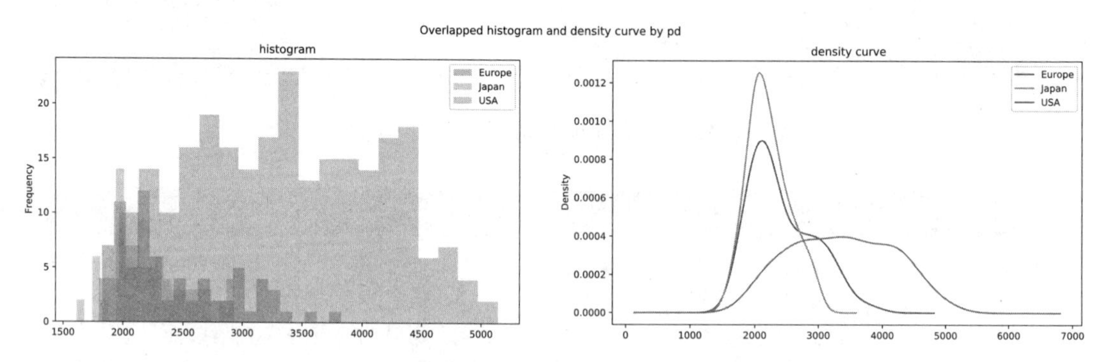

图 1.4.7 用 pd 数据框画图生成的多重直方图及密度估计

参考代码说明

1. 如果用 pd 数据框的多个变量 (不是例 1.2 数据中一个变量 (如 Weight_in_lbs) 生成多个直方图的情况) 中的每个变量生成一个直方图并叠加, 则虽然写代码很方便, 但由于多个变量值域范围不同, 将这三个直方图放到一张图中不易分辨.
2. 如果用 pd 数据框的同一种变量 (不是例 1.2 数据形式) 的分别位于不同列 (必须数目相等) 中不同地方的同样数量的温度记录, 则生成一个叠加的直方图 (或一个叠加的密度曲线图) 的代码很容易.
3. 把函数 `PD_hist` 中的密度曲线和直方图放到同一个图中可以实现, 但无法正确显示, 这是因为 pd 数据框的直方图是计数的 (不可以像 plt 直方图那样转换成比例), 和密度曲线 (曲线下面积为 1) 的尺度不同.
4. 也可以生成并排直方图和叠加直方图, 但必须用其他代码转换成条形图数据形式, 这超出了 pd 数据框画图的范围.

用 sns 模块生成多重直方图和密度估计图

训练 1.4.8 写出使用 sns 模块的画图方式, 生成多重直方图及非参数密度曲线图. 提示: 可利用例 1.2 的数据.

参考代码:

```
def SNS_hist(df=u,ax=None,stacked=True,xlab='Miles_per_Gallon',\
hue='Origin',multiple='stack',kde=True):
    ax=plt.gca()
    sns.histplot(data=u, x=xlab, hue=hue, multiple=multiple,
                 bins=range(1, 110, 10),kde=kde)
    return(ax)
```

试验函数 `SNS_hist` 生成图 1.4.8.

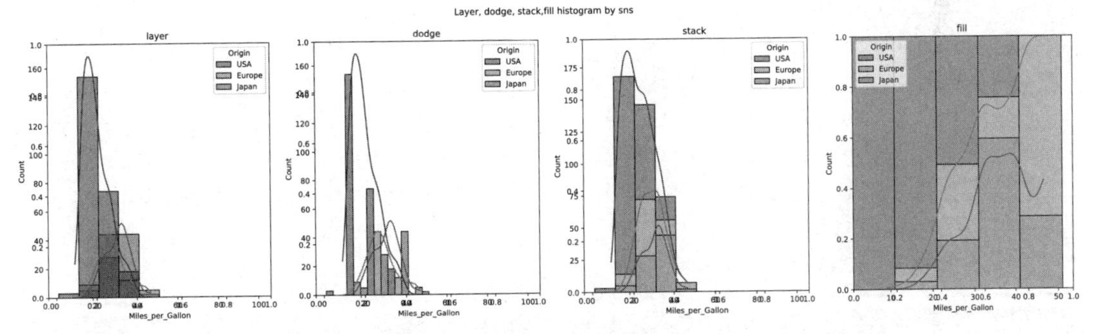

图 **1.4.8** 用 **sns** 生成的多重直方图 (加密度估计)

生成图 1.4.8 的代码为:

```
mul=('layer', 'dodge', 'stack','fill')
fig, axs = plt.subplots(1,4,figsize=(25,6))
for i in range(len(mul)):
```

```
    fig.add_subplot(1,4,i+1)
    SNS_hist(multiple=mul[i],ax=axs[i])
    plt.title(mul[i])
plt.suptitle('Layer, dodge, stack,fill histogram by sns')
```

参考代码说明

从上面所有的例子中可以看出, sns 模块的画图模块是非常方便的, 选项丰富, 代码简单, 仅仅对数据格式有所要求. sns 模块从各个方面似乎都比作为其基本引擎的 plt 更加灵活方便, 也比基于数据框的 pd 更加灵活. 无论是 sns 还是 pd 数据框画图, 都是基于 matplotlib 的体系, 这对于实际工作者在这几种画图工具中随意转换是十分重要的.

1.4.3 更多的图形排列训练

训练 1.4.9 在网上搜寻 `plt.subplot2grid`[4], 画出多个图形的网格排列. 下面的参考代码利用了例 1.3 的数据.

参考代码:

下面的代码生成图 1.4.9.

```
P=pd.read_csv('penguins.csv')
col=['red','blue','green']
fig = plt.figure(figsize=(30,8))
ax1 = plt.subplot2grid((4,3), (0,0), colspan=2, rowspan=2) # 左上
ax1 = sns.boxplot(data=P.iloc[:,2:5], orient="h", palette="Set2")
ax3 = plt.subplot2grid((4,3), (0,2), rowspan=4)            # 右图
for c,k in enumerate(np.unique(P.island)):
    P[P.island==k].plot(x='bill_length_mm',y='body_mass_g',label=k,
                        kind='scatter',ax=ax3,color=col[c])
    plt.legend()
plt.xticks(rotation=30)
ax4 = plt.subplot2grid((4,3), (2,0), rowspan=2) # 左下
ax = sns.boxplot(x="island", y="flipper_length_mm", data=P, dodge=False)
ax5 = plt.subplot2grid((4,3), (2,1), rowspan=2) # 下中图
PD_hist(df=P,ax=ax5,stacked=True,xlab='bill_depth_mm',hue='species',\
bins=20,density=True)
fig.tight_layout()
```

参考代码说明

这里排列图形和前面训练 1.4.5 类似:

1. 这里总布局是想象中的 4×3 图形矩阵.
2. 其中 `ax1 = plt.subplot2grid((4,3),(0,0),colspan=2,rowspan=2)` 是把第一张图放在 4×3 矩阵的左上角, 后面的选项确定列及行都扩展两个位置. 因此, 该图占用了矩阵的 `(0,0)`, `(0,1)`, `(1,0)`, `(1,1)` 的位置.

[4]比如https://matplotlib.org/3.1.1/api/_as_gen/matplotlib.pyplot.subplot2grid.html.

3. 而 `ax3 = plt.subplot2grid((4,3),(0,2),rowspan=4)` 则从位置 `(0,2)` 开始, 在列上保持原列, 在行的方向往下扩展 4 个位置, 因此, 该图占用了矩阵的 `(0,2)`, `(1,2)`, `(2,2)`, `(3,2)` 的位置.
4. 类似地, `ax4` 占用了矩阵的 `(2,0)`, `(3,0)` 的位置; `ax5` 占用了矩阵的 `(2,1)`, `(3,1)` 的位置.

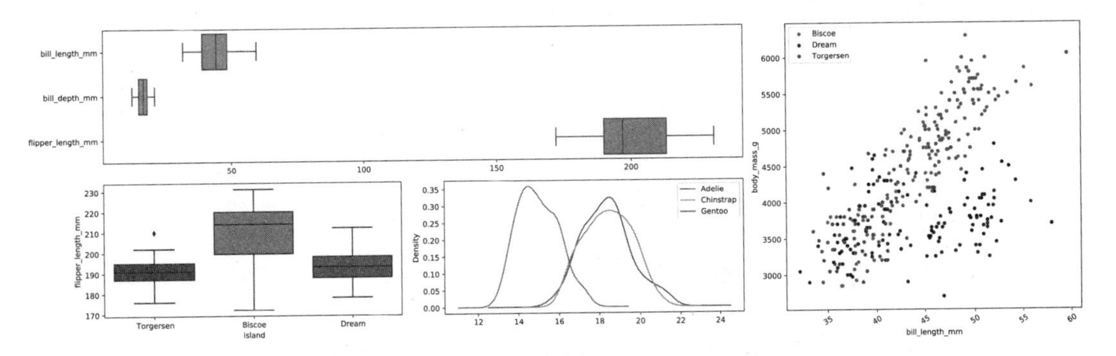

图 1.4.9 网格排列的 4 个图形

训练 1.4.10 在网上搜寻 `add_axes`[5], 实现图形中插入图形的代码.

参考代码:

```
import matplotlib as mpl

# 生成外部图
plt.style.use('seaborn-whitegrid')
fig, ax = plt.subplots(figsize=(21,6))
x = np.linspace(-10, 10., 1000)

ax.plot(x, np.sin(x)*x)
ax.set(xlim=(-10, 10), ylim=(-10,10))
fig.tight_layout()

# 加入内部图
inner_ax = fig.add_axes([0.25, 0.65, 0.35, 0.25])
# 上面list 中的4个数目代表 x, y, width, height

inner_ax.plot(x, np.sin(x)*x,color='red')
inner_ax.set(title='Zoom In', xlim=(-.3, .2), ylim=(-.01, .02),
             yticks = [-0.01, 0, 0.01, 0.02], xticks=[-0.1,0,.1])
ax.set_title("Plot inside a Plot", fontsize=20)
mpl.rcParams.update(mpl.rcParamsDefault)
# 最后一行目的是恢复默认值
```

上述代码生成图 1.4.10.

[5] 比如 https://matplotlib.org/stable/api/figure_api.html.

参考代码说明

这种图形中插入图形的方式 (特别是位置) 比较自由, 但必须计算位置和大小, 并根据画图目的确定有关参数的合理范围.

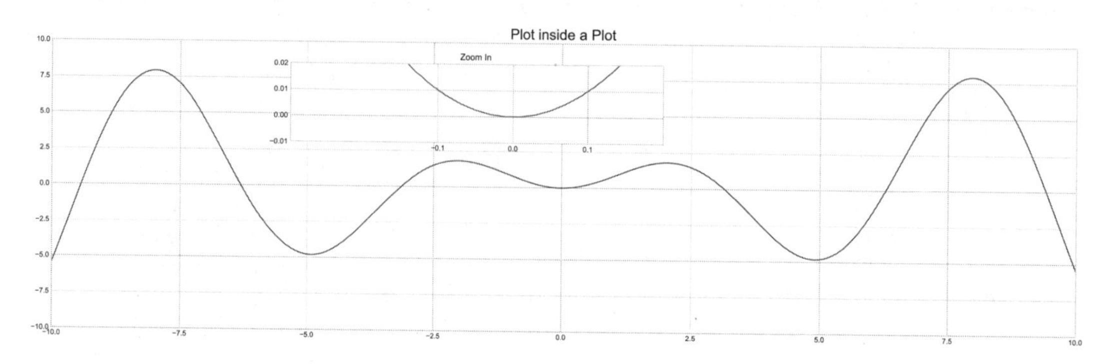

图 1.4.10 图中图之一

训练 1.4.11 网上搜寻 `mpl_toolkits.axes_grid.inset_locator.inset_axes` [6]**, 实现仅仅使用简单语句就可以反复或迭代式地在图形中插入图形.**

参考代码:

下面的代码生成图 1.4.11.

```
from mpl_toolkits.axes_grid.inset_locator import inset_axes
fig, ax = plt.subplots(figsize=(30,8))
ax = sns.boxplot(x="island", y="flipper_length_mm", data=P, dodge=False)

# 下面的选项 ax 代表父母图的标记
# width 是宽度(%), height 是英寸, loc 选 10个位置之一
inset_ax = inset_axes(ax, width="50%",  height=3,  loc=2)
sns.boxplot(x="species", y="body_mass_g", data=P, dodge=False)
inset_ax2 = inset_axes(inset_ax, width="30%", height=4, loc=2)
sns.scatterplot(x="bill_depth_mm", y="body_mass_g", data=P, hue='island')
inset_ax3 = inset_axes(ax,width="20%", height=1.5,  loc=1)
sns.scatterplot(x="bill_depth_mm", y="bill_length_mm", data=P, hue='sex')
```

参考代码说明

这种使用图形中插入图形的函数非常方便, 可以无限镶嵌图形. 虽然可以把子图加入 10 个位置 (实际上有 9 个位置), 但都是靠近边界的地方 (除了一个中心位置), 因此这种方法没有训练 1.4.10 自由, 但能够满足大多数需要.

[6]可得诸如下面的网页: https://matplotlib.org/stable/api/_as_gen/mpl_toolkits.axes_grid1.inset_locator.inset_axes.html.

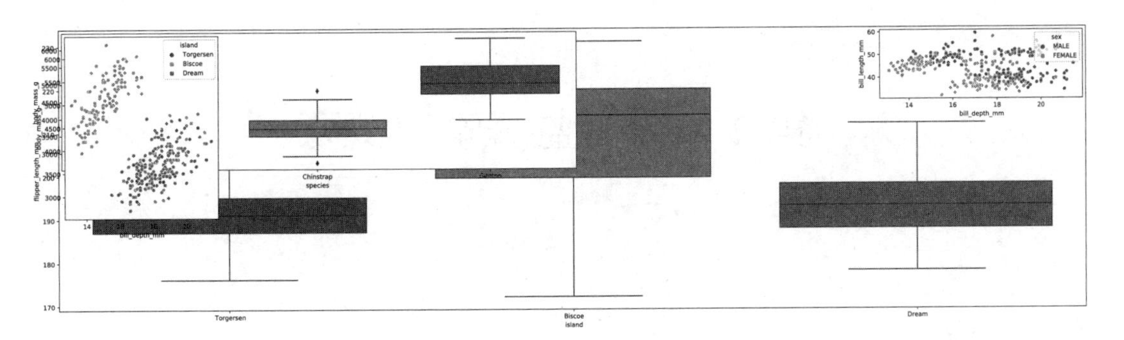
island
Torgersen
Biscoe
Dream
flipper_length_mm
body_mass_g
Chinstrap
species
sex
MALE
FEMALE
bill_length_mm
bill_depth_mm
60
50
40
14
16
18
20
190
180
170
Torgersen
Biscoe
island
Dream

图 1.4.11 图中图之二

第 2 章　有监督学习概要

2.1　介绍

有监督学习的过程是利用数据建立模型，并通过模型用一些变量来预测目标变量. 在有监督学习中，目标变量称为**因变量**或**响应变量** (response) 等，而用来预测因变量的变量称为**自变量**或**预测变量**、**协变量** (predictor, covariate, explanatory variables) 等. 如果记因变量为 $\boldsymbol{y}$，自变量为 $\boldsymbol{X}$，那么有监督学习的模型就是一个有参数的数学公式或者是有某种结构的算法，记为

$$\boldsymbol{y} = f(\boldsymbol{X}, \boldsymbol{\Theta}). \tag{2.1.1}$$

这里的 $f()$ 代表可能的数学公式形式或者算法程序，而 $\boldsymbol{\Theta}$ 代表数学模型中的参数或者算法程序的超参数或选项，人们试图用这样的模型来近似预测真实世界的因变量. 式 (2.1.1) 中的 $\boldsymbol{y}$ 是近似的.

如果目标变量 $\boldsymbol{y}$ 是分类变量，则通过数据建立的相应有监督学习模型称为**分类** (classification) 模型，如果目标变量 $\boldsymbol{y}$ 是数量变量，则相应的有监督学习模型称为**回归** (regression) 模型.

一些传统统计学家喜欢用 $\boldsymbol{y}$ 表示真实世界的值，则式 (2.1.1) 应该改成加上误差 ϵ 的诸如 $\boldsymbol{y} = f(\boldsymbol{X}, \boldsymbol{\Theta}, \epsilon)$ 的模型形式，因为任何模型 $f()$ 都不可能完全描述真实世界.

问题与思考

人们往往自信到确信真实模型的误差项是可加的:

$$\boldsymbol{y} = f(\boldsymbol{X}, \boldsymbol{\Theta}) + \epsilon.$$

一些人认为 $f(\boldsymbol{X}, \boldsymbol{\Theta})$ 的形式可以用数学形式表示，比如线性形式 $\boldsymbol{X}\beta$，甚至确信误差项 ϵ 有某种诸如正态分布那样的信息量很少的分布，一个使用了 100 年的典型模型就是线性模型

$$\boldsymbol{y} = \boldsymbol{X}\beta + \epsilon,\ \ \epsilon \sim N(\mathbf{0}, \boldsymbol{I}). \tag{2.1.2}$$

这个模型计算上很简单，数学上很方便，但其正确性仅仅是一种信仰.

负责任的数据科学家不会确信误差是如何与其模型 (主要是机器学习模型) 相关联的. 他们明白自己的模型仅仅是实际世界现象的某种近似，由某数据反映的现象与一个模型的近似程度必须用交叉验证来核对.

根据 Yu and Kumbier (2020)[1]，数据科学模型应该满足三个原则 (principles)：**可预测性** (predictability)、**可计算性** (computability)、**稳定性** (stability). 其中，预测是目标，可计算性及稳定性是有效预测的保证. 预测精度是衡量模型优劣的标准.

[1] https://arxiv.org/pdf/1901.08152.pdf.

通常做数据分析的步骤如下:

1. 给定数据后, 选择若干模型形式来尝试. 例如式 (2.1.1) 中的形式 $f()$, 但 $\boldsymbol{\Theta}$ 的值或形式必须由数据来训练, 这些训练主要依靠编程计算来进行. 通过数值计算, 根据某些优化准则来把模型具体化, 也就是根据数据 "学习" 出 $\boldsymbol{\Theta}$ 来 (记为 $\hat{\boldsymbol{\Theta}}$), 它们或者代表计算机程序的超参数, 或者代表数学模型的参数.
2. 通过交叉验证来比较各个模型的预测精度. 最终选择预测精度最好的模型来进行具体数据分析. 交叉验证的具体思维是, 用一部分数据训练模型, 而用另一部分未参与训练的数据来测试模型的预测精度. 训练集和测试集的选取方法有很多种. 常用的交叉验证方法是多折交叉验证 (multi-fold cross validation). 比如 Z 折交叉验证是把数据集随机分成 Z 份, 然后逐次用其中一份作为测试集来验证其余 $Z-1$ 份数据 (合并在一起) 训练出来的模型, 得到该份数据每个观测值的预测值, 如此可以进行 Z 次, 使得每个观测值都有一个预测值, 然后根据这些预测值 (比如记为 $\{\hat{\boldsymbol{y}}_i\}$) 得到诸如标准化均方误差 (normalized mean squared error, NMSE) 或类似的 R^2 等关于预测精度的度量.[2]

本章介绍一些有监督学习模型的原理, 并以此为载体做一些基本编程训练. 这些训练有助于理解这些模型的细节, 并对读者继续学习机器学习模型打下基础, 如果一开始就把开源软件的函数当成傻瓜软件来用, 就无法理解并真正明白 Python 机器学习模块的相应算法.

2.2 最简单的回归程序: 最小二乘线性回归

2.2.1 最小二乘线性回归模型的全部数学

线性回归模型就是式 (2.1.2) 所代表的不考虑误差项的近似形式:

$$\boldsymbol{y} \approx \boldsymbol{X}\boldsymbol{\beta}, \tag{2.2.1}$$

这里的 $\boldsymbol{y}$ 是因变量数据 $n \times 1$ 向量, $\boldsymbol{X}$ 为 $n \times p$ 自变量数据矩阵, $\boldsymbol{\beta}$ 为 $p \times 1$ 待估计参数, $\boldsymbol{X}$ 有时包含一个全为 1 的常数列 (相应于 $\boldsymbol{\beta}$ 的截距项). 我们希望选择参数 $\boldsymbol{\beta}$ 使得按照某种准则式 (2.2.1) 的近似最佳.

在训练过程中可得到参数的估计 $\hat{\boldsymbol{\beta}}$, 当需要用新自变量预测因变量的值, 只要把新数据 $\boldsymbol{X}_{new}$ 代入模型即可得到因变量的预测值 $\hat{\boldsymbol{y}}_{new} = \boldsymbol{X}_{new}\hat{\boldsymbol{\beta}}$. 如果就用训练模型的自变量来预测因变量, 则 $\hat{\boldsymbol{y}} = \boldsymbol{X}\hat{\boldsymbol{\beta}}$, 这时 $\hat{\boldsymbol{y}}$ 称为拟合值, 回归的残差为因变量值及其拟合值之间的差 $\boldsymbol{e} = \boldsymbol{y} - \hat{\boldsymbol{y}}$ 或 $e_i = y_i - \hat{y}_i$ $(i = 1, 2, \ldots, n)$.

参数的最小二乘估计就是找到使得残差平方和最小的参数, 这里选择残差平方和为度量式 (2.2.1) 的近似程度是人们为了数学计算方便而主观决定的. 按照数学公式, 参数 $\boldsymbol{\beta}$ 的最小二乘估计为:

$$\hat{\boldsymbol{\beta}} = \arg\min_{\boldsymbol{\beta}} \|\boldsymbol{y} - \boldsymbol{X}\boldsymbol{\beta}\|^2 = \arg\min_{\boldsymbol{\beta}} \left[(\boldsymbol{y} - \boldsymbol{X}\boldsymbol{\beta})^\top (\boldsymbol{y} - \boldsymbol{X}\boldsymbol{\beta})\right].$$

[2]标准化均方误差 NMSE 及 R^2 为:

$$\text{NMSE} = \frac{\text{MSE}}{\text{MSS}} = \frac{\sum_{i=1}^n (y_i - \hat{y}_i)^2}{\sum_{i=1}^n (y_i - \bar{y})^2}, \quad R^2 = 1 - \text{NMSE}.$$

为了获得符合上式要求的最小值点 $\hat{\beta}$, 根据初等微积分, 可以求残差平方和关于 β 的偏导数, 并且解使得偏导数等于 0 的方程 (注意这里的 $\boldsymbol{X}$ 和 $\boldsymbol{y}$ 都是已知的, 只有 β 是未知的)[3]:

$$\frac{\partial\left[(\boldsymbol{y}-\boldsymbol{X}\beta)^{\top}(\boldsymbol{y}-\boldsymbol{X}\beta)\right]}{\partial\beta}=\frac{\partial(\boldsymbol{y}^{\top}\boldsymbol{y}-2\boldsymbol{y}^{\top}\boldsymbol{X}\beta+\beta^{\top}\boldsymbol{X}^{\top}\boldsymbol{X}\beta)}{\partial\beta}$$
$$=-2\boldsymbol{X}^{\top}\boldsymbol{y}+2\boldsymbol{X}^{\top}\boldsymbol{X}\beta=0,$$

可以得到

$$\hat{\beta}=(\boldsymbol{X}^{\top}\boldsymbol{X})^{-1}\boldsymbol{X}^{\top}\boldsymbol{y}. \tag{2.2.2}$$

得到估计 (2.2.2) 后最小二乘线性回归就可用来根据新的自变量 $\boldsymbol{X}_{new}$ 做预测: ($\hat{\boldsymbol{y}}_{new}=\boldsymbol{X}_{new}\hat{\beta}$). **作为有监督学习的实用最小二乘线性模型的所有内容就是这些. 一些回归教材上的其他内容都是在无法验证的各种对数据的主观数学假定下的数学推导延伸, 很难说这些延伸的数学结论中有多少是客观的.**

2.2.2 通过训练理解最小二乘线性回归系数的意义

例 2.1 美国社区数据 (commun123.csv). 该数据的观测值单位为美国的社区 (community), 一共包括 1994 个社区. 该数据结合了 1990 年美国人口普查的社会经济数据、1990 年美国 LEMAS 调查的执法数据和 1995 年 FBI UCR 的犯罪数据.

原数据包含州名、县名、社区号码及名字等 5 个不能建模的变量, 这里已经去掉, 剩下 123 个变量, 其中前 122 个变量可以作为自变量, 而最后一个, 即 ViolentCrimesPerPop (每 10 万人暴力犯罪数目) 作为因变量.

训练 2.2.1 做例 2.1 数据的多自变量回归及单自变量回归, 均不要截距项, 画图比较每个变量系数在两种回归中的大小. 要求不使用现成的回归函数, 直接使用式 (2.2.2). 与这个例子参考代码类似的代码后面会经常出现.

在多个自变量的情况下那些单独系数的估计值 $\{\hat{\beta}_i\}$ 的大小完全没有可解释的意义. 这里的训练就例 2.1 数据的线性回归系数在多自变量回归及单自变量回归下的值做对比.

参考代码:

```
# 输入数据
w=pd.read_csv('commun123.csv')
X=w.iloc[:,:-1];y=w.ViolentCrimesPerPop

# 计算两种系数的函数:
def UNI_MULTI_Reg(X,y,xlab):
    X=np.array(X)
    y=np.array(y).reshape(-1,1)
    uni=[]
    for i in range(X.shape[1]):
        uni.append(X[:,i].reshape(1,-1).dot(y)/X[:,i].T.dot(X[:,i]))
```

[3]大家不必介意这些矩阵偏导数的细节, 它们和一般的偏导数类似, 只不过显得简洁一些罢了. 这些公式都是百年前推导出来的, 数学含量并不高. 下面用一行代码就可以得到结果.

```
    multi=np.linalg.inv(X.T.dot(X)).dot(X.T).dot(y)
    df=pd.DataFrame(np.hstack((np.array(uni).reshape(-1,1),multi)))
    df.columns=['Univariate', 'Multivariate']
    df['Covariate']=xlab
    df=pd.melt(df,var_name='Regression', value_name='Coefficients',
               id_vars = "Covariate")
    return df

# 使用函数并画图
XY=UNI_MULTI_Reg(X,y,xlab=w.columns[:-1])
plt.figure(figsize=(16,6))
sns.catplot(x = 'Covariate', y='Coefficients',
          hue = 'Regression',data=XY, kind='bar',height=5,aspect=4,
          legend_out=False)
plt.legend(loc='upper center', title='Regression')
plt.title('Coefficient comparison between multiple and'+
         ' univariate regression without constant term')
_=plt.xticks(rotation=90)
```

上述代码生成图 2.2.1. 图 2.2.1 显示, 这两种回归的系数无论是大小还是符号差别甚大, 在 122 个自变量中, 单独回归的系数全部大于零, 而在多自变量回归中, 有 46%的系数 (56 个系数) 小于零.

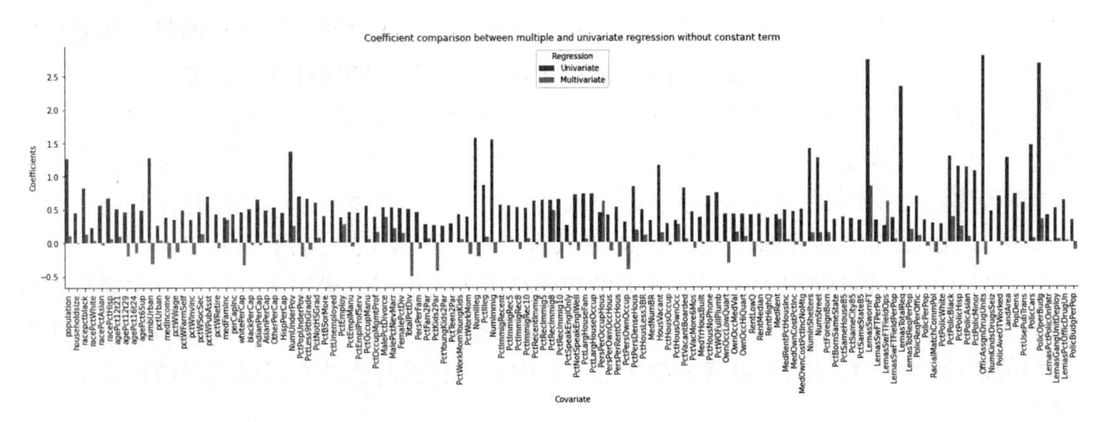

图 2.2.1 例 2.1 数据的线性回归系数在多自变量回归及单自变量回归下的对比

一些回归教材的 "线性回归某系数值是在其他变量不变时相应变量增加一个单位对因变量的贡献" 的断言, 实际上是皇帝的新衣. 如果其他变量可以不变, 而某一个变量可以自由变动, 说明这些变量互不相关. 对于互相没有关系的变量, 利用单独回归就可以知道它们各自对因变量的贡献, 多个自变量回归的汇总就是多自变量回归. 对于不相关的自变量, 必须做多自变量回归才能得到它们对因变量的共同贡献, 那时的系数没有任何可解释性.

由于多重共线性, 多自变量回归单独系数大小没有任何可解释性, 通常回归教材花费大量篇幅对这些系数做各种推断没有什么意义. 实际上, 仅当各个自变量观测值的列向量正交时，这两种没有截距的系数才应该相等.

2.2.3 关于矩阵秩及术语 "多重共线性" 及 "线性相关" 在数学及统计中含义不同的注

在线性代数中，向量空间的一组 (向量) 元素中，如果没有向量可以用有限个其他向量的线性组合表示，则称为**线性无关**或**线性独立** (linearly independent)，反之称为**线性相关** (linearly dependent). 在线性代数中，一个矩阵 $\boldsymbol{A}$ 的秩 (可记为 rank($\boldsymbol{A}$)) 是其列向量 (或行向量) 所张成空间的维数. 也就是线性无关 (linearly independent) 列向量或行向量的个数. 通常线性模型自变量矩阵 $\boldsymbol{X}$ 的秩如果等于其列向量数目，则称 $\boldsymbol{X}$ 为**满秩** (full rank) 的.

在统计学中，通常所说的**多重共线性** (multicollinearity, collinearity) 不是一个严格的数学术语，而是一种现象，它意味着在多自变量回归模型中的一个预测变量可以从其他预测变量中以相当大的准确度线性预测. 在这种情况下，多自变量回归的系数估计值可能会随着模型或数据的微小变化而发生不规律的变化. 多重共线性不会降低模型整体的预测能力或可靠性 (至少在样本数据集中)；它只影响关于单个预测变量的计算. 也就是说，具有多重共线性的多自变量回归模型可以表明自变量总体对结果变量的预测效果，但它可能无法给出关于任何单个预测变量的有效结果，或者关于哪些预测变量相对于其他预测变量是多余的.

请注意，在回归分析 (例如普通最小二乘线性回归) 的假设陈述中，短语 "无多重共线性" 通常<u>**不是指**</u>没有上一段所说的 "多重共线性"，而是指不存在代数中的线性相关 (或完美多重共线性 (perfect multicollinearity)). 代数中的线性相关是预测变量之间的精确 (非随机) 的线性关系. 在这种情况下，数据矩阵 $\boldsymbol{X}$ 不满秩，矩阵 $\boldsymbol{X}^\top\boldsymbol{X}$ 不能求逆，所以普通最小二乘估计 $\hat{\boldsymbol{\beta}} = (\boldsymbol{X}^\top\boldsymbol{X})^{-1}\boldsymbol{X}^\top\boldsymbol{y}$ 不存在. **因此，该假设中 "无多重共线性" 的仅有功能是指这个最小二乘估计可以算出来，它是数据矩阵的特征，与背景的统计模型无关.**

由于分类自变量取的不同值个数一般远少于数量自变量，在分类变量很多的时候，即使在把它们哑元化时 (无论是用户还是软件) 舍弃一个生成的哑元变量，也可能会造成系数矩阵的不满秩，因而使得最小二乘线性回归 (或其他广义线性模型) 无法计算. 这个问题在一般机器学习回归或分类中不会出现，因为没有计算矩阵 $\boldsymbol{X}^\top\boldsymbol{X}$ 的逆矩阵问题.

在最小二乘线性回归中出现如此多的问题是因为人们对其做了上百年充满主观数学假定的研究，而不是因为其在数据科学实践中的重要性. 在数据科学上百种回归方法中，线性回归的精确性并不突出. 希望读者把注意力集中到计算机时代才有可能实现的机器学习方法上.

容易出现误解的线性代数与统计中的概念和术语汇总:

1. 统计中两个观测向量 $\boldsymbol{x}$ 和 $\boldsymbol{y}$ 是否**线性相关** (linear correlation) 是一个模糊概念，按照其 Pearson 样本相关系数越接近 1 则越相关而定义 (到底等于多少算相关，没有统一认识)，这和线性代数中的**线性相关** (linearly dependent) 不同. 在代数中，只有 $\boldsymbol{x}$ 和 $\boldsymbol{y}$ 可以互相线性表示 (如存在 a 和 b，使得 $\boldsymbol{y} = a + b\boldsymbol{x}$) 才算线性相关. 但如果向量 $\boldsymbol{x}$ 和 $\boldsymbol{y}$ 代数上线性相关，则它们的 Pearson 相关系数必定等于 1，反之不然.
2. 统计中，人们喜欢用两个观测值的相关性检验来判断它们背后的总体随机变量是否相关，其实该检验的零假设是总体相关系数等于零 ($H_0: \rho = 0$)，即使检验的 p 值很小，也只说明 $\rho \neq 0$，但绝对不说明是否相关.

3. 最小二乘线性回归假定中的 ‘‘不存在多重共线性’’ 实际上仅仅保证了系数矩阵不是代数上的线性相关, 和模型无关. 这种假定可能会使人错误地认为自变量之间不相关或者系数矩阵正交, 因而觉得多自变量线性回归的每个系数可以单独解释.
4. 人们说, 在自变量独立时, 多自变量线性回归的单个系数可以解释. 这里的 ‘‘独立’’ 通常并不是严格的概率术语, 而是日常用语, 意思是独立的自变量可以单独变化, 与其他变量无关. 在此必须考虑下面几点:
   - 在统计回归分析的目前教学中, 并没有真正考虑自变量作为随机变量, 最多只是使用条件概率来回避自变量可能是随机变量的情况. 甚至用因变量和自变量的因果关系 (妄称 ‘‘因变量变化是自变量变化的结果”) 来掩饰这个问题. 实际上, 如果真正把自变量当成假定某些分布的随机变量来处理的话, 目前的线性回归分析就会增加更多与数据科学无关的内容了.
   - 在概率意义上, 变量是否独立无法从数学上严格证明. 而统计中关于独立性的检验不但无法得到确切的结果, 而且很少 (如果有的话) 用于线性回归各种数量自变量及分类自变量之间. 通常人们只从数量自变量数据矩阵来讨论, 而这种数据矩阵中的列向量只有 (通过样本 Pearson 相关系数来衡量) 线性相关性而没有独立性的说法.
5. **多重共线性**在统计中 (不像在最小二乘线性回归假定中的同名术语) 是一个模糊概念, 仅仅说明自变量矩阵中的变量之间有统计意义上的相关. 这和回归假定中的 ‘‘不存在多重共线性” (即代数上不线性相关) 没有任何矛盾.
6. 自变量数据矩阵正交, 不意味着各个列向量之间的 Pearson 线性相关系数为 0, 但不会很大; 而自变量数据矩阵互不相关, 只意味着各个列向量之间的 Pearson 线性相关系数很小, 但并不意味着矩阵正交.

2.3 分类变量的哑元化

2.3.1 哑元化分类变量的编程

在各种软件做最小二乘线性回归时, 对于用字符串显示水平的分类自变量, 都需要做哑元化处理, 即变量每个水平都转换成一个用 0 和 1 表示的哑元变量. 这种哑元化在 Python 主要机器学习软件 sklearn 中必须由用户自己进行 (用 R 做最小二乘线性回归时, 在后台做了分类变量哑元化处理, 不存在用户自己事先哑元化分类变量的问题, 而在 R 的基于决策树的很多有监督学习函数中, 并没有做哑元化, 而直接用分类变量处理, 这是和软件 sklearn 模块的做法不同的地方).

训练 2.3.1 写出对一个分类变量哑元化的函数. 在模块 pandas 中有使得分类变量哑元化的函数 get_dummies, 很容易把数据框的分类变量哑元化. 我们不用该函数, 写出把一个数据框的分类变量哑元化的函数. 这里可用后面训练分类决策树时将要用的例 3.3 鸢尾花数据变量 Species 作为该函数哑元化的目标.

参考代码:

```
# 输入鸢尾花数据
w=pd.read_csv("iris.csv")

# 哑元化数据框函数 (这里 drop_first 仅仅在有截距的线性回归中需要)
def GetDummies(w,prefix_sep='_', drop_first=False):
```

```
    w_d=w.copy()
    for j in w.columns:
        if w[j].dtype=='O':
            Lev=np.unique(w[j])
            if drop_first:
                Lev=Lev[1:]
            for L in Lev:
                w_d.insert(w_d.shape[1],j+prefix_sep+L,(w[j]==L)*1)
            w_d.drop(columns=j, inplace = True)
    return w_d

# 试验
w_d=GetDummies(w)
print(w_d.head())
```

输出为:

```
   Sepal_Length  Sepal_Width  Petal_Length  Petal_Width  Species_setosa  \
0           5.1          3.5           1.4          0.2               1
1           4.9          3.0           1.4          0.2               1
2           4.7          3.2           1.3          0.2               1
3           4.6          3.1           1.5          0.2               1
4           5.0          3.6           1.4          0.2               1

   Species_versicolor  Species_virginica
0                   0                  0
1                   0                  0
2                   0                  0
3                   0                  0
4                   0                  0
```

2.3.2 哑元化分类变量做最小二乘线性回归

为了说明分类变量在回归中的角色, 下面考虑一个例子.

例 2.2 美国犯罪数据 (USArrests1.csv). 该数据集包含的统计数据是 1973 年美国 50 个州的每 10 万居民因袭击、谋杀和强奸而被捕的人数. 还给出了居住在城市地区的人口百分比. 变量包括 Murder (因谋杀而逮捕人数 (每 10 万人)), Assault (因袭击而逮捕人数 (每 10 万人)), UrbanPop (城市人口百分比), Rape (因强奸而逮捕人数 (每 10 万人)), Region (属于美国哪个区域, 4 个区域之一: South, West, NE, MW), State (州名).

训练 2.3.2 对包含分类变量数据使用式 (2.2.2) 做最小二乘线性回归并画图. 对例 2.2 数据做因变量为 Assault, 自变量为 UrbanPop 和 Region 的最小二乘线性回归. 把 Region 哑元化, 并比较保留所有哑元不用截距项及去掉一列及增加截距的结果. 观察最终结果的等价性. 最终画出这个回归的拟合直线.

参考代码:

```
# 读入数据
u=pd.read_csv("USArrests1.csv")

# 选取变量并生成两个哑元化自变量矩阵
X1=GetDummies(u[['UrbanPop','Region']])
X2=GetDummies(u[['UrbanPop','Region']],drop_first=True)
X2['Intercept']=1

# 打印查看部分结果
print(X1.head(),'\n',X2.head())
```

输出为:

```
   UrbanPop  Region_MW  Region_NE  Region_South  Region_West
0        58          0          0             1            0
1        48          0          0             0            1
2        80          0          0             0            1
3        50          0          0             1            0
4        91          0          0             0            1
    UrbanPop  Region_NE  Region_South  Region_West  Intercept
0        58          0             1            0          1
1        48          0             0            1          1
2        80          0             0            1          1
3        50          0             1            0          1
4        91          0             0            1          1
```

```
y=u['Assault']
# 求回归系数估计
b1=np.linalg.inv(X1.T.dot(X1)).dot(X1.T).dot(y)
b2=np.linalg.inv(X2.T.dot(X2)).dot(X2.T).dot(y)
dict(zip(X1.columns,b1)),dict(zip(X2.columns,b2))
```

输出为:

```
({'UrbanPop': 2.2358490283422117,
  'Region_MW': -23.692608242378018,
  'Region_NE': -31.084903666367417,
  'Region_South': 87.10672337790936,
  'Region_West': 29.345430152449463},
 {'UrbanPop': 2.2358490283422263,
  'Region_NE': -7.39229542398969,
  'Region_South': 110.79933162028743,
  'Region_West': 53.03803839482745,
```

```
    'Intercept': -23.692608242378338})
```

上面两个结果中 UrbanPop 的斜率基本相同, 其他数据是哑元参数作为 4 种截距的两种写法. 对于舍弃第一列 (Region_MW) 的哑元化X2 实际上把 Region_MW 当成 0, 如果在第二个结果中每个 Region 加上共同截距 (Intercept), 则得到第一组的参数. 这些关系可用下面的代码验证:

```
b1[1:]-b1[1],b2[1:-1]+b2[-1]
```

输出为:

```
(array([  0.        ,  -7.39229542, 110.79933162,  53.03803839]),
 array([-31.08490367,  87.10672338,  29.34543015]))
```

实际的回归直线是如图 2.3.1 所示的 4 条平行线.

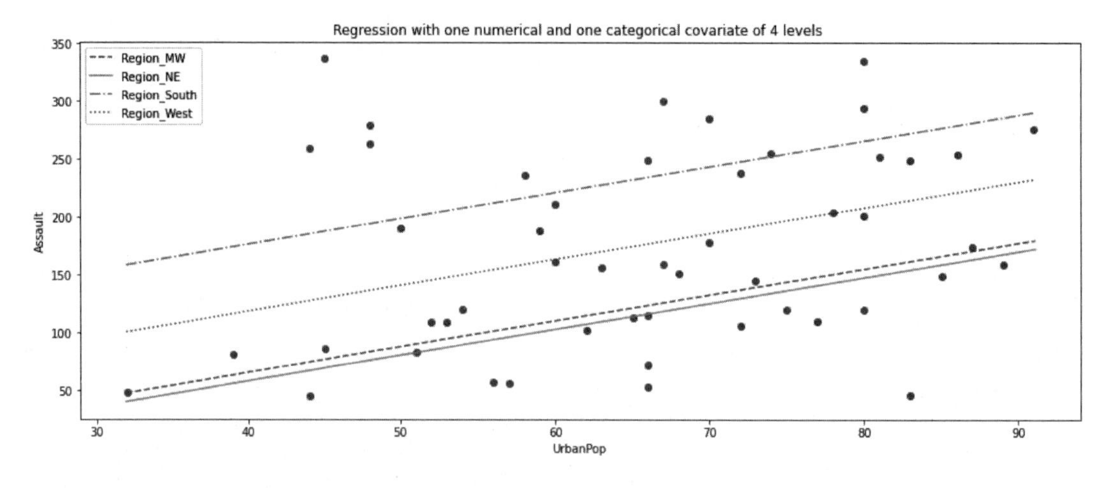

图 2.3.1 例 2.2 数据: 因变量为 Assault 及一个分类自变量和一个数量自变量的回归

相应于图 2.3.1 的回归公式为:

$$\widehat{\text{Assault}} = \begin{cases} -23.692608 + 2.235849\,\text{UrbanPop}, & \text{Region = MW;} \\ -31.084904 + 2.235849\,\text{UrbanPop}, & \text{Region = NE;} \\ 87.106723 + 2.235849\,\text{UrbanPop}, & \text{Region = South;} \\ 29.345430 + 2.235849\,\text{UrbanPop}, & \text{Region = West.} \end{cases}$$

生成图 2.3.1 的代码为:

```
ls=['dashed','solid','dashdot','dotted']
plt.figure(figsize=(16,6))
x=np.linspace(min(u['UrbanPop'])-.1,max(u['UrbanPop'])+.1,100)
plt.scatter(x='UrbanPop',y='Assault',data=u,label=None)
```

```
for k,c in enumerate(b1[1:]):
    plt.plot(x,c+b1[0]*x,label=X1.columns[k+1],linestyle=ls[k])
plt.legend()
plt.title('Regression with one numerical and one categorical covariate\
 of 4 levels')
plt.xlabel('UrbanPop')
plt.ylabel('Assault')
```

第 3 章　以决策树为载体的训练

3.1　引言

决策树是最容易解释和理解的有监督学习模型. 决策树的可解释性是其他模型很难比拟的. 决策树既可以做回归, 也可以做分类. 单独的决策树的预测精度不一定那么好, 但许多决策树的组合可以形成预测精度最高的一系列模型, 如随机森林、梯度下降法、AdaBoost 等. 决策树没有对数据分布做任何要求, 是完全数据驱动的数据科学方法.

由于决策树具有这些特征, 因此利用构造决策树的过程可以实现各种编程训练, 这是仅仅实现数学公式的简单编程无法比拟的. 我们在参考代码中尽量用 Python 中最常用的函数来实现这里的训练, 但读者可以使用除了直接和目标相关的函数之外的任何 Python 函数来生成高效率的漂亮的代码.

3.1.1　一个决策树回归例子

下面首先通过一个决策树回归例子来介绍决策树的一些基本概念.

例 3.1　乙醇燃烧数据 (ethanol.csv). 这是 R 的程序包 `lattice` 自带的数据, 描述乙醇燃料在单缸发动机中燃烧时, 对于发动机压缩比 (C) 和当量比 (E) 的各种设置, 记录了氮氧化物 (NOx) 的排放. 有 88 个观测值, 3 个变量: NOx (氮氧化物 NO 和 NO_2 的浓度, 以 micrograms/J 为单位), C (发动机的压缩比), E (当量比, 空气和乙醇燃料混合物浓度的一种度量). 这里我们把变量 NOx 作为因变量, E 和 C 作为自变量.

为了介绍决策树回归的基本概念及基本元素, 下面使用 Python 中 `sklearn` 模块的决策树回归函数来拟合例 3.1 的数据. 所需要的模块输入、数据输入和拟合 3 层决策树模型并用 `plt` 模块 (`matplotlib.pyplot` 模块的简写) 画图 (见图 3.1.1) 的代码为:

```
import pandas as pd
import numpy as np
import matplotlib.pyplot as plt
from sklearn.tree import DecisionTreeRegressor,DecisionTreeClassifier
from sklearn.linear_model import LinearRegression
from sklearn import tree
import graphviz

w=pd.read_csv("ethanol.csv")
X=np.array(w.iloc[:,1:])
y=w['NOx']
```

```
reg = DecisionTreeRegressor(random_state=0,max_depth=3)
reg=reg.fit(X,y)
dot_data=tree.export_graphviz(reg,out_file=None,
          feature_names = w.columns[1:],rounded=True, filled=True)
graph = graphviz.Source(dot_data)
graph
```

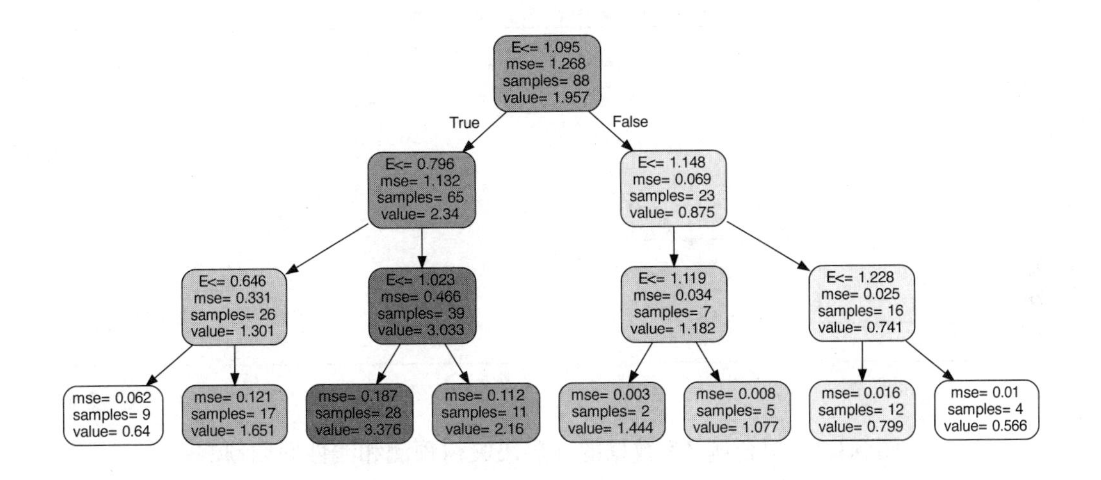

图 3.1.1 拟合例 3.1 数据的 3 层决策树

图 3.1.1 中并没有出现变量 C, 这说明变量 E 对于解释因变量 NOx 比变量 C 重要得多. 这也表明做 3 层决策树用两个变量的结果和用一个变量 E 相同.

图 3.1.1 中的决策树最上面的节点称为**根节点**, 它代表了全部数据集. 其中有下列信息:

1. `mse = 1.268` 给出因变量的样本方差——以均值为预测值的均方误差 (这个结果可以利用前面程序的结果, 用代码 `np.mean((y-np.mean(y))**2)` 得到).
2. `samples = 88` 给出了全部数据的样本量 (可以用代码 `w.shape[0]` 得到).
3. `value = 1.957` 给出了全部数据的因变量的均值 (可以用代码 `np.mean(y)` 得到). **这意味着不用任何模型 (这时决策树只有单独一个根节点), 只用均值来代表预测的因变量值 (无论自变量是什么).**
4. `E <= 1.095` 是决策树生长最重要的信息, 它意味着:
   (1) 决策树在根节点 (全部数据) 的首选**拆分变量**为变量 E;
   (2) 根据 E 的属性 `E <= 1.095` (等价于 `E > 1.095`) 把数据分成两个子集 (左下节点及右下节点).
   (3) **该拆分变量及相应属性的选择意味着和所有变量的所有属性比较, 这个拆分使得 MSE 减少最快 (使数据变纯最快).** 后面将会对此做进一步说明.
5. 后面每个节点 (除了最后一行的节点), 都给出类似的信息, 并选择某变量 (这里只有变量 E) 的某个属性 (E 的某值作为拆分值) 来拆分.

6. 最后一行称为**终节点**或**叶节点**，具有除了拆分变量信息之外 (由于不再拆分) 的所有信息. 其中的 value 则是该决策树的预测值.
7. **任何一个有同样自变量的新观测值，根据其自变量的属性，必然落入一个终节点，该终节点的** value **(终节点数据因变量的均值) 就是这个观测值的因变量的预测值.**

例 3.1 变量 NOx 对 E 的散点图及这里的 3 层决策树预测和作为比较的线性回归预测展示在图 3.1.2 中. 该图显示，该决策树回归是通过自变量分段，使得每一段的因变量值比较一致来获得较好的拟合. 这区别于调整斜率和截距的用单独直线来拟合的线性回归.

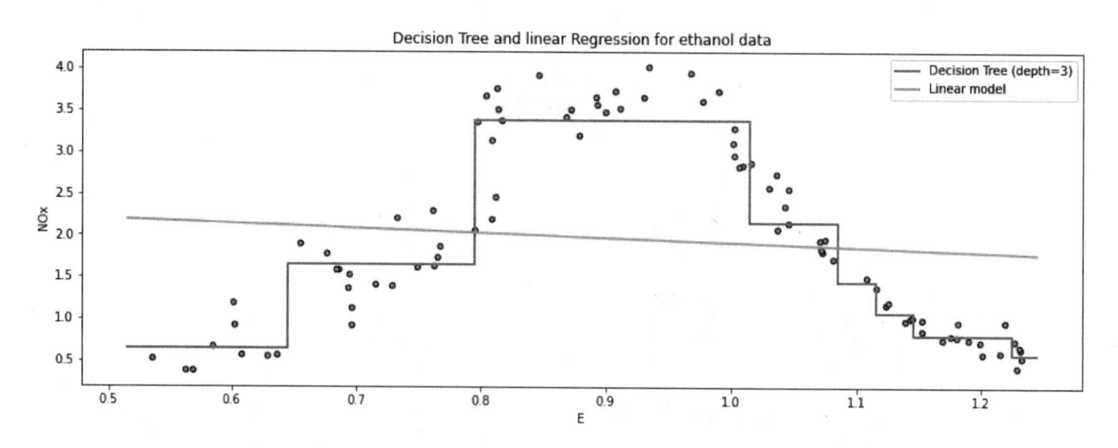

图 3.1.2　拟合例 3.1 数据的 3 层决策树预测和线性回归预测

生成图 3.1.2 的决策树预测代码使用了前面的决策树计算结果 (在 reg 中)，而线性回归及预测使用了 sklearn 模块的标准代码，画图用 plt 模块. 代码如下:

```
X=np.array(w.iloc[:,2]).reshape(-1, 1)
y=w['NOx']
reg.fit(X,y)
lm_reg=LinearRegression()
lm_reg.fit(X,y)
X_test = np.arange(np.min(X)-0.02, np.max(X)+0.02, 0.01).reshape(-1,1)
y_1 = reg.predict(X_test)
y_2=lm_reg.predict(X_test)

# Plot the results
plt.figure(figsize=(15,5))
plt.scatter(X, y, s=20, edgecolor="black", c="darkorange")
plt.step(X_test, y_1, color="cornflowerblue",
         label="Decision Tree (depth=3)", linewidth=2)
plt.plot(X_test, y_2, color="yellowgreen",
         label="Linear model", linewidth=2)
plt.xlabel("E")
plt.ylabel("NOx")
```

```
plt.title("Decision Tree and linear Regression for ethanol data")
plt.legend()
plt.show()
```

3.1.2 使数据变纯是有监督学习建模的基本原则

如图 3.1.2 所示, 决策树和线性回归类似, 是做出使其能解释的部分 (图中预测值的线条) 和数据本身的差别尽量小的模型. 决策树自变量的分段使得每一段因变量的值尽量纯 (或者齐次). 线性回归也是如此, 只不过是一次性的, 使残差平方和最小 (纯或齐次).

对于一般的包括回归和分类的有监督学习来说, 纯度对于因变量为数量变量的回归和因变量为分类变量的分类有不同的定义. 决策树根据变量的某些属性把数据逐步拆分成因变量越来越纯的子集有几个基本要点:

1. **纯度**是变量齐次性在一个数据集中的度量, 纯度越高, 则在该数据集中该变量观测值越接近. 当然, 纯度的度量对于分类变量和数量变量有所不同:

   (1) 对于一个有若干水平的**分类变量**, 比如性别, 如果为 50%男性和 50%女性, 则该数据集最不纯, 如果为 100%男性或者 100%女性, 则最纯. 衡量标准为 Gini 不纯度 (Gini index, Gini impurity) 或信息熵 (information entropy). 如果因变量有 k 类, 记 p_i 为第 i 类在一个节点中的比例, 则在一个节点中两种不纯度定义为:

$$\text{Gini index} = 1 - \sum_{i=1}^{k} p_i^2 = 1 - (p_1^2 + p_2^2 + \cdots + p_k^2);$$

$$\text{Entropy} = -\sum_{i=1}^{k} p_i \log_2 p_i.$$

   变量为两类时的 (两种) 不纯度与各类比例显示在图 3.1.3 中. 当一类比例为 1 时 (另一类比例为 0) 最纯, 不纯度为 0 (两端), 当各自一半时 ($p = 0.5$) 最不纯.

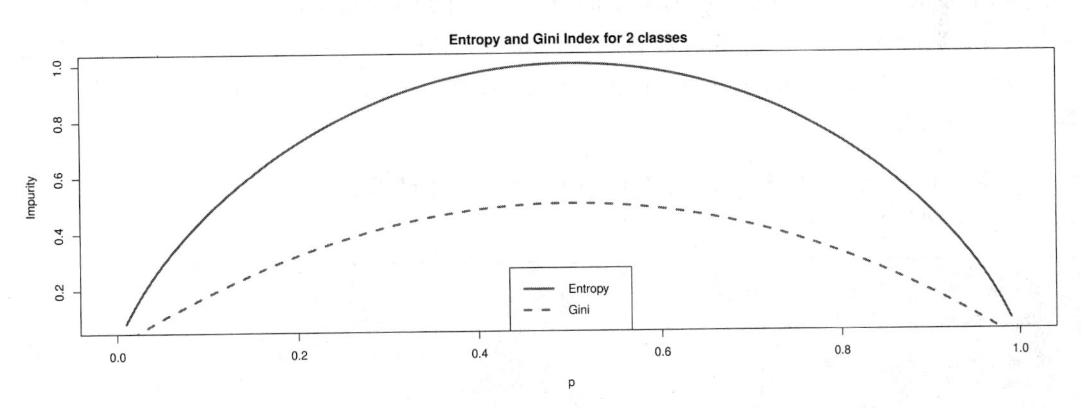

图 3.1.3 变量为两类时的 (两种) 不纯度与这两类比例的点图

   (2) 对于**数量变量**来说, 纯度一般用以均值为预测值 ($\hat{y} = \bar{y}$) 的残差平方和 (SSE)

$$\text{SSE} = \sum_{i=1}^{n} (y_i - \bar{y})^2$$

或等价的均方误差 (MSE)

$$\mathrm{MSE}=\frac{1}{n}\sum_{i=1}^{n}(y_i-\bar{y})^2$$

来度量.

2. 使数据变纯的程度是用**一个节点的不纯度**和根据某变量某属性拆分该节点数据所生成的**子节点的不纯度按照样本量的加权平均**的差值(纯度增益) 来确定.
3. 决策树生长在每个节点要选择拆分变量及其最优属性:
   (1) 每个自变量在其各种属性中寻找使数据变纯最快的属性.
   (2) 所有变量以其最好的属性互相竞争, 取得该节点拆分变量的资格.
4. 一个决策树成长太大或太小会有过拟合或欠拟合等不同问题, 因此各种软件都有确定决策树大小的各种选项.

3.2 决策树回归: 自变量均为数量变量

本节自变量与因变量皆为数量变量 (把分类变量转换成哑元变量后的处理和数量变量相同), 因此程序相对比较简单.

在回归中, 我们的参考代码使用 (和例 3.1 的乙醇燃烧数据相比) 有稍多些变量的数据来说明. 这个数据的部分变量名字是由两个英文单词组成, 单词之间原来是用点 (半角句号 “.”) 分割的, 我们改成用下划线 (“_”) 分割. **必须注意代码中尽量回避使用点来分割的字符串和变量名, 因为点 (“.”) 在 Python 语法中有自己的意义.**

例 3.2 混凝土强度 (Concrete.csv). 该数据包含了混凝土的 7 种成分、时间以及抗压强度等 9 个变量. 共有 1030 个观测值.[1] 这些变量分别为 Cement (水泥), Blast_Furnace_Slag (高炉矿渣), Fly_Ash (粉煤灰), Water (水), Superplasticizer (超塑化剂), Coarse_Aggregate (粗骨料), Fine_Aggregate (细骨料), Age (时间), Compressive_strength (抗压强度). 其中除了 Age (时间) 单位是天, Compressive_strength(抗压强度) 为 MPa(兆帕) 之外全部是在 m3 号混合中的 kg (千克) 数. 这个数据中 Compressive_strength (抗压强度) 是因变量, 其他变量为自变量. 这是一个典型的回归问题.

为了对照后面训练程序的结果, 我们输入该数据, 并且用 `sklearn` 模块的现成函数得到 3 层决策树 (见图 3.2.1):

```
w=pd.read_csv('concrete.csv')
y=w['Compressive_strength']
X=w.iloc[:,:-1]

reg = DecisionTreeRegressor(random_state=0,max_depth=3)
reg=reg.fit(X,y)
dot_data=tree.export_graphviz(reg,out_file=None,
```

[1]该数据可从网页 https://archive.ics.uci.edu/ml/datasets/Concrete+Compressive+Strength下载.

```
            feature_names = X.columns,rounded=True, filled=True)
graph.render("ConcreteTree") #输出的图形成pdf文件
graph = graphviz.Source(dot_data)
graph
```

图 3.2.1 显示, 根节点的 MSE 为 278.811, 样本量为 1030, 即全部数据, 平均值为 35.818 (这是不用任何模型, 直接用全部样本的因变量数据均值来作为预测值), 而在根节点首选的拆分变量为 Age 及属性 Age 在 21.0 点对数据的分割 (把数据分成左右两个子节点); 下面的每个节点的解释类似. 在最后一行中的 8 个节点是叶节点, 根据形成 3 层决策树的要求 (这里根节点算是第 0 层) 该层之后不再拆分, 因此每个叶节点仅标出了 MSE、样本量及作为该决策树最终预测值的平均值.

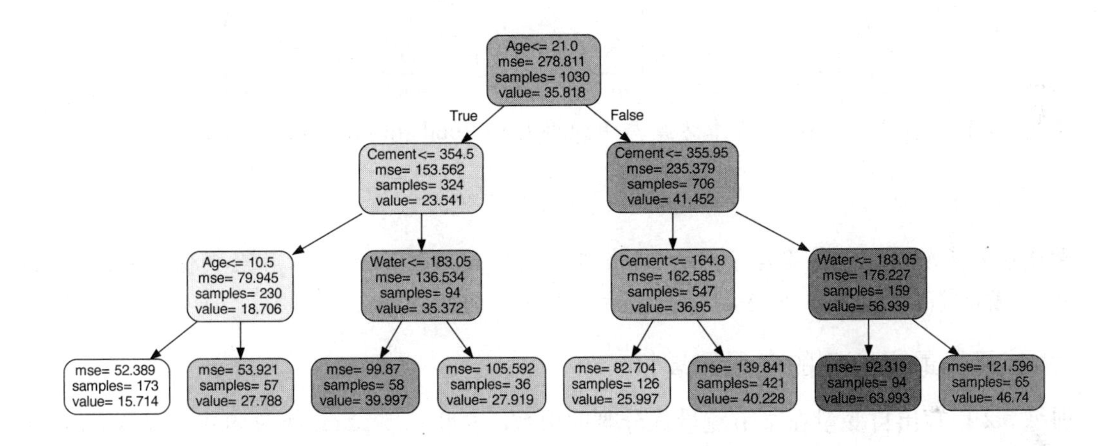

图 3.2.1 例 3.2 的回归决策树

3.2.1 竞争拆分变量的度量: 数量变量的不纯度

要想使得拆分变量把因变量数据变纯, 必须有对纯度的定义. 下面对于因变量为数量变量的回归时的纯度做出定义.

对于一个数据集基于某个数量变量 (这里是因变量) 的**不纯度** (impurity) 实际上可以用样本方差 $\frac{1}{n}\sum_{i=1}^{n}(y_i-\overline{y})^2$ 来描述 (在 Python 中称为 MSE)[2]. 样本方差越大的集合越 "不纯". 还可以定义某属性 A 拆分数据集时的**纯度增益**:

定义 3.1

1. 考虑在一个样本量为 n 的数据集合 D 中的某数量变量 $\boldsymbol{y}=(y_1,y_2,\dots,y_n)$, 不纯度实际上可以定义为样本方差

$$I(D)=\frac{1}{n}\sum_{i=1}^{n}(y_i-\overline{y})^2$$

[2]在统计书中往往样本方差也定义为 $\frac{1}{n-1}\sum_{i=1}^{n}(y_i-\overline{y})^2$, 这是为了某种检验或者为了某种估计量的诸如无偏性之类的数学方便而采取的. 在实践中上述定义的分母中使用 n 或者 $n-1$ 不会有什么区别.

2. 如果样本量为 n 的数据集 D 由于某属性 A (例如满足某条件与否——2 种情况) 被拆分成两个子集 D_1 和 D_2, 分别有样本量 n_1 及 n_2, 那么不纯度定义为:

$$I_A(D) = \frac{n_1}{n}I(D_1) + \frac{n_2}{n}I(D_2) = \frac{n_1}{n}\frac{1}{n_1}\sum_{y_i\in D_1}(y_i-\overline{y}_1)^2 + \frac{n_2}{n}\frac{1}{n_2}\sum_{y_i\in D_2}(y_i-\overline{y}_2)^2$$
$$= \frac{1}{n}\left[\sum_{y_i\in D_1}(y_i-\overline{y}_1)^2 + \sum_{y_i\in D_2}(y_i-\overline{y}_2)^2\right],$$

式中的 $\overline{y}_j = \frac{1}{n_j}\sum_{y_i\in D_j} y_i \ (j=1,2)$.

3. 基于上面两款定义, **纯度增益**定义为属性 A 拆分 D 为两个子集 D_1 及 D_2 所得到的不纯度的减少:

$$\Delta I(A) = I(D) - I_A(D) = \frac{1}{n}\sum_{i=1}^{n}(y_i-\overline{y})^2 - \frac{1}{n}\left[\sum_{y_i\in D_1}(y_i-\overline{y}_1)^2 + \sum_{y_i\in D_2}(y_i-\overline{y}_2)^2\right]$$
$$= \frac{1}{n}\sum_{i=1}^{n}\left\{(y_i-\overline{y})^2 - \left[\sum_{y_i\in D_1}(y_i-\overline{y}_1)^2 + \sum_{y_i\in D_2}(y_i-\overline{y}_2)^2\right]\right\}.$$

显然, 对于一个固定的 n, 用样本方差与用**总平方和** (total sum of squares, TSS)[3]

$$\text{TSS} = \sum_{i=1}^{n}(y_i-\overline{y})^2$$

来度量不纯度或纯度增益是等价的, 后者在 R 的决策树软件 `rpart` 中称为**偏差** (deviance). 此时, 前面 $I(D), I_A(D)$ 及 $\Delta I(A)$ 定义中的因子 $\frac{1}{n}$ 可以去掉.

3.2.2 寻找最优分割的变量和属性

训练 3.2.1 写出自变量在某节点最优分割的函数. 不用 `sklearn` 模块的决策树函数, 写出函数以找出每个自变量在某节点 (比如根节点) 的最优拆分点. 提示: 可利用例 3.2 的数据, 求出各种可能分割, 然后求出每种分割所得到的纯度增益, 并得到最大增益相应的分割. 对于数量变量来说, 一个观测值序列的可能分割的方式数目为该序列不重复值 (比如 m) 减去 1 (即 $m-1$),

参考代码:

```
def Mse(x):
    return np.mean((x-np.mean(x))**2)

def Sse(x):
    return sum((x-np.mean(x))**2)

def WMean(a,b,fun):
    return (fun(a)*len(a)+fun(b)*len(b))/(len(a)+len(b))

def DMSE(w,x_lab='Age',y_lab='Compressive_strength'):
    xi=np.array(w[x_lab])
```

[3] 如果把均值 ($\overline{y}$) 作为预测值 ($\hat{y}$), 则 TSS 也称为残差平方和 (SSE). 此外, 还有许多类似或等价的术语 (以及不同的英文缩写), 只要知道含义, 起什么名字关系不大.

```
    y0=w[y_lab]
    z=np.sort(np.unique(xi))
    z=(z[1:]+z[:-1])/2
    mse=Mse(y0)
    MST=[]
    for i in z:
        MST.append(WMean(y0[xi<i],y0[xi>=i],Mse))
    MST=np.array(MST)
    I=np.argmin(MST)
    return I, z[I], ('w.'+x_lab+'<='+str(z[I]), 'w.'+x_lab+'>'+str(z[I])), mse-MST[I]
```

上面的函数在根节点对变量 Age 的使用:

```
DMSE(w)[2:]
```

输出拆分点: `Age <= 21.0` 及纯度增益 $\Delta I(A) = 69.168$, 这里的属性 A 代表变量 Age 在 21.0 点的拆分 (注意: 这个分割点可属于两个顺序自变量值之间的任意一点, 并不唯一, 这里取的是区间 $(14, 28)$ 的中点: $(14+28)/2 = 21$ (代码 `(z[1:]+z[:-1])/2`).

```
(('w.Age<=21.0', 'w.Age>21.0'), 69.16804131008155)
```

参考代码说明

函数 DMSE 的作用在生成决策树的过程中仅仅是个中间过程. 其中:

1. z 为变量所有不同值 (按照顺序排列) 的中间值, 作为可能的分割点.
2. MST 包含了各种分割生成的误差.
3. I=np.argmin(MST) 则给出了使得误差最小 (纯度增益最大) 的分割点.

训练 3.2.2 利用训练 3.2.1 中所编写的函数写出从所有自变量选出某节点的首选拆分变量及属性. 利用例 3.2 的数据, 不用 sklearn 模块, 对每个自变量利用训练 3.2.1 中编写的函数 (参考代码中的函数 DMSE), 找到在根节点中各个变量的最优纯度增益, 并得到最好的变量及分割点.

参考代码:

```
def COMP(w=w,y_lab='Compressive_strength'):
    X9=w.drop(columns=y_lab)
    D=[]
    SI={}
    k=0
    Col=[]
    Key=[]

    for j in X9.columns:
        if len(np.unique(X9[j]))>1:
            SI[k]=DMSE(w,j,y_lab)
```

```
            D.append(SI[k][3])
            Col.append(j)
            Key.append(SI[k][1])
            k+=1
    D=np.array(D)
    I=np.argmax(D)
    return SI[I][2][0],SI[I][2][1],Key[I],Col[I],D
```

上述函数在根节点的使用:

```
COMP(w,'Compressive_strength')
```

输出首选拆分变量名字及拆分属性 (分割点)、纯度增益及所有其他变量的纯度增益:

```
('w.Age<=21.0',
 'w.Age>21.0',
 21.0,
 'Age',
 array([56.61314778, 16.98456637,  7.60734151, 43.63258803, 33.77875792,
        18.63018142, 13.60915801, 69.16804131]))
```

在实践中只需输出首选拆分变量名字及拆分属性 (分割点) 就够了. 这里输出其他变量的纯度增益是为了用下列代码画出图 3.2.2, 以显示例 3.2 混凝土数据回归各变量在根节点造成的不同纯度增益. 显然, 变量 Age 是使得纯度增益最大的, Cement 和 Water 两个变量是紧跟其后的强有力竞争对手.

```
_=COMP(w,'Compressive_strength')
plt.figure(figsize=(16,5))
plt.plot(w.columns[:-1],_[4])
plt.scatter(w.columns[:-1],_[4])
plt.title('Purity increments by covariates')
plt.xlabel('Covariate')
plt.ylabel('Purity increment')
```

参考代码说明

这是反复对每个变量使用函数 `DMSE` 以得到最优的拆分变量. 其中:

1. `len(np.unique(X9[j]))>1` 的条件排除了只有一个值而无资格作为拆分变量的变量.
2. `I=np.argmax(D)` 选出纯度增益最大的变量号码.
3. 函数 `COMP` 输出的主要内容包含了拆分变量的拆分属性 (两个)、分割点、选中的拆分变量名称. 这是后续编程所需的.
4. 输出 `D` 仅仅为画图 3.2.2 而用.

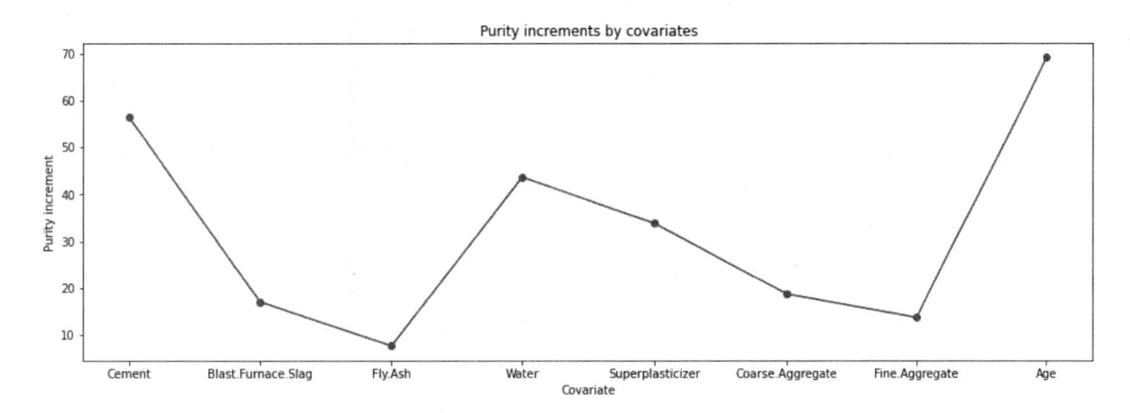

图 3.2.2 例 3.2 混凝土数据回归各变量在根节点的纯度增益

训练 3.2.3 写出函数, 在给定回归树层数时确定一个节点继续分割还是结束, 并且在继续分割时给出最优分割点及相应属性. 利用例 3.2 的数据, 不用 sklearn 模块, 利用训练 3.2.2 的函数, 确定是否叶节点, 并且给出非叶节点的分割数据子集. 显然, 如果决策树已经达到预先指定的层数, 或者因变量的值全部相同 (最纯), 或者可用的自变量的值全部纯 (不可能再有分割点), 则为叶节点.

参考代码:

```
def PG(size, df, label,k):
    # 如果大于最大层数
    # 若df因变量的值全相同则为叶节点
    # 若df的自变量观测值全相同则为叶节点
    if k >= size or len(df[label].unique()) == 1 or\
     (df.drop(columns = label).duplicated().sum() == (len(df)-1)):
        return [np.mean(df[label]), 'leaf', k]
    # 在非叶节点给出分割后的两个子集
    _ = COMP(df, label)
    return [_[0],_[1],_[3],_[2], np.mean(df[label]), 'no_leaf', k]

# 测试
PG(2,w,'Compressive_strength',1)
```

输出为:

```
['w.Age<=21.0', 'w.Age>21.0', 'Age', 21.0, 35.81796116504851, 'no_leaf', 1]
```

这里输出的是在全部观测值中, 首选拆分变量为 Age, 分割点为 21.

参考代码说明

1. 在该代码中, 前面叶节点的条件中使用了逻辑语句 ‘‘或”: “or”. 在 Python 中, ‘‘与’’ 为 “and”, ‘‘非’’ 为 “not” (在 R 中这三者通常分别为 “|” “&” “!”). 但是要确定序列逻辑关系时, 在 Python

中使用 “&” (与)、“|” (或)、“~” (非).

2. 这里输入变量要求的是 pandas 的数据框 (DataFrame), 而 df[label] 为数据框 df 中取名为 label 的变量序列, df.drop(columns=label) 为数据框 df 中删除变量 label 之后的剩余部分.
3. 该函数使用了 COMP 函数在每个节点给出最优分割点及相应属性.

3.2.3 汇总: 数量自变量回归决策树生长全程序

训练 3.2.4 写出可以打印的回归决策树函数. 利用例 3.2 的数据, 不用 sklearn 模块, 利用训练中自己所编写的函数, 给定层数, 打印各个节点的性质. 在函数输出中为未来的预测做准备. 这个代码的复杂程度和训练 3.2.3 函数 (参考代码函数 PG) 输出的格式有关, 如果训练 3.2.3 的函数输出合适, 将会减少这里代码的烦琐程度.

参考代码:

```
def Tree(w=w,K=3,Lab='Y',Print=False):
    TR=dict()
    k=0
    TR[0]=PG(K,w,Lab,k)
    TR[0].insert(0,'root')
    for k in range(K):
        for i in range(int(2**k-1),int(2**(k+1)-2)+1): #每一层下面子节点的号码
            if sum([i==x for x in TR.keys()])>0: # 避开可能的空号码
                if TR[i][-2]=='no_leaf':
                    for j in (1,2):
                        I=2*i+j
                        TR[I]=PG(K,w[eval(TR[i][j])],Lab,k+1)
                        if TR[I][-2]=='no_leaf':
                            TR[I][0]= '(w.'+str(TR[I][2])+'<='+str(TR[I][3])+ ')& (' +TR[i][j]+')'
                            TR[I][1]='(w.'+str(TR[I][2])+'>'+str(TR[I][3])+ ')& (' +TR[i][j]+')'
                        TR[I].insert(0,TR[i][j])
            else: continue
    if Print:
        print('Legend:\nNode (two children nodes criteria of no_leaf)\
        [predicted value, leaf or not, layer number]')
        for i in TR:
            if TR[i][-2]=='no_leaf':
                print(i,TR[i][0].split('&')[0],TR[i][1].split('&')[0],
                      TR[i][2].split('&')[0],TR[i][-3:])
            else:
                print(i,TR[i][0].split('&')[0],TR[i][-3:])
    return TR
```

使用该函数, 并打印的代码为:

```
Tr=Tree(w=w,K=3,Lab='Compressive_strength',Print=True)
```

输出和图 3.2.1 的结果相同:

```
Legend:
Node (two children nodes criteria of no_leaf)[predicted value, leaf or not, layer number]
0 root w.Age<=21.0 w.Age>21.0 [35.81796116504851, 'no_leaf', 0]
1 w.Age<=21.0 (w.Cement<=354.5) (w.Cement>354.5) [23.541234567901235, 'no_leaf', 1]
2 w.Age>21.0 (w.Cement<=355.95) (w.Cement>355.95) [41.45203966005662, 'no_leaf', 1]
```

```
3 (w.Cement<=354.5) (w.Age<=10.5) (w.Age>10.5) [18.70621739130436, 'no_leaf', 2]
4 (w.Cement>354.5) (w.Water<=183.05) (w.Water>183.05) [35.371595744680846, 'no_leaf', 2]
5 (w.Cement<=355.95) (w.Cement<=164.8) (w.Cement>164.8) [36.95020109689216, 'no_leaf', 2]
6 (w.Cement>355.95) (w.Water<=183.05) (w.Water>183.05) [56.93949685534594, 'no_leaf', 2]
7 (w.Age<=10.5) [15.713930635838151, 'leaf', 3]
8 (w.Age>10.5) [27.788070175438595, 'leaf', 3]
9 (w.Water<=183.05) [39.99724137931035, 'leaf', 3]
10 (w.Water>183.05) [27.919166666666662, 'leaf', 3]
11 (w.Cement<=164.8) [25.997142857142855, 'leaf', 3]
12 (w.Cement>164.8) [40.2283135391924, 'leaf', 3]
13 (w.Water<=183.05) [63.99255319148939, 'leaf', 3]
14 (w.Water>183.05) [46.73969230769231, 'leaf', 3]
```

参考代码说明

1. 在函数 Tree 中, 节点号从根节点 0 开始, 第 j 个父节点的子节点号为 $2j+1$ 和 $2j+2$, 也可能有的节点不存在, 就让其号码空着.
2. 在第 k 层下面一层的号码 (包括空号) 是从 2^k 到 $2^{k+1}-2$, 这在代码中有所体现.
3. 每一个节点的信息存在名为 TR 的相应于节点号码的 dict 之中.
4. 该函数使用了前面的 PG 函数, 确定每个节点为叶节点还是继续分割及如何分割.
5. 在这个参考代码中, 关键是保存节点数据子集的信息, 这是用拆分变量条件属性的字符串的叠加 (使用 "&") 来存储的, 在应用时使用函数 eval 就可以提取相应的数据子集. 但为避免烦琐, 输出时仅仅输出最后的条件. 笔者也编写过每次拆分后存储子集数据 (而不是作为条件的字符串) 的函数, 程序要简单得多, 但或许会多占内存.
6. 该函数选择性地打印每个节点的部分信息.

3.2.4 回归决策树预测及预测精度

训练 3.2.5 写出用回归决策树预测一个观测值的函数. 利用例 3.2 的数据, 不用 sklearn 模块, 利用前面训练时编写的函数, 使用前一个给定层数的决策树函数的输出 (Tr) 来预测.

参考代码:

```
def TPred(TR,u,Print=False):
    Path=[]
    i=0
    Path.append(i)
    if Print: print(i,TR[i][0].split('&')[0],TR[i][-3:])
    while i <= len(u):
        if TR[i][2:][-2]=='leaf':
            break
        if float(u[TR[i][3]])<= TR[i][4]:
            i=2*i+1
        else:
            i=2*i+2
        Path.append(i)
        if Print:
            print(i,TR[i][0].split('&')[0],TR[i][-3:],
```

```
                '\n' ,f'Path={Path}, Prediction={TR[Path[-1]][-3]}')
    return Path, TR[Path[-1]][-3]
```

试预测一个观测值 (原数据第 3 个观测值) 的代码:

```
_=TPred(Tr,w.iloc[3,:],Print=True)
```

输出的预测值为 40.521:

```
0 root [35.81796116504851, 'no_leaf', 0]
2 w.Age>21.0 [41.45203966005662, 'no_leaf', 1]
 Path=[0, 2], Prediction=41.45203966005662
5 (w.Cement<=355.95) [36.95020109689216, 'no_leaf', 2]
 Path=[0, 2, 5], Prediction=36.95020109689216
12 (w.Cement>164.8) [40.2283135391924, 'leaf', 3]
 Path=[0, 2, 5, 12], Prediction=40.2283135391924
```

上面输出了新观测值所经过的 4 个节点 `[0, 2, 5, 12]` 及其在 12 号终节点获得的预测值 40.228.

参考代码说明

函数 `TPred` 使用函数 `Tree` 的输出, 完全按照决策树生长的次序来对要预测的观测值做路径选择, 直到一个终节点为止, 并且获得该节点的因变量均值为预测值.

训练 3.2.6 把数据随机分成 90% 和 10% 两部分, 前一部分作为训练集, 后一部分作为测试集, 然后对训练集用训练 3.2.4 及训练 3.2.5 中自编函数 (参考代码函数 `Tree` 及 `TPred`) 拟合决策树, 并求交叉验证的 NMSE. 利用例 3.2 的数据.

参考代码:

```
np.random.seed(1010)
train=np.random.choice(np.arange(w.shape[0]),size=int(w.shape[0]*0.9),
                       replace=False)
test=np.setdiff1d(np.arange(w.shape[0]),train)
w_train=w.iloc[train,:]
w_test=w.iloc[test,:]

Tr_train=Tree(w=w_train,K=3,Lab='Compressive_strength')
```

利用上面拟合的决策树来预测训练集的因变量值, 并且得到如此交叉验证的 NMSE 或 R^2:

```
pred=[]
for i in range(w_test.shape[0]):
    pred.append(TPred(Tr_train,w_test.iloc[i,:])[1])
```

```
NMSE=np.mean((w_test[Lab]-np.array(pred))**2)/Mse(w_test[Lab])
print(f'NMSE={NMSE}, R_squared={1-NMSE}')
```

输出为:

```
NMSE=0.4080998840062495, R_squared=0.5919001159937505
```

输出表明, 只有 3 层的简单决策树对这个数据的回归精确度并不好, 更多层的决策树会更加精确, 后面介绍的基于决策树的组合方法对这个数据的交叉验证预测精度会更高.

参考代码说明

1. 上面的代码是首先在原数据集下标中做随机选择的, 之后再在原数据集中实现.
2. 这里先用 `Tree` 函数通过训练集生成决策树, 然后在预测中逐个对观测值使用 `TPred` 函数, 得到相应的预测值, 并且得到交叉验证的 NMSE 及 R^2.
3. 在划分训练集和测试集时完全可以使用 Python 中 pandas 模块的自带函数, 比如使用代码 `train_test_split(df, test_size=0.1, random_state=5)` 就输出两个数据文件, 第一个是数据框 `df` 随机 (随机种子是 5) 选出的 90% 作为训练集, 而另一个是数据框 `df` 的 10% 作为测试集.

3.3 决策树分类: 自变量均为数量变量

决策树分类对于分类和回归的整个过程的唯一区别是关于定性变量和数量变量纯度的不同定义. 因此, 在编程中, 只修正这一点就足够了. 我们使用例 3.3 的传统鸢尾花数据.

例 3.3 (iris.csv). *这个著名的鸢尾花数据集给出了来自 3 种鸢尾花中每一种的 50 朵花的 Sepal_Length (萼片长度)、Sepal_Width (萼片宽度)、Petal_Length (花瓣长度)、Petal_Width (花瓣宽度), 这 4 个变量以厘米为单位, 作为分类自变量. 因变量是 Species (物种), 为有 3 个水平 (setosa、versicolor 和 virginica) 的分类变量, 在分类问题中作为因变量.*

考虑某变量在一个集合 D 有 J 类 (水平), 而每一类在集合中的比例分别为 p_i $(i=1,2,\dots,J)$. 根据前面对 Gini 不纯度和信息熵的定义, 使用下列记号:

$$\text{Gini}(D)=\sum_{i=1}^{J}p_i(1-p_i)=\sum_{i=1}^{J}(p_i-{p_i}^2)=\sum_{i=1}^{J}p_i-\sum_{i=1}^{J}{p_i}^2=1-\sum_{i=1}^{J}{p_i}^2;$$

$$\text{Entropy}(D)=-\sum_{i=1}^{J}p_i\log_2 p_i.$$

3.3.1 竞争拆分变量的度量: 分类变量的不纯度

下面仅就 Gini 不纯度定义纯度增益 (Gini 增益), 对于信息熵增益 (也叫信息增益) 的定义完全一样, 只要把下面定义中的 Gini(D) 换成 Entropy(D) 即可.

定义 3.2 *假定某变量在一个集合 D 有 J 类 (水平), 每一类在集合中的比例分别为 p_i $(i=1,2,\dots,J)$, 而其 Gini 不纯度为 Gini(D) (上面记号).*

1. *如果样本量为 n 的数据集 D 由于某属性 A (例如满足某条件与否——2 种情况) 被拆*

分成两个子集 D_1 和 D_2, 分别有样本量 n_1 及 n_2, 那么 Gini 不纯度定义为:

$$\text{Gini}_A(D) = \frac{n_1}{n}\text{Gini}(D_1) + \frac{n_2}{n}\text{Gini}(D_2).$$

2. 由上面的定义, **Gini 增益** (Gini gain) 定义为属性 A 拆分 D 为两个子集 D_1 及 D_2 所得到的 Gini 不纯度的减少:

$$\Delta\text{Gini}(A) = \text{Gini}(D) - \text{Gini}_A(D).$$

3.3.2 对前面程序的增补: 寻找最优分割的变量和属性

训练 3.3.1 写出自变量在某节点最优分割的函数. 利用例 3.3 的数据, 不使用 `sklearn` 模块的决策树函数, 写出函数以找出每个自变量在某节点 (比如根节点) 的最优拆分点. 提示: 求出各种可能分割, 然后求出每种分割所得到的纯度增益, 并得到最大增益相应的分割. 下面参考代码的函数 `D_Pure` 可以是训练 3.2.1 的参考代码 `DMSE` 函数的改进, 并且包含 `DMSE` 函数的功能. 当然, 首先要定义 Gini 不纯度及信息熵不纯度的函数.

参考代码:

```
def Gini(x):
    L,p=np.unique(x,return_counts=True)
    p=p/p.sum()
    gini=1-sum(p**2)
    return gini

def Entropy(x):
    L,p=np.unique(x,return_counts=True)
    p=p/p.sum()
    enp=-(p*np.log2(p)).sum()
    return enp

def D_Pure(w,x_lab='E',y_lab='Nox',fun=Gini):
    xi=np.array(w[x_lab])
    y0=w[y_lab]
    z=np.sort(np.unique(xi))
    z=(z[1:]+z[:-1])/2
    if np.array(y0).dtype!='O':
        mse=Mse(y0)
        MST=[]
        for i in z:
            MST.append(WMean(y0[xi<i],y0[xi>=i],Mse))
        MST=np.array(MST)
        I=np.argmin(MST)
        return I, z[I],('w.'+x_lab+'<='+str(z[I]), 'w.'+x_lab+'>'+str(z[I])),mse-MST[I]
    else:
        PP=[]
        P0=fun(y0)
        for i in z:
            PP.append((fun(y0[xi<i])*len(y0[xi<i])+
                       fun(y0[xi>=i])*len(y0[xi>=i]))/len(y0))
        PP=np.array(PP)
        I=np.argmin(PP)
```

```
        return I, z[I], ('w.'+x_lab+'<='+str(z[I]), 'w.'+x_lab+'>'+str(z[I])), P0-PP[I]
```

下面对例 3.1 的回归问题及例 3.3 的分类问题分别使用上面定义的函数 D_Pure(后者既试了 Gini 不纯度, 也试了信息熵):

```
u=pd.read_csv("ethanol.csv")
w=pd.read_csv("iris.csv")

print(D_Pure(u,'E','NOx')[2:])
print(D_Pure(w,'Sepal_Width','Species')[2:],'\n',
      D_Pure(w,'Sepal_Width','Species',fun=Entropy)[2:])
```

输出分别为:

```
(('w.E<=1.0945', 'w.E>1.0945'), 0.4143435815321903)
(('w.Sepal_Width<=3.3499999999999996', 'w.Sepal_Width>3.3499999999999996'), 0.12692338356055177)
 (('w.Sepal_Width<=3.3499999999999996', 'w.Sepal_Width>3.3499999999999996'), 0.28312598916883136)
```

训练 3.3.2 增补训练 3.2.2 的函数 (参考代码的函数 COMP), 使其也可用于分类. 利用例 3.3 的数据, 不使用 sklearn 模块的决策树函数. 提示: 把前面参考代码的函数 DMSE 改成 D_Pure 即可. 这里参考代码中修补过的函数还保持原函数名 COMP.

参考代码:

```
def COMP(w=w,y_lab='Species'):
    X9=w.drop(columns=y_lab)
    D=[]
    SI={}
    k=0
    Col=[]
    Key=[]

    for j in X9.columns:
        if len(np.unique(X9[j]))>1:
            SI[k]=D_Pure(w,j,y_lab)
            D.append(SI[k][3])
            Col.append(j)
            Key.append(SI[k][1])
            k+=1
    D=np.array(D)
    I=np.argmax(D)
    return SI[I][2][0],SI[I][2][1],Key[I],Col[I],D
```

对例 3.1 的回归问题及例 3.3 的分类问题 (用前面输入的这两个数据: u 和 w, 不输出其他变量的纯度增量) 试验这个函数:

```
print(COMP(u, 'NOx')[:-1],'\n',COMP(w,'Species')[:-1])
```

输出为:

```
('w.E<=1.0945', 'w.E>1.0945', 1.0945, 'E')
 ('w.Petal_Length<=2.45', 'w.Petal_Length>2.45', 2.45, 'Petal_Length')
```

训练 3.3.3 写出对训练 3.2.3 编写的函数 (参考代码为函数 PG) 的修正, 使得在给定决策树层数时的分类中, 确定一个节点继续分割还是结束. 只对前面函数 PG 稍加改进即可. 利用例 3.3 和例 3.1 的数据, 不使用 sklearn 模块, 利用前面训练的函数, 确定是否叶节点, 并且给出非叶节点的分割数据子集. 参考代码中增补后的函数仍然用原来的名字 PG.

参考代码:

```
def PG(size, df, label,k):
    # 如果大于最大层数
    # 若df因变量的值全相同则为叶节点
    # 若df的自变量观测值全相同则为叶节点
    if df[label].dtype!='O':
        if k >= size or len(df[label].unique()) == 1 or\
         (df.drop(columns = label).duplicated().sum() == (len(df)-1)):
            return [np.mean(df[label]), 'leaf', k]
        # 在非叶节点给出分割后的两个子集
        _ = COMP(df, label)
        return [_[0],_[1],_[3],_[2], np.mean(df[label]), 'no_leaf', k]
    else:
        if k >= size or len(df[label].unique()) == 1 or\
         (df.drop(columns = label).duplicated().sum() == (len(df)-1)):
            tt=list(df[label])
            return [max(set(tt), key=tt.count), 'leaf', k]
        # 在非叶节点给出分割后的两个子集
        _ = COMP(df, label)
        tt=list(df[label])
        return [_[0],_[1],_[3],_[2], max(set(tt), key=tt.count), 'no_leaf', k]
```

对例 3.1 的回归问题及例 3.3 的分类问题 (用前面输入的这两个数据: u 和 w) 试验这个函数:

```
print(PG(2,u,'NOx',1),'\n' ,PG(2,w,'Species',1))
```

输出为:

```
['w.E<=1.0945', 'w.E>1.0945', 'E', 1.0945, 1.9573749999999999, 'no_leaf', 1]
 ['w.Petal_Length<=2.45', 'w.Petal_Length>2.45', 'Petal_Length', 2.45, 'versicolor', 'no_leaf', 1]
```

参考代码说明

1. 这里增加的条件语句是 `df[label].dtype!='O'` (因变量不是分类变量——回归问题) 和 `else` (因变量为非数量——分类问题).
2. 在回归时, 输出的节点预测值是节点数据集中因变量观测值的均值, 如上面输出中的对例 3.1 回归因变量 NOx 的均值显示为: 1.957. 在分类时, 输出的节点预测值是节点因变量观测值中最多的水平 (类), 如上面输出中的例 3.3 分类因变量 Species 在节点中水平最多的类显示为: `'versicolor'`), 这是用 Python 的基本代码 `max(set(tt), key=tt.count)` 实现的.

3.3.3 分类决策树的预测及预测精度

使用前面一系列改进的函数, 在回归时训练 3.2.4 和训练 3.2.5 所得到的函数 (参考代码的函数 `Tree` 及 `TPred`) 基本上不用改变也可以用于分类, 下面验证一下:

训练 3.3.4 用例 3.3 和例 3.1 的数据, 试验上面训练得到的一系列函数来形成分类决策树并预测. *提示: 参考代码中的函数 `Tree` 及 `TPred` 可以不做改变用于分类问题. 下面的参考代码也做了回归.*

参考代码:

1. 使用 `Tree` 做分类和回归:

(1) 做对例 3.3 数据的分类:

```
_=Tree(w=w,K=3,Lab='Species',Print=True)
```

输出为:

```
Legend: Node (two children nodes criteria of no_leaf) [predicted value, leaf or not, layer number]
0 root w.Petal_Length<=2.45 w.Petal_Length>2.45 ['versicolor', 'no_leaf', 0]
1 w.Petal_Length<=2.45 ['setosa', 'leaf', 1]
2 w.Petal_Length>2.45 (w.Petal_Width<=1.75) (w.Petal_Width>1.75) ['versicolor', 'no_leaf', 1]
5 (w.Petal_Width<=1.75) (w.Petal_Length<=4.95) (w.Petal_Length>4.95) ['versicolor', 'no_leaf', 2]
6 (w.Petal_Width>1.75) (w.Petal_Length<=4.85) (w.Petal_Length>4.85) ['virginica', 'no_leaf', 2]
11 (w.Petal_Length<=4.95) ['versicolor', 'leaf', 3]
12 (w.Petal_Length>4.95) ['virginica', 'leaf', 3]
13 (w.Petal_Length<=4.85) ['virginica', 'leaf', 3]
14 (w.Petal_Length>4.85) ['virginica', 'leaf', 3]
```

(2) 做对例 3.1 数据的回归:

```
_0=Tree(w=u,K=3,Lab='NOx',Print=True)
```

输出为:

```
Legend: Node (two children nodes criteria of no_leaf) [predicted value, leaf or not, layer number]
0 root w.E<=1.0945 w.E>1.0945 [1.9573749999999999, 'no_leaf', 0]
1 w.E<=1.0945 (w.E<=0.796) (w.E>0.796) [2.3402769230769236, 'no_leaf', 1]
2 w.E>1.0945 (w.E<=1.1480000000000001) (w.E>1.1480000000000001) [0.8752608695652174, 'no_leaf', 1]
3 (w.E<=0.796) (w.E<=0.646) (w.E>0.646) [1.301, 'no_leaf', 2]
4 (w.E>0.796) (w.E<=1.0230000000000001) (w.E>1.0230000000000001) [3.0331282051282056, 'no_leaf', 2]
5 (w.E<=1.1480000000000001) (w.E<=1.119) (w.E>1.119) [1.1818571428571427, 'no_leaf', 2]
6 (w.E>1.1480000000000001) (w.E<=1.2280000000000002) (w.E>1.2280000000000002) [0.741125, 'no_leaf', 2]
7 (w.E<=0.646) [0.6402222222222222, 'leaf', 3]
8 (w.E>0.646) [1.6508235294117646, 'leaf', 3]
9 (w.E<=1.0230000000000001) [3.3761071428571436, 'leaf', 3]
```

```
10 (w.E>1.0230000000000001) [2.1600909090909095, 'leaf', 3]
11 (w.E<=1.119) [1.444, 'leaf', 3]
12 (w.E>1.119) [1.077, 'leaf', 3]
13 (w.E<=1.2280000000000002) [0.7993333333333333, 'leaf', 3]
14 (w.E>1.2280000000000002) [0.5665, 'leaf', 3]
```

2. 使用 `TPred` 对例 3.3 的数据的分类决策树及对例 3.1 的数据的回归决策树做一个观测值的预测:

```
pw=TPred(_,w.iloc[3,:],Print=True)
pu=TPred(_0,u.iloc[3,:],Print=True)
```

下方输出结果的上部为对例 3.3 数据的分类, 表明走过的节点为编号为 $[0,1]$ 的节点序列, 预测的因变量值为 `'setosa'`; 输出结果的下部为对例 3.1 数据的回归, 表明走过的节点为编号为 $[0,1,4]$ 的节点序列, 预测的因变量值为 3.033.

```
0 root ['versicolor', 'no_leaf', 0]
1 w.Petal_Length<=2.45 ['setosa', 'leaf', 1]
 Path=[0, 1], Prediction=setosa

0 root [1.9573749999999999, 'no_leaf', 0]
1 w.E<=1.0945 [2.3402769230769236, 'no_leaf', 1]
 Path=[0, 1], Prediction=2.3402769230769236
4 (w.E>0.796) [3.0331282051282056, 'no_leaf', 2]
 Path=[0, 1, 4], Prediction=3.0331282051282056
```

在分类预测中, 度量预测精度是误判率, 比如每一类中有多大比例误判, 全部训练集中有多大比例误判. **混淆矩阵** (confusion matrix) 是描述因变量真实水平中有多少误判的整数值, 通常行代表原始因变量的诸水平 (类), 列代表预测的诸水平. 因此凡是在对角线上的计数为正确分类 (判断) 的个数. 在模块 `sklearn.metrics` 中有 `confusion_matrix` 函数可用来生成混淆矩阵, 但我们自己编循环语句去计算.

训练 3.3.5 把数据随机分成 90%和 10%两部分, 前一部分作为训练集, 后一部分作为测试集, 然后对训练集用训练 3.2.4 和训练 3.2.5 的自编函数 (参考代码的函数 `Tree` 及 `TPred`) 拟合决策树, 并求分类交叉验证的误判率及混淆矩阵. 利用例 3.3 的数据. 注意分类时不用 NMSE 或 R^2, 而用混淆矩阵及误判率.

参考代码:

```
# 拆分数据
np.random.seed(8888)
train=np.random.choice(np.arange(w.shape[0]),size=int(w.shape[0]*0.9),
                        replace=False)
test=np.setdiff1d(np.arange(w.shape[0]),train)
w_train=w.iloc[train,:]
```

```
w_test=w.iloc[test,:]

# 训练分类决策树
Tc_train=Tree(w=w_train,K=3,Lab='Species')

# 预测测试集
pred=[]
for i in range(w_test.shape[0]):
    pred.append(TPred(Tc_train,w_test.iloc[i,:])[1])

wt=w_test[['Species']]
wt.insert(1,'pred',pred)

# 输出误差及混淆矩阵
error=[]
a=np.unique(w_test['Species'])
cm=np.zeros((len(a),len(a)))
for i in range(len(a)):
    for j in range(len(a)):
        cm[i,j]=len(wt[wt['Species']==a[i]][wt['pred']==a[j]])
    error.append((np.sum(cm[i,:])-cm[i,i])/np.sum(cm[i,:]))
cmi=cm.astype(int)
print(f'Error rate for each species={error},\n\
total error rate={np.mean(wt.Species!=wt.pred)},\nconfusion matrix:\n\
{cmi}')
```

输出为:

```
Error rate for each species=[0.0, 0.2222222222222222, 0.0],
total error rate=0.13333333333333333,
confusion matrix:
[[2 0 0]
 [0 7 2]
 [0 0 4]]
```

3.4 非哑元化分类自变量决策树训练

3.4.1 引言

在诸如 R 等软件的有监督学习函数中, 一般对于自变量中的分类变量不做哑元化处理. 在决策树中作为拆分变量的分类变量根据其不同水平 (类) 来分割数据. 比如, 一个分类自变量有 3 个水平, 比如 `['a','b','c']`, 则基于该变量对数据集有 3 种分成 2 个子集的方式: `[['a','b'],'c']`, `['a',['b','c']]`, `[['a','c'],'b']`, 一般来说, 如果一个分类自变量有 m 个水平, 则有 $2^{m-1}-1$ 种分割成 2 组的方法. 但是在 Python 一些模块中的有监督学习则必须把分类变量转换成哑元变量，因此，一个有 m 水平的分类变量要转换成 m 个由 0 和 1 组成的哑元变量，然后当成只有 2 个值的数量变量处理. 在 scikit-learn 关于决策树的官网[4]上有这样一段话: “然而，scikit-learn 目前的实施中不支持分类变量.”[5] 当然，这种哑元化处理对于最终预测结果来说不会有很大的区别，但是至少在决策树及基于决策树的组合方法的模型解释上会产生一些障碍.

下面我们会在决策树处理中考虑对分类变量不做哑元化处理，而直接用分类变量各水平分组来拆分数据集的做法. 这类似于 R 决策树软件 rpart 的实施.

由于前面例子中的自变量都是分类变量，下面用泰坦尼克数据来为本节的训练服务.

例 3.4 泰坦尼克乘客 (titanicF.csv). 这是删除了乘客姓名和其他详细信息的泰坦尼克号数据. 该数据包含 6 个变量及 1309 个观测值. 变量包括 pclass (乘客舱位，水平: 1st, 2nd, 3rd), survived (生存与否，水平: died, survived), sex (性别，水平: male, female), age (年龄，单位: 岁，从 0.1667 到 80), sibsp (同船兄弟姐妹或配偶的数目，从 0 到 8 的整数), parch (同船父母或孩子的数目，从 0 到 9 的整数). 数据文件 titanicF.csv 是弥补了 age 缺失值的数据.

在各个变量中，age、sibsp 和 parch 3 个变量是数量变量，而另外 3 个变量是用字符表示的分类变量. 我们将主要以变量 survived 作为有 2 个水平 (类) 的因变量，其余变量作为自变量来建立分类模型.

首先，载入例 3.4 的数据，并查看前几行:

```
w=pd.read_csv('TitanicF.csv')
print(w.head())
```

输出为:

```
  pclass  survived     sex      age  sibsp  parch
0    1st  survived  female  29.0000      0      0
1    1st  survived    male   0.9167      1      2
2    1st      died  female   2.0000      1      2
3    1st      died    male  30.0000      1      2
4    1st      died  female  25.0000      1      2
```

3.4.2 分类变量的拆分方式概要

前面说过，如果一个分类自变量有 m 个水平，则有 $2^{m-1}-1$ 种分割成 2 组的方法. 这个结果是如何得到的呢? 如果两组有区别，则每个水平有 2 种可能 (在这一组或那一组)，m 个水平有 2^m 种可能，但作为决策树的 2 个子集的 2 组没有区别，于是只有一半的可能: $2^m/2=2^{m-1}$，再去掉 2 组都空的可能，就是 $2^{m-1}-1$ 种可能. 这使得我们可以用一个简单程序来实现，比如，对于 $m=3$:

[4] https://scikit-learn.org/stable/modules/tree.html.

[5] 原文为: However scikit-learn implementation does not support categorical variables for now.

```
Z=[]
for i in range(2):
    for j in range(2):
        for k in range(2):
            Z.append([i,j,k])
np.array(Z[1:-1][:3])
```

输出为:

```
array([[0, 0, 1],
       [0, 1, 0],
       [0, 1, 1]])
```

该矩阵每一行为一种分组, 3 列代表 3 个水平, 每一行为一种分割, 0 及 1 为相应水平不在 (0) 或在这种分组中. 由于两组没有分别, 和其等价的分割为 `1-np.array(Z[1:-1][:3])`:

```
array([[1, 1, 0],
       [1, 0, 1],
       [1, 0, 0]])
```

这个迭代程序可以用 **Python** 模块 `itertools` 的 `expand_grid` 函数稍加改变来实现, 这里用下面自编的 `Grid` 来代替.

```
def Grid(m=3):
    import itertools
    def expand_grid(data_dict):
        rows = itertools.product(*data_dict.values())
        return pd.DataFrame.from_records(rows, columns=data_dict.keys())
    z={}
    for i in range(m):
        z[i]=[0,1]
    Z=expand_grid(z)
    Z=np.array(Z)
    Z=Z[1:-1,:]
    Z=Z[:int((Z.shape[0]+1)/2),:]
    return Z
```

对于函数 `Grid` 做测试:

```
Grid(3)
```

输出为:

```
array([[0, 0, 1],
       [0, 1, 0],
       [0, 1, 1]])
```

3.4.3 分类变量竞争拆分变量编程训练

训练 3.4.1 编写一个函数, 输入数据框形式的数据及因变量的名字, 再按照一个分类自变量的名字把找出该变量使数据变纯最快 (纯度增益最大) 的分割. 提示: 这是对前面只对数量自变量分割数据的补充函数, 可加入前面所编写的函数中.

参考代码:

```
def group(w,x_lab='pclass',y_lab='survived',fun=Gini,fun2=Mse):
    Z=Grid(len(np.unique(w[x_lab])))
    if w[y_lab].dtype!='O': fun=fun2
    G0=fun(w[y_lab])
    Attr={}
    G=[]
    for i in range(Z.shape[0]):
        ei=np.unique(w[x_lab])[np.array(Z)[i,:]==1]
        if len(ei)==1:
            Ch='(w.'+x_lab+'=="'+str(ei[0]+'")')
            Ch2='(~('+Ch+'))'
            Attr[i]=(Ch,Ch2)
            G1=WMean(w[eval(Ch)][y_lab],w[eval(Ch2)][y_lab],fun)
            G.append(G1)
        else:
            Ch='(w.'+x_lab+'=="'+str(ei[0]+'")')
            for j in range(1,len(ei)):
                Ch=Ch+' | (w.'+x_lab+'=="'+str(ei[j])+'")'
                Ch2='(~('+Ch+'))'
            Attr[i]=(Ch,Ch2)
            G1=WMean(w[eval(Ch)][y_lab],w[eval(Ch2)][y_lab],fun)
            G.append(G1)
    I=np.argmin(np.array(G))
    return Attr[I][0], Attr[I][1], G0-G[I]
```

下面测试该函数对于例 3.4 的数据, 处理变量 survived 作为因变量的分类及对 age 作为因变量的回归两种情况 (后一种回归本身可能被认为意义不大, 这里仅仅是测试程序之用).

```
group(w,x_lab='pclass',y_lab='survived'),group(w,x_lab='pclass',y_lab='age')
```

输出为:

```
(('(w.pclass=="3rd")', '(~((w.pclass=="3rd")))', 0.037927449713001216),
 ('(w.pclass=="2nd") | (w.pclass=="3rd")',
  '(~((w.pclass=="2nd") | (w.pclass=="3rd")))',
  30.424547200007652))
```

参考代码说明

1. 数量自变量的分割仅仅使用其值小于等于 (<=) 或大于 (>) 某值即可. 但分类变量必须表明 2 个水平集合, 这在编程上比数量变量稍微烦琐一些.
2. 许多中间结果必须用字符串存储, 但运算时必须转换成运算符, 这里使用了 Python 的 `eval` 函数来实现.
3. 在 Python 中通常的逻辑运算是 "`and`" "`or`" "`not`", 我们需要用这些逻辑语句设定一些截取数据的条件, 这涉及 `True` 和 `False` 的序列 (而不是单独的值), 因此需用 "`&`" "`|`" "`~`". 此外, 为了避免歧义, 用这些运算符连接的语句尽量用圆括号封闭 (圆括号不怕多只怕不够).
4. 由于需要在分类和回归时均可使用, 在纯度的度量上可允许根据因变量的类型在两种度量 (如从 `Gini` 或者 `Entropy` 到 `Mse`) 之间的转换.
5. 字符串的相连可以用加号, 而字符串中间的引号 (单引号或双引号) 则应该和引用字符串的 (双引号或单引号) 不同, 比如 `'I am not '+'you called "dog"'` 得到 `'I am not you called "dog"'`.

训练 3.4.2 改造训练 3.3.1 中编写的函数 (参考代码函数 `D_Pure`) 使其包含训练 3.4.1 得到的函数 (参考代码为 `group` 函数). 提示: 只需要把上面的函数加入作为补充即可, 并不改变原先函数的结构. 下面的参考代码中对增补后的函数给予了 (与 `D_Pure` 不同的) 名称: `D_P`.

参考代码:

```
def D_P(w=w,x_lab='pclass',y_lab='survived',fun=Gini,fun2=Mse):
    if w[x_lab].dtype=='O':
        return group(w,x_lab,y_lab,fun,fun2)
    xi=np.array(w[x_lab])
    y0=w[y_lab]
    z=np.sort(np.unique(xi))
    z=(z[1:]+z[:-1])/2
    if np.array(y0).dtype!='O':
        mse=fun2(y0)
        MST=[]
        for i in z:
            MST.append(WMean(y0[xi<i],y0[xi>=i],fun2))
        MST=np.array(MST)
        I=np.argmin(MST)
        return '(w.'+x_lab+'<='+str(z[I])+')','(w.'+x_lab+'>'+str(z[I])+')', mse-MST[I]
    else:
        PP=[]
        P0=fun(y0)
        for i in z:
```

```
        PP.append(WMean(y0[xi<i],y0[xi>=i],fun))
    PP=np.array(PP)
    I=np.argmin(PP)
    return '(w.'+x_lab+'<='+str(z[I])+')', '(w.'+x_lab+'>'+str(z[I])+')', P0-PP[I]
```

试运行上述函数于例 3.4 的数据:

```
D_P(w,x_lab='sex'),D_P(w,x_lab='sibsp'),D_P(w,'pclass','survived')
```

输出为:

```
(('(w.sex=="male")', '(~((w.sex=="male")))', 0.13197038973288772),
 ('(w.sibsp<=0.5)', '(w.sibsp>0.5)', 0.0052731102761022774),
 ('(w.pclass=="3rd")', '(~((w.pclass=="3rd")))', 0.037927449713001216))
```

参考代码说明

1. 函数 D_P 仅仅在函数 D_Pure 中加入了在分类自变量时使用 group 函数的语句.
2. 条件 w[x_lab].dtype=='O' 意味着 pd 数据框中名为 "x_lab" 的变量是分类变量. 要注意的是, 如果分类变量用数字代表的哑元表示时, 必须对数据中的变量进行预处理, 把其类型改成 'O' (英文 object 的缩写). 转换数据框 (比如 df) 某变量 (比如 lab) 类型为分类变量, 可用诸如 df['lab']=df['lab'].astype('O') 那样的代码.

训练 3.4.3 类似于训练 3.2.2, 利用训练 3.4.2 中所编写的函数 (参考代码的函数 D_P) 写出从所有自变量选出某节点的首选拆分变量及属性. 提示: 可利用例 3.4 的数据, 既做分类 (用 survived 作为因变量) 又做回归 (可用 age 作为因变量) 的试验. 下面参考代码中的函数 CP 没有用训练 3.2.2 中平行函数的名字 (COMP), 用的名字是 CP.

参考代码:

```
def CP(w=w,y_lab='survived',fun=Gini,fun2=Mse):
    X9=w.drop(columns=y_lab)
    D=[]
    SI={}
    k=0
    Col=[]
    for j in X9.columns:
        if len(np.unique(X9[j]))>1:
            SI[k]=D_P(w,j,y_lab,fun=fun,fun2=fun2)
            D.append(SI[k][-1])
            Col.append(j)
            k+=1
    D=np.array(D)
    I=np.argmax(D)
    return SI[I][0],SI[I][1]
```

试验该函数于例 3.4 的数据, 以不同类型变量作为因变量:

```
CP(w=w,y_lab='survived',fun=Gini,fun2=Mse),CP(w=w,y_lab='age')
```

输出为:

```
(('(w.sex=="male")', '(~((w.sex=="male")))'),
 ('(w.pclass=="2nd") | (w.pclass=="3rd")',
  '(~((w.pclass=="2nd") | (w.pclass=="3rd")))'))
```

训练 3.4.4 写出对训练 3.2.3 及训练 3.3.3 编写的函数 (参考代码为函数 PG) 的再次修正, 使得无论面对回归还是分类问题, 无论自变量是数量变量还是分类变量, 在给定决策树层数时都能确定一个节点继续分割还是结束. 只对前面函数稍加改进即可, 使用训练 3.4.3 的函数 (参考代码的函数 CP). 利用例 3.4 的数据, 不用 sklearn 模块, 利用前面训练的函数, 确定是否叶节点, 并且给出非叶节点的分割数据子集. 这个程序的改造比较简单, 主要注意点是输出的格式设计. 参考代码不再用 PG 的名字, 改为 PG_M.

```
def PG_M(size, w, label,k,fun=Gini,fun2=Mse):
    # 如果大于最大层数
    # 若df因变量的值全相同则为叶节点
    # 若df的自变量观测值全相同则为叶节点
    if w[label].dtype!='O':
        if k >= size or len(w[label].unique()) == 1 or\
         (w.drop(columns = label).duplicated().sum() == (len(w)-1)):
            return [np.mean(w[label]), 'leaf', k]
        # 在非叶节点给出分割后的两个子集
        _ = CP(w, y_lab=label,fun=fun,fun2=fun2)
        return [_[0],_[1], np.mean(w[label]), 'no_leaf', k]
    else:
        if k >= size or len(w[label].unique()) == 1 or\
         (w.drop(columns = label).duplicated().sum() == (len(w)-1)):
            tt=list(w[label])
            return [max(set(tt), key=tt.count), 'leaf', k]
        # 在非叶节点给出分割后的两个子集
        _ = CP(w, y_lab=label,fun=fun,fun2=fun2)
        tt=list(w[label])
        return [_[0],_[1], max(set(tt), key=tt.count), 'no_leaf', k]
```

试运行上面的函数于例 3.4 的数据的分类:

```
PG_M(2,w,'survived',1)
```

输出为:

```
['(w.sex=="male")', '(~((w.sex=="male")))', 'died', 'no_leaf', 1]
```

训练 3.4.5 对训练 3.2.4 的函数 (参考代码函数 `Tree`) 做出相应于训练 3.4.4 的函数 (参考代码函数 `PG_M`) 的改进. 这个代码的复杂程度和训练 3.4.4 的函数输出的格式有关. 下面的参考代码用新名字 `Tree_M`.

```
def Tree_M(w=w,K=3,Lab='Y',Print=False):
    TR=dict()
    k=0
    TR[k]=PG_M(K,w,Lab,k)
    TR[k].insert(0,'root')
    for k in range(K):
        for i in range(int(2**k-1),int(2**(k+1)-2)+1): #每一层下面子节点的号码
            if sum([i==x for x in TR.keys()])>0: # 避开可能的空号码
                if TR[i][-2]=='no_leaf':
                    for j in (1,2):
                        I=2*i+j
                        TR[I]=PG_M(K,w[eval(TR[i][j])],Lab,k+1)
                        if TR[I][-2]=='no_leaf':
                            TR[I][0]= str(TR[I][0])+ '&'+TR[i][j]
                            TR[I][1]= str(TR[I][1])+ '&'+TR[i][j]
                        TR[I].insert(0,TR[i][j])
            else: continue
    if Print:
        print('Legend:\nNode (two children nodes criteria of no_leaf)\
        [predicted value, leaf or not, layer number]')
        for i in TR:
            if TR[i][-2]=='no_leaf':
                print(i,TR[i][0].split('&')[0],TR[i][1].split('&')[0],
                      TR[i][2].split('&')[0],TR[i][-3:])
            else:
                print(i,TR[i][0].split('&')[0],TR[i][-3:])
    return TR
```

对例 3.4 的数据以 survived 为因变量做分类:

```
Tr=Tree_M(w=w,K=3,Lab='survived',Print=True)
```

输出为:

```
Legend:
Node (two children nodes criteria of no_leaf)        [predicted value, leaf or not, layer number]
0 root (w.sex=="male") (~((w.sex=="male"))) ['died', 'no_leaf', 0]
1 (w.sex=="male") (w.age<=10.981602929938951) (w.age>10.981602929938951) ['died', 'no_leaf', 1]
2 (~((w.sex=="male"))) (w.pclass=="3rd") (~((w.pclass=="3rd"))) ['survived', 'no_leaf', 1]
3 (w.age<=10.981602929938951) (w.sibsp<=2.5) (w.sibsp>2.5) ['survived', 'no_leaf', 2]
4 (w.age>10.981602929938951) (w.pclass=="2nd") | (w.pclass=="3rd")
  (~((w.pclass=="2nd") | (w.pclass=="3rd"))) ['died', 'no_leaf', 2]
5 (w.pclass=="3rd") (w.age<=25.3908915741386) (w.age>25.3908915741386) ['died', 'no_leaf', 2]
```

```
6 (~((w.pclass=="3rd"))) (w.pclass=="2nd") (~((w.pclass=="2nd"))) ['survived', 'no_leaf', 2]
7 (w.sibsp<=2.5) ['survived', 'leaf', 3]
8 (w.sibsp>2.5) ['died', 'leaf', 3]
9 (w.pclass=="2nd") | (w.pclass=="3rd") ['died', 'leaf', 3]
10 (~((w.pclass=="2nd") | (w.pclass=="3rd"))) ['died', 'leaf', 3]
11 (w.age<=25.3908915741386) ['survived', 'leaf', 3]
12 (w.age>25.3908915741386) ['died', 'leaf', 3]
13 (w.pclass=="2nd") ['survived', 'leaf', 3]
14 (~((w.pclass=="2nd"))) ['survived', 'leaf', 3]
```

由于只用哑元化自变量的 Python 程序没有类似的做法, 只能把这个结果和 R 相应的 rpart 程序比较, 见图 3.4.1. 显然共同部分结果相同. 由于 R 遵循了默认的剪枝方法, 而我们仅仅规定了层数, 两个决策树在尺寸上有所不同 (我们的决策树只有在无法拆分的情况下才会有空号, 而在这只有 3 层的决策树中没有出现空号, rpart 由于有控制生长的选项, 因此生成的决策树有空号).

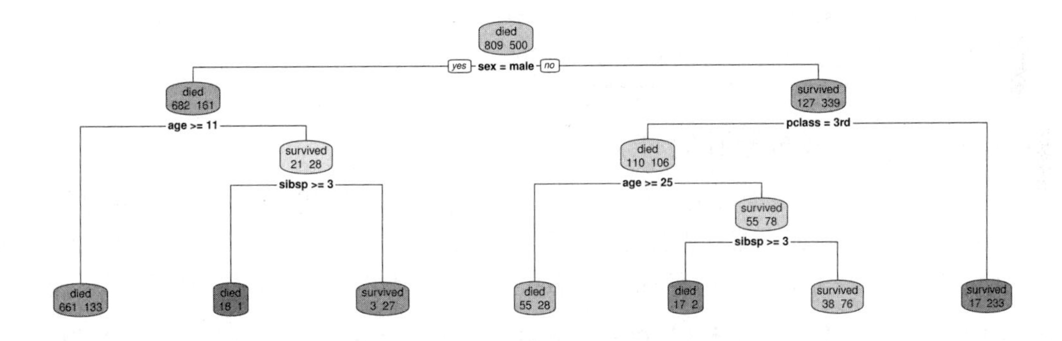

图 3.4.1 R 软件生成的对例 3.4 数据的分类决策树

训练 3.4.6 改造训练 3.2.5 的函数, 使之能够预测训练 3.4.5 函数的输出.

参考代码:

```
def TPred_M(TR,w,Print=False):
    Path=[]
    i=0
    Path.append(i)
    if Print: print(i,TR[i][0].split('&')[0],TR[i][-3:])
    while i <= len(w):
        if TR[i][-2]=='leaf':
            break
        if eval(TR[i][1]):
            i=2*i+1
        else:
            i=2*i+2
        Path.append(i)
        if Print:
```

```
            print(i,TR[i][0].split('&')[0],TR[i][-3:],
                  '\n' ,f'Path={Path}, Prediction={TR[Path[-1]][-3]}')
    return Path, TR[Path[-1]][-3]
```

试验该函数于一个观测值:

```
TPred_M(Tr,w.iloc[3,:],Print=True)
```

输出为:

```
0 root ['died', 'no_leaf', 0]
1 (w.sex=="male") ['died', 'no_leaf', 1]
 Path=[0, 1], Prediction=died
4 (w.age>10.981602929938951) ['died', 'no_leaf', 2]
 Path=[0, 1, 4], Prediction=died
10 (~((w.pclass=="2nd") | (w.pclass=="3rd"))) ['died', 'leaf', 3]
 Path=[0, 1, 4, 10], Prediction=died
```

3.4.4 本节编程汇总成单独的 class

前面两个小节, 逐步编写了一系列函数, 目的是了解决策树的每一个细节, 但这种逐个函数单独定义及运行的方式在整体运行的时候不太方便, 下面把它们汇总成一个 class. 这个 class 参考代码的结构比较简单, 相信读者可以写出更专业、更有效率的代码.

训练 3.4.7 把前面两小节的函数汇总成一个 class. 提示: 把前面所有函数放在一起, 共享一些资源, 不需要更多的改动. 下面的参考代码就是这样 “复制-粘贴” 形成的. 参考代码还是使用例 3.4 的数据来测试.

参考代码:

```
class TT2:
    def __init__(self, n_layers=3):
        self.n_layers = n_layers
    def Gini(self,x):
        L,p=np.unique(x,return_counts=True)
        p=p/p.sum()
        gini=1-sum(p**2)
        return gini
    def Entropy(self,x):
        L,p=np.unique(x,return_counts=True)
        p=p/p.sum()
        enp=-(p*np.log2(p)).sum()
        return enp

    def Mse(self,x):
        return np.mean((x-np.mean(x))**2)

    def WMean(self,a,b,fun):
        return (fun(a)*len(a)+fun(b)*len(b))/(len(a)+len(b))

    def Grid(self,m):
```

```
        import itertools
        def expand_grid(data_dict):
            rows = itertools.product(*data_dict.values())
            return pd.DataFrame.from_records(rows, columns=data_dict.keys())
        z={}
        for i in range(m):
            z[i]=[0,1]
        Z=expand_grid(z)
        Z=np.array(Z)
        Z=Z[1:-1,:]
        Z=Z[:int((Z.shape[0]+1)/2),:]
        return Z
    def group(self,w,x_lab):
        y_lab=self.Lab
        Z=self.Grid(len(np.unique(w[x_lab])))
        if w[y_lab].dtype!='O':
            fun=self.Mse
        else:
            fun=self.Gini
        G0=fun(w[y_lab])
        Attr={}
        G=[]
        for i in range(Z.shape[0]):
            ei=np.unique(w[x_lab])[np.array(Z)[i,:]==1]
            if len(ei)==1:
                Ch='(w.'+x_lab+'=="'+str(ei[0]+'")')
                Ch2='(~('+Ch+'))'
                Attr[i]=(Ch,Ch2)
                G1=self.WMean(w[eval(Ch)][y_lab],w[eval(Ch2)][y_lab],fun)
                G.append(G1)
            else:
                Ch='(w.'+x_lab+'=="'+str(ei[0]+'")')
                for j in range(1,len(ei)):
                    Ch=Ch+' | (w.'+x_lab+'=="'+str(ei[j])+'")'
                    Ch2='(~('+Ch+'))'
                Attr[i]=(Ch,Ch2)
                G1=self.WMean(w[eval(Ch)][y_lab],w[eval(Ch2)][y_lab],fun)
                G.append(G1)
        I=np.argmin(np.array(G))
        return Attr[I][0], Attr[I][1], G0-G[I]
    def D_P(self,w,x_lab):
        fun=self.Gini
        fun2=self.Mse
        y_lab=self.Lab
        if w[x_lab].dtype=='O':
            return self.group(w,x_lab)
        xi=np.array(w[x_lab])
        y0=w[y_lab]
        z=np.sort(np.unique(xi))
        z=(z[1:]+z[:-1])/2
        if np.array(y0).dtype!='O':
            mse=fun2(y0)
            MST=[]
            for i in z:
                MST.append(self.WMean(y0[xi<i],y0[xi>=i],fun2))
            MST=np.array(MST)
            I=np.argmin(MST)
            return '(w.'+x_lab+'<='+str(z[I])+')','(w.'+x_lab+'>'+str(z[I])+')', mse-MST[I]
        else:
            PP=[]
```

```
            P0=fun(y0)
            for i in z:
                PP.append(self.WMean(y0[xi<i],y0[xi>=i],fun))
            PP=np.array(PP)
            I=np.argmin(PP)
            return '(w.'+x_lab+'<='+str(z[I])+')', '(w.'+x_lab+'>'+str(z[I])+')', P0-PP[I]
    def CP(self,w):
        X9=w.drop(columns=self.Lab)
        D=[]
        SI={}
        k=0
        Col=[]
        for j in X9.columns:
            if len(np.unique(X9[j]))>1:
                SI[k]=self.D_P(w,j)
                D.append(SI[k][-1])
                Col.append(j)
                k+=1
        D=np.array(D)
        I=np.argmax(D)
        return SI[I][0],SI[I][1]

    def PG_M(self, w, k):
        # 如果大于最大层数
        # 若df因变量的值全相同则为叶节点
        # 若df的自变量观测值全相同则为叶节点
        if w[self.Lab].dtype!='O':
            if k >= self.n_layers or len(w[self.Lab].unique()) == 1 or\
             (w.drop(columns = label).duplicated().sum() == (len(w)-1)):
                return [np.mean(w[self.Lab]), 'leaf', k]
            # 在非叶节点给出分割后的两个子集
            _ = self.CP(w)
            return [_[0],_[1], np.mean(w[self.Lab]), 'no_leaf', k]
        else:
            if k >= self.n_layers or len(w[self.Lab].unique()) == 1 or\
             (w.drop(columns = self.Lab).duplicated().sum() == (len(w)-1)):
                tt=list(w[self.Lab])
                return [max(set(tt), key=tt.count), 'leaf', k]
            # 在非叶节点给出分割后的两个子集
            _ = self.CP(w)
            tt=list(w[self.Lab])
            return [_[0],_[1], max(set(tt), key=tt.count), 'no_leaf', k]

    def Tree_M(self,w=w,Lab='Y',Print=False):
        K=self.n_layers
        self.Lab=Lab
        TR=dict()
        k=0
        TR[k]=self.PG_M(w,k)
        TR[k].insert(0,'root')
        for k in range(K):
            for i in range(int(2**k-1),int(2**(k+1)-2)+1): #每一层下面子节点的号码
                if sum([i==x for x in TR.keys()])>0: # 避开可能的空号码
                    if TR[i][-2]=='no_leaf':
                        for j in (1,2):
                            I=2*i+j
                            TR[I]=self.PG_M(w[eval(TR[i][j])],k+1)
                            if TR[I][-2]=='no_leaf':
                                TR[I][0]= str(TR[I][0])+ '&'+TR[i][j]
                                TR[I][1]= str(TR[I][1])+ '&'+TR[i][j]
```

```
                        TR[I].insert(0,TR[i][j])
                else: continue
        if Print:
            print('Legend:\nNode (two children nodes criteria of no_leaf)\
[predicted value, leaf or not, layer number]')
            for i in TR:
                if TR[i][-2]=='no_leaf':
                    print(i,TR[i][0].split('&')[0],TR[i][1].split('&')[0],
                          TR[i][2].split('&')[0],TR[i][-3:])
                else:
                    print(i,TR[i][0].split('&')[0],TR[i][-3:])
        self.TR=TR
        return TR

    def TPred_M(self,w,Print=False):
        TR=self.TR
        Path=[]
        i=0
        Path.append(i)
        if Print: print(i,TR[i][0].split('&')[0],TR[i][-3:])
        while i <= len(w):
            if TR[i][-2]=='leaf':
                break
            if eval(TR[i][1]):
                i=2*i+1
            else:
                i=2*i+2
            Path.append(i)
            if Print:
                print(i,TR[i][0].split('&')[0],TR[i][-3:],
                      '\n' ,f'Path={Path}, Prediction={TR[Path[-1]][-3]}')
        return Path, TR[Path[-1]][-3]
```

运行上面的 class 并建立决策树:

```
w=pd.read_csv('TitanicF.csv')
Mine=TT2()
Tr=Mine.Tree_M(w, 'survived',Print=True)
```

输出为 (该输出和前面单独使用函数时的输出是相同的):

```
Legend:
Node (two children nodes criteria of no_leaf)[predicted value, leaf or not, layer number]
0 root (w.sex=="male") (~((w.sex=="male"))) ['died', 'no_leaf', 0]
1 (w.sex=="male") (w.age<=10.981602929938951) (w.age>10.981602929938951) ['died', 'no_leaf', 1]
2 (~((w.sex=="male"))) (w.pclass=="3rd") (~((w.pclass=="3rd"))) ['survived', 'no_leaf', 1]
3 (w.age<=10.981602929938951) (w.sibsp<=2.5) (w.sibsp>2.5) ['survived', 'no_leaf', 2]
4 (w.age>10.981602929938951) (w.pclass=="2nd") | (w.pclass=="3rd")
  (~((w.pclass=="2nd") | (w.pclass=="3rd"))) ['died', 'no_leaf', 2]
5 (w.pclass=="3rd") (w.age<=25.3908915741386) (w.age>25.3908915741386) ['died', 'no_leaf', 2]
6 (~((w.pclass=="3rd"))) (w.pclass=="2nd") (~((w.pclass=="2nd"))) ['survived', 'no_leaf', 2]
7 (w.sibsp<=2.5) ['survived', 'leaf', 3]
8 (w.sibsp>2.5) ['died', 'leaf', 3]
9 (w.pclass=="2nd") | (w.pclass=="3rd") ['died', 'leaf', 3]
10 (~((w.pclass=="2nd") | (w.pclass=="3rd"))) ['died', 'leaf', 3]
11 (w.age<=25.3908915741386) ['survived', 'leaf', 3]
12 (w.age>25.3908915741386) ['died', 'leaf', 3]
13 (w.pclass=="2nd") ['survived', 'leaf', 3]
```

```
14 (~((w.pclass=="2nd"))) ['survived', 'leaf', 3]
```

对一个观测值做出预测:

```
_=Mine.TPred_M(w.iloc[8,:],Print=True)
```

输出整个决策树路径及各个节点的性质:

```
0 root ['died', 'no_leaf', 0]
2 (~((w.sex=="male"))) ['survived', 'no_leaf', 1]
 Path=[0, 2], Prediction=survived
6 (~((w.pclass=="3rd"))) ['survived', 'no_leaf', 2]
 Path=[0, 2, 6], Prediction=survived
14 (~((w.pclass=="2nd"))) ['survived', 'leaf', 3]
 Path=[0, 2, 6, 14], Prediction=survived
```

第 4 章　交叉验证及组合方法训练

4.1　引言

在第 3 章的训练中, 运行过只有一个训练集及一个测试集的简单交叉验证. 本章将对一些交叉验证方法做编程训练, 并将其应用于各种有监督学习模型的比较.

在前计算机时代, 经典统计确定一个回归模型的优劣的基础和要点为:

1. 理论基础: 对数据分布及数据满足的模型的主观数学假定, 这些假定永远无法验证.
2. 数据基础: 训练模型的单一训练集数据.[1]
3. 主要手段: 显著性检验[2]和一些基于数学假定的准则.

经典统计对于回归模型所给出的判断是不明确的, 而且掺杂了大量主观因素, 无法得到关于模型预测精度的有价值结论.

生活中的许多方面都有交叉验证的思想. 比如一个厨师想要制定一个能够普遍接受的大众菜谱, 找了一群人来品尝其菜肴, 然后不断根据这些食客的意见改进, 最终形成了一个这些人都满意的菜谱. 这个菜谱能够推广吗? 答案显然是否定的, 因为这些食客 (训练集) 有其局限性. 换一拨食客 (测试集) 可能会有完全不同的评价. 除非厨师仅想生成一个非常有地方性的菜谱, 必须请和训练集不同的食客进行交叉验证, 才能确定一个有普遍性的菜谱.

在数据科学中, 往往只有一个数据集, 因此必须把数据分成训练集和测试集来做交叉验证. 本章介绍两种交叉验证:

1. **多折交叉验证.** Z 折交叉验证是把数据集随机分成 Z 份, 然后逐次用其中一份作为测试集来验证其余 $Z-1$ 份合在一起作为训练集的数据所训练出来的模型, 得到该份数据每个观测值的预测值, 如此 Z 次之后, 每个观测值都有预测值, 然后根据这些预测值得到整个数据集交叉验证的精确度, 对于回归是交叉验证的 NMSE 或者 R^2, 对于分类是交叉验证的误判率及混淆矩阵.
2. **OOB 交叉验证.** 这是后面要介绍的基于自助法的组合方法所特有的交叉验证方法. 例如, 在基于决策树的组合方法中, 可采用**自助法抽样** (bootstrap sampling) 从原始数据集中生成很多不同的数据集, 并根据这些数据集训练出许多不同的决策树, 综合这些决策树的结果作为组合方法的单独结果. 这些数据集之所以不同是由于自助法抽样是有放回抽样 (抽取和原始数据相同样本量的数据), 每一次抽样都有一些观测值被重复抽到, 而另一些 (大约百分之三四十) 没有被抽到. 没有被抽到训练模型的观测值形成的数据称为 OOB (out of bag) 数据, 它们属于每个决策树的天然测试集.

由于在交叉验证时要对多个模型做多次拟合, 为了提高运行效率, 本章不用自己编回归

---

[1]在得出数学公式时, 也有用一个值作为 "测试集" 的 "交叉验证" 或类似的延伸, 但这种基于数学假定及公式的实践并不是很有说服力.

[2]传统统计中的拟合优度检验的势一般都很低, 很难拒绝零假设.

和分类函数, 而使用 sklearn 模块的各种函数, 其中有些前面没有介绍, 比如组合方法, 但后面会有选择地介绍, 并且做相应的训练. 本章的训练仅仅是两种交叉验证函数本身, 不涉及那些模型.

本章还介绍了基于决策树的组合方法, 并且以其为载体做编程训练. 组合方法是机器学习中预测精度最高的方法. 对于编程训练来说, 本章仅通过少数最基本组合方法做训练, 这为读者了解其他组合方法打下了坚实的基础.

4.2 多折交叉验证

本节使用的回归数据为例 3.2 的混凝土数据, 而分类使用例 4.1 的数字笔迹识别数据.

例 4.1 数字笔迹识别 (pendigits.csv). 该数据有 10992 个观测值和 17 个变量. 原始数据有大量缺失值, 这里给出的数据文件为弥补缺失值后的数据. 变量中的第 17 个变量 (V17) 为有 10 个水平的因变量, 这 10 个水平为 $0, 1, \ldots, 9$ 等 10 个阿拉伯数字, 而其余变量都是数量变量. 如果要用原始数据 (从网上下载), 请注意数据格式的转换和缺失值的非正规标识方法.[3]

我们将使用各种 sklearn 有监督学习模型, 为此需要事先下载它们及一些辅助工具:

```
import pandas as pd
import numpy as np
import matplotlib.pyplot as plt
from sklearn.experimental import enable_hist_gradient_boosting
from sklearn.ensemble import HistGradientBoostingRegressor
from sklearn.tree import DecisionTreeRegressor,DecisionTreeClassifier
from sklearn.linear_model import LinearRegression
from sklearn.ensemble import RandomForestRegressor,BaggingRegressor,\
BaggingClassifier, AdaBoostClassifier, RandomForestClassifier,\
AdaBoostRegressor, GradientBoostingRegressor, \
GradientBoostingClassifier, HistGradientBoostingClassifier
from sklearn.discriminant_analysis import LinearDiscriminantAnalysis
from sklearn import tree
from sklearn.metrics import confusion_matrix
import graphviz
```

4.2.1 回归的多折交叉验证

训练 4.2.1 写出一个把整数 $1, 2, \ldots, Z$ 随机均匀散布成一个 n 维向量的函数, 或者写出把样本下标随机分成 Z 份的函数. 可以假定下标是顺序的, 也可以使用任意的整数集合.

参考代码:

---

[3]原数据的网址之一为: http://www.csie.ntu.edu.tw/$^\sim$cjlin/libsvmtools/datasets/multiclass.html#news20, 数据名为 pendigits(训练集) 和 pendigits.t(测试集), 都属于 LIBSVM 格式. 网站https://archive.ics.uci.edu/ml/datasets/Pen-Based+Recognition+of+Handwritten+Digits也提供该数据, 但其中的缺失值都以字符 “空格 +0” 表示 (但说明中显示无缺失值, 这是不对的). 第二个网址给出了数据的细节. 数据来源于 E. Alpaydin, F. Alimoglu, Department of Computer Engineering, Bogazici University, 80815 Istanbul Turkey, alpaydinboun.edu.tr.

```
def Zfold(n, Z=10, seed=1010):
    zid = (list(range(Z))*int(n/Z+1))[:n]
    np.random.seed(seed)
    np.random.shuffle(zid)
    zid=np.array(zid)
    index=np.arange(n)
    Z_index={}
    for i in range(Z):
        Z_index[i]=index[zid==i]
    return zid, Z_index
```

测试该函数:

```
Zfold(53,Z=5)
```

输出为:

```
(array([0, 1, 2, 4, 0, 2, 0, 0, 0, 4, 1, 3, 1, 4, 3, 2, 1, 2, 0, 3, 4, 0,
        4, 0, 3, 1, 2, 0, 2, 3, 3, 4, 1, 2, 1, 1, 3, 4, 4, 1, 1, 0, 2, 4,
        2, 2, 2, 3, 4, 3, 0, 3, 1]),
 {0: array([ 0,  4,  6,  7,  8, 18, 21, 23, 27, 41, 50]),
  1: array([ 1, 10, 12, 16, 25, 32, 34, 35, 39, 40, 52]),
  2: array([ 2,  5, 15, 17, 26, 28, 33, 42, 44, 45, 46]),
  3: array([11, 14, 19, 24, 29, 30, 36, 47, 49, 51]),
  4: array([ 3,  9, 13, 20, 22, 31, 37, 38, 43, 48])})
```

参考代码说明

该参考代码主要有两步:

1. 把折数(假定为 Z)平均分配到样本量(假定为 n)的各个位置之前,重复 1 到 Z 的整数大约 n/Z 倍多,并且打乱次序(使用"洗牌"函数 `np.random.shuffle`)之后截取 n 个.
2. 然后在计算程序或者这个程序中把和任何 $i \in \{1, 2, \ldots, Z\}$ 匹配的下标选成第 i 折数据集的下标即可.

训练 4.2.2 对例 3.2 的混凝土数据使用多个 `sklearn` 回归模型做多折交叉验证,输出交叉验证的 NMSE 或 R^2. 提示:可以形成由多个 `sklearn` 模块组成的 dict,如下面的参考代码所示,dict `REG` 包含了 6 个回归模型:除了线性模型(`LinearRegression`)和决策树(`Tree`)之外,都是基于决策树的组合模型:bagging(`Bagging`),随机森林(`RandomForest`),直方图梯度增强法(`HGBoost`)和梯度增强法(`Gboost`).

```
names = ['LinearRegression', 'Bagging', 'RandomForest', 'Tree','HGBoost','Gboost']
regressors = [LinearRegression(), BaggingRegressor(n_estimators=100),
              RandomForestRegressor(n_estimators=500,random_state=0),
              DecisionTreeRegressor(),
              HistGradientBoostingRegressor(random_state=1010),
```

```
              GradientBoostingRegressor(max_depth=5)]
REG = dict(zip(names,regressors))
```

然后根据训练 4.2.1 的函数 (参考代码为函数 Zfold) 分析, 输出各个模型的多折交叉验证 NMSE 或 R^2.

参考代码:

```
def RCV(X,y,regress, Z=10, seed=8888, trace=True):
    from datetime import datetime
    n=len(y)
    zid=Zfold(n,Z,seed)[0]
    YPred=dict();
    M=np.sum((y-np.mean(y))**2)
    A=dict()
    for i in regress:
        if trace: print(i,'\n',datetime.now())
        Y_pred=np.zeros(n)
        for j in range(Z):
            reg=regress[i]
            reg.fit(X[zid!=j],y[zid!=j])
            Y_pred[zid==j]=reg.predict(X[zid==j])
        YPred[i]=Y_pred
        A[i]=np.sum((y-YPred[i])**2)/M
    if trace: print(datetime.now())
    R=pd.DataFrame(YPred)
    return R,A
```

对例 3.2 的混凝土数据, 使用 dict REG 函数, 并打印 NMSE:

```
w = pd.read_csv('Concrete.csv')
y = w.iloc[:,-1] #最后一个变量Compressive_strength
X = w.iloc[:,:-1]
R,A = RCV(X,y,REG)
for i in A:
    print(i,': NMSE=',A[i], ', R^2=', 1-A[i])
```

输出为:

```
LinearRegression : NMSE= 0.3932852017477722 , R^2= 0.6067147982522278
Bagging : NMSE= 0.07950000414646105 , R^2= 0.9204999958535389
RandomForest : NMSE= 0.08068555789135978 , R^2= 0.9193144421086402
Tree : NMSE= 0.13486522534770967 , R^2= 0.8651347746522904
HGBoost : NMSE= 0.06337260128956661 , R^2= 0.9366273987104334
Gboost : NMSE= 0.06813809402291832 , R^2= 0.9318619059770816
```

参考代码说明

代码中的交叉验证体现在每一折 (for j in range(Z)) 中, 对于模型 i (reg=regress[i]):

1. 用训练集 (下标 [zid!=j]) 训练模型 reg: reg.fit(X[zid!=j],y[zid!=j]).
2. 对测试集 (下标 [zid==j]) 用模型 reg 预测: Y_pred[zid==j]=reg.predict(X[zid==j].
3. 最终输出的是标准化均方误差: A[i]=np.sum((y-YPred[i])**2)/M.

训练 4.2.3 写一个画出各个模型交叉验证 NMSE 的条形图的函数. 提示: 可使用用前面训练 4.2.2 参考代码输出的 dict 数据.

参考代码:

```
def BarPlot(A,xlab='',ylab='',title='',size=[20,20,30,20,15]):
    plt.figure(figsize = (20,7))
    plt.barh(range(len(A)), A.values(), color = 'navy')
    plt.xlabel(xlab,size=size[0])
    plt.ylabel(ylab,size=size[1])
    plt.title(title,size=size[2])
    plt.yticks(np.arange(len(A)),A.keys(),size=size[3])
    for v,u in enumerate(A.values()):
        plt.text(u, v, str(round(u,4)), va = 'center',color='navy',
          size=size[4])
    plt.show()
```

对训练 4.2.2 参考代码的输出 dict (A) 使用 BarPlot 函数, 得到 6 种回归方法的 NMSE 误差条形图 (见图 4.2.1):

```
BarPlot(A,'NMSE','Model','Normalized MSE for 6 Models')
```

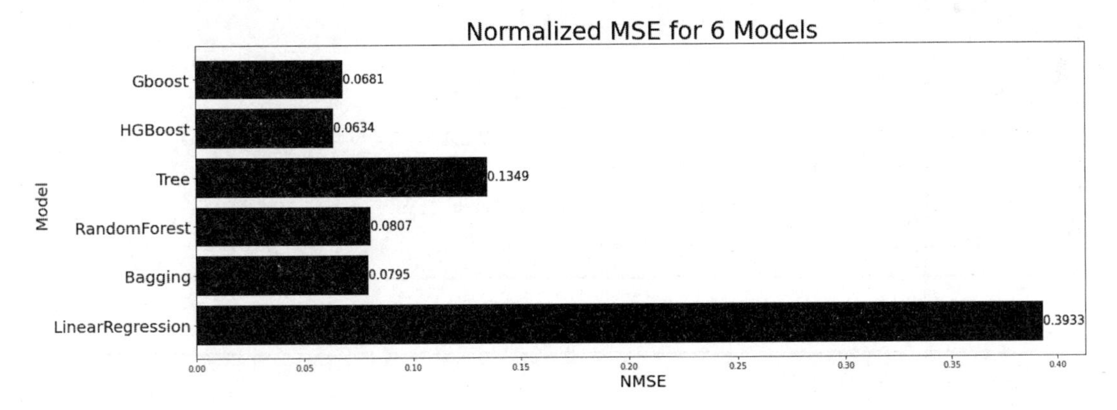

图 4.2.1 对例 3.2 的混凝土数据 6 种回归方法的 NMSE 误差条形图

获得例 3.2 混凝土数据 6 种回归方法的 NMSE 的训练 4.2.2 的结果及由该结果生成的训练 4.2.3 得到的图 4.2.1 表明, 传统统计的线性回归误差比单独决策树高 3 倍, 比基于决策树的各种组合方法的误差更高 (最多 6 倍). 我们将会在后面介绍这些组合方法.

4.2.2 分类的多折交叉验证

在分类中, 由于因变量是分类变量, 因此, 希望在多折 (比如 Z 折) 交叉验证的 Z 个数据集中, 因变量的各个水平 (类) 保持和原始数据类似. 比如, 原来因变量为性别, 2 个水平为 "男" 和 "女", 我们希望在 Z 折数据的每一折中, 男女比例都差不多, 这在小样本的情况下尤其重要.

训练 4.2.4 对于分类任务, 写出使因变量各水平在各折比例一致的分折函数. 提示: 对每一个因变量水平 (类) 完全类似于训练 4.2.1 的分折, 之后把各折合并即可.

参考代码:

```
def Fold(u,Z=5,seed=1010):
    u = np.array(u).reshape(-1)
    Id = np.arange(len(u))
    zid = []; ID = []; np.random.seed(seed)
    for i in np.unique(u):
        n = sum(u==i)
        ID.extend(Id[u==i])
        k = (list(range(Z))*int(n/Z+1))[:n]
        np.random.shuffle(k)
        zid.extend(k)
    zid = np.array(zid);ID = np.array(ID)
    zid = zid[np.argsort(ID)]
    return zid
```

应用这个函数于一个随机生成的分类变量:

```
np.random.seed(1010)
u=np.random.choice(["M","F"],size=54)

zid=Fold(u)
print(f'Total counts: {np.unique(u,return_counts=True)[1]}')
for i in range(5):
    prop=np.unique(u[i==zid],return_counts=True)[1]
    print(i, u[i==zid],' counts=', prop)
```

输出为:

```
Total counts: [25 29]
0 ['M' 'F' 'M' 'F' 'M' 'M' 'F' 'F' 'M' 'M' 'F']  counts= [5 6]
1 ['M' 'M' 'M' 'F' 'F' 'F' 'M' 'F' 'F' 'M' 'M']  counts= [5 6]
2 ['M' 'F' 'M' 'M' 'M' 'F' 'M' 'M' 'F' 'F' 'F']  counts= [5 6]
3 ['M' 'M' 'M' 'F' 'F' 'M' 'M' 'F' 'M' 'F' 'F']  counts= [5 6]
4 ['M' 'M' 'F' 'F' 'F' 'M' 'M' 'M' 'F' 'F']  counts= [5 5]
```

参考代码说明

该代码仅仅输入因变量、折数和随机种子.

1. 对每一水平 (类) (`for i in np.unique(u)`) 得到和训练 4.2.1 函数类似的结果, 然后把各水平的结果合并 (`zid.extend(k)`).
2. 最终输出按照原来下标顺序排列 (`zid[np.argsort(ID)]`).

训练 4.2.5 对例 4.1 的数字笔迹识别数据通过多个 `sklearn` 分类模块做多折交叉验证, 输出交叉验证的误判率. 提示: 和训练 4.2.2 一样, 形成由多个 `sklearn` 模块组成的 dict, 如下面的参考代码所示, dict `CLS` 包含了 6 个回归模型, 除了线性判别分析模型 (`LDA`) 之外, 其余都是基于决策树的组合模型: bagging (`Bagging`), 随机森林 (`RandomForest`), AdaBoost (`AdaBoost`), 直方图梯度增强法 (`HGboost`) 和梯度增强法 (`GBC`).

```
CLS={'Bagging': BaggingClassifier(n_estimators=100, random_state=1010),
  'Random Forest': RandomForestClassifier(n_estimators=500, random_state=0),
  'AdaBoost': AdaBoostClassifier(base_estimator=DecisionTreeClassifier(max_depth=5),
                    n_estimators=100, random_state=0),
  'Lda': LinearDiscriminantAnalysis(),
  'HGboost': HistGradientBoostingClassifier(random_state=0),
  'GBC': GradientBoostingClassifier(max_depth=5, random_state=0)}
```

然后根据训练 4.2.4 的函数 (参考代码为函数 `Fold`) 分折, 输出各个模型的多折交叉验证的误判率.

参考代码:

```
def ClaCV(X,y,CLS, Z=10,seed=8888, trace=True):
    from datetime import datetime
    n=len(y)
    Zid=Fold(y,Z,seed=seed)
    YCPred=dict();
    A=dict()
    for i in CLS:
        if trace: print(i,'\n',datetime.now())
        Y_pred=np.copy(y)
        np.random.shuffle(np.array(Y_pred));
        for j in range(Z):
            clf=CLS[i]
            clf.fit(X[Zid!=j],y[Zid!=j])
            Y_pred[Zid==j]=clf.predict(X[Zid==j])
        YCPred[i]=Y_pred
        A[i]=np.mean(y!=YCPred[i])
    if trace: print(datetime.now())
    R=pd.DataFrame(YCPred)
    return R, A
```

对例 4.1 的数字笔迹识别数据, 使用 dict `CLS` 于这个函数, 并输出误判率:

```
v=pd.read_csv("pendigits.csv")
X=v.iloc[:,:-1];y=v["V17"].astype('category')
A=ClaCV(X,y,CLS, Z=10,seed=1010, trace=False)[1]
for i in A:
    print(i, ': Error rate =',A[i])
```

输出各种分类模型的误判率为:

```
Bagging : Error rate = 0.016193595342066956
Random Forest : Error rate = 0.008187772925764192
AdaBoost : Error rate = 0.021834061135371178
Lda : Error rate = 0.1305494905385735
HGboost : Error rate = 0.007641921397379912
GBC : Error rate = 0.009734352256186317
```

对训练 4.2.5 参考代码的输出 dict (A) 使用训练 4.2.3 的函数 (参考代码为函数 BarPlot), 得到 6 种分类方法的误判率条形图 (见图 4.2.2):

```
BarPlot(A,'Error rate','Model','Error rates of 6 models')
```

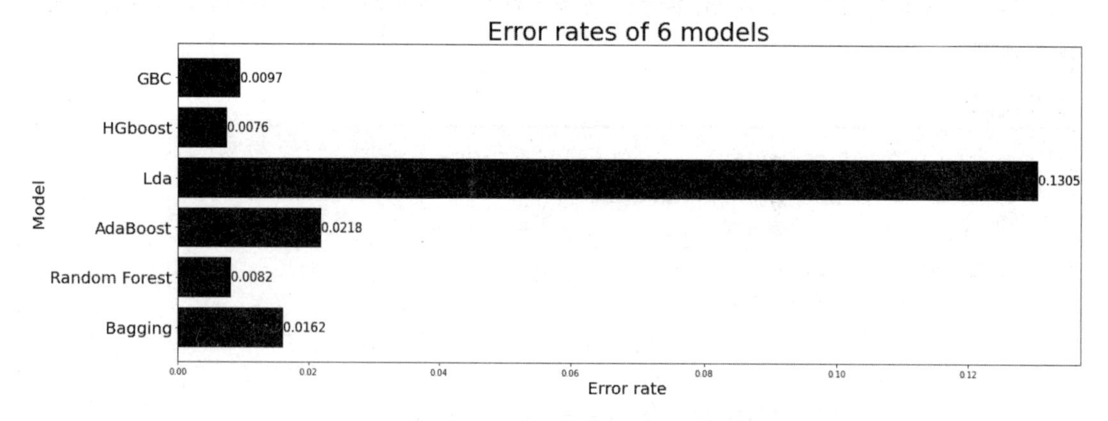

图 4.2.2　对例 4.1 的数字笔迹识别数据 6 种分类方法的误判率条形图

参考代码说明

这个函数和训练 4.2.2 雷同. 代码中的交叉验证体现在每一折 (`for j in range(Z)`) 中, 对于模型 i (`clf=CLS[i]`):

1. 用训练集 (下标 `[zid!=j]`) 训练模型 `clf`: `clf.fit(X[zid!=j],y[zid!=j])`.
2. 对测试集 (下标 `[zid==j]`) 用模型 `clf` 预测: `Y_pred[zid==j]=clf.predict(X[zid==j]`.
3. 最终输出的是误判率: `A[i]=np.mean(y!=YCPred[i])`.

获得例 4.1 数字笔迹识别数据 6 种分类方法的 NMSE 的训练 4.2.5 的结果及由该结果生成的训练 4.2.3 得到的图 4.2.2 表明, 传统统计的线性判别分析的误判率比其他方法高 6 ～17 倍. 我们不介绍线性判别分析, 会在后面选择性介绍一些组合方法.

4.3 OOB 交叉验证

4.3.1 自助法抽样

自助法抽样一般是指从样本有放回地抽取同样大小的样本. 由于是有放回抽样, 有些观测值会重复抽到, 而另一些不会抽到. 那些没抽到的是 OOB 数据.

训练 4.3.1 重复多次自助法抽样, 画出各次 OOB 样本观测值数目比例曲线. 提示: 选取任意一个不同元素的集合, 查看该集合中 OOB 观测值的比例. 使用 np.random.choice 函数抽样.

参考代码:

```
np.random.seed(1010)
n=500;m=100
x=range(n)
ratio=[]
for i in range(m):
    y=set(np.random.choice(x,size=n))
    ratio.append(len(set(x)-y)/n)
print(np.mean(ratio))
plt.figure(figsize=(16,5))
plt.scatter(range(m),ratio)
plt.plot(range(m),ratio)
plt.title('OOB ratios in bootstrap samples')
plt.ylabel('OOB ratios')
```

求得平均 OOB 观测值的比例为 0.36546 (36.546%), 生成的图 4.3.1 显示了该比例的变化幅度 (在这有限的抽样过程中, 约在 0.33 ~0.40 之间变动), 如果抽样次数增加, 变动范围会更大, 但比例的平均值比较稳定.

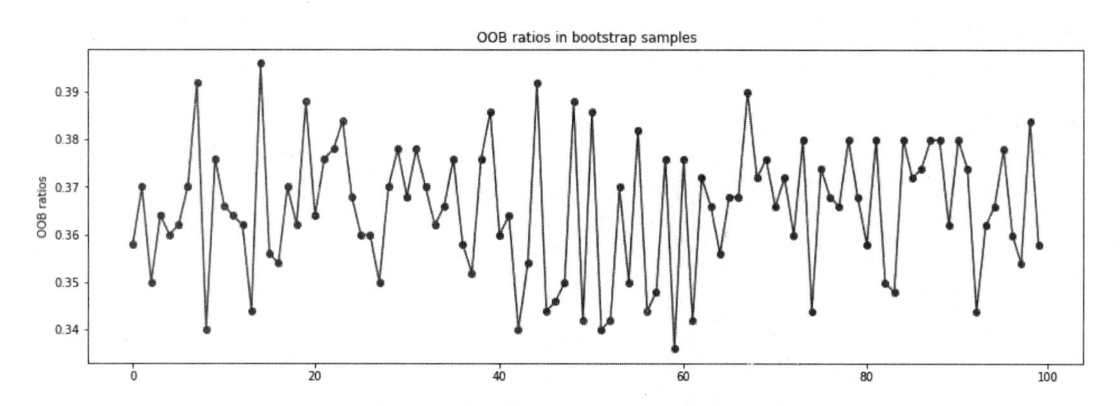

图 4.3.1 在 100 个自助法抽样 OOB 样本中观测值的比例

根据概率论, 在具有 n 个观测值的样本中有放回地抽取 n 个观测值时, 每个观测值在一次抽样中被抽中的概率为 $1/n$, 而没有被抽中的概率为 $1-1/n$. 因此在抽取 n 次中一个观

测值皆不被抽中的概率为 $(1-1/n)^n$. 当 n 增加时, 这个概率趋于 36.8%, 即

$$\lim_{n\to\infty}(1-1/n)^n \approx 36.8\%.$$

4.3.2 最简单的组合模型和 OOB 误差

所谓**组合方法**或**集成方法** (ensemble method) 基于再抽样而产生的许多决策树, 最先出现的方法是最简单的基于决策树的组合模型 bagging[4]. 随着时间的推移, 组合方法不再限于决策树, 有了长足的发展. 在统计学和机器学习中, 组合方法使用多种学习算法来获得比单独算法更好的预测性能. 机器学习的组合由一组具体的有限替代模型组成, 并允许在这些替代模型中存在更灵活的结构. 在许多实践中, 由于在每次使用基础模型迭代时都进行干预和改进, 因此这些组合方法也称为**增强方法** (boosting method).

4.3.3 从 bagging 认识组合方法和 OOB 误差

组合方法 bagging (bootstrap aggregating 的简写), 是指用很多基于原始数据的自助法抽取很多样本来生成很多决策树, 并根据这些决策树的投票结果来确定预测值. 其中:

1. 对回归问题: 把所有决策树的预测值 (数量) 的简单平均作为组合方法的预测值.
2. 对分类问题: 把所有决策树的预测值 (类别或水平) 的众数作为组合方法的预测值, 也就是等权投票.

组合方法的基础学习器 (如决策树) 是一个弱学习器, 通过再抽样样本来组合很多弱基础学习器的结果以产生更精确的结果. 实践表明, 并不是所有类型的弱学习器通过组合都能增强, 例如, 用数学公式表达的诸如最小二乘线性回归等方法很难通过组合来增强.

组合方法并不限于决策树, 也不限于一种基础学习器方法 (可以混用), 即使是决策树, 在生成过程中也可以进行干预, 抽样不一定都是原始自助法的等权抽样. 组合方法具有的高预测精度及灵活性, 在机器学习实践及延伸方法的研究中占有非常重要的地位.

训练 4.3.2 利用现有的 `sklearn` 模块的决策树程序 (不用 `sklearn` 模块的 bagging 程序), 编写一个把决策树作为基础弱学习器的 bagging 回归函数, 并求其 OOB 误差, 同时也把线性模型 (利用现有的 `sklearn` 模块的线性模型) 作为一个基础学习器做同样的计算. 下面的参考代码是利用例 3.2 的混凝土数据做组合方法回归.

参考代码:

```
def OOBE(X,y,reg,n_models=100,seed=1010):
    n=len(y)
    np.random.seed(seed)
    reg.fit(X,y)
    OOB_score=[]
    for i in range(n_models):
        train_id=np.random.choice(np.arange(n),n,replace=True)
        test_id=np.setdiff1d(np.arange(n), train_id, assume_unique=False)
        reg.fit(X.iloc[train_id,:],y.iloc[train_id])
```

[4]Breiman, L. (1996) Bagging predictors, *Machine Learning*, 24(2), pp.123-140.

```
        OOB_score.append(reg.score(X.iloc[test_id,:],y.iloc[test_id]))
    OOB_R2=np.array(OOB_score).mean()
    OOB_NMSE=1-OOB_R2
    return {'OOB_NMSE: ': OOB_NMSE,'OOB_R2': OOB_R2}
```

对例 3.2 的混凝土数据, 运用上面的函数, 把决策树和线性回归作为基础学习器的组合方法的两种实践:

```
w = pd.read_csv('Concrete.csv')
y = w.iloc[:,-1] #因变量Compressive_strength
X = w.iloc[:,:-1]

reg_tree=DecisionTreeRegressor(max_depth=5,random_state=0)
reg_lm=LinearRegression()
print(f'Tree as base model:\n {OOBE(X,y,reg_tree)}\n\
Linear model as base model:\n {OOBE(X,y,reg_lm)}')
```

输出两个模型的 OOB 交叉验证的 NMSE 及 R^2:

```
Tree as base model:
 {'OOB_NMSE: ': 0.27432667412857203, 'OOB_R2': 0.725673325871428}
Linear model as base model:
 {'OOB_NMSE: ': 0.3971078668041982, 'OOB_R2': 0.6028921331958018}
```

4.4 梯度下降法及决策树梯度增强回归训练

4.4.1 梯度下降法

读者可能在初等微积分中学到, 梯度下降法是用于找到可微函数的局部最小值的一阶迭代优化算法. 图 4.4.1 中的曲线函数是可微的 (下) 凸函数 (下凸意味着存在极小值) $f(x)$. 我们可以把该曲线看成是一个依赖于变量 x 的误差函数, 希望寻求到一个 x 的值, 使得误差 $f(x)$ 最小. 对于绝大多数误差函数来说, 使用通常的数学推导求出该值的精确解析表示是不现实的. 但人们可借助计算机算法来实现这个目标. 使用计算机来寻求使 $f(x)$ 最小的 x 值的方法是序贯性的尝试, 也就是逐步建立一个自变量序列 $x_0, x_1, x_2, \ldots$, 去逼近 $f(x)$ 的最小值点 $x = \arg\min_x f(x)$. 这是通过一步一步迭代进行的, 假定在某一步选取了 x_k, 就计算函数在该点处的偏导数 (梯度), 在实际问题中可能函数根本无法求导, 则求近似梯度 $\nabla f(x_k)$, 并取下一个点为

$$x_{k+1} = x_k + \arg\min_x f(x) = x_k - \gamma_k \nabla f(x_k),$$

这是沿着梯度所代表的最陡的下降方向进行的. 这里的 $\gamma_k \in \mathbb{R}_+$ 是一个称为**收缩量** (shrinkage) 或者**学习率** (learning rates) 的正值小调整参数.

显然, 寻求一个函数的最大值也可以用同样的方式进行, 仅仅需要对算法做一些符号上的微小改动 (比如考虑求 $-f(x)$ 的极小值问题).

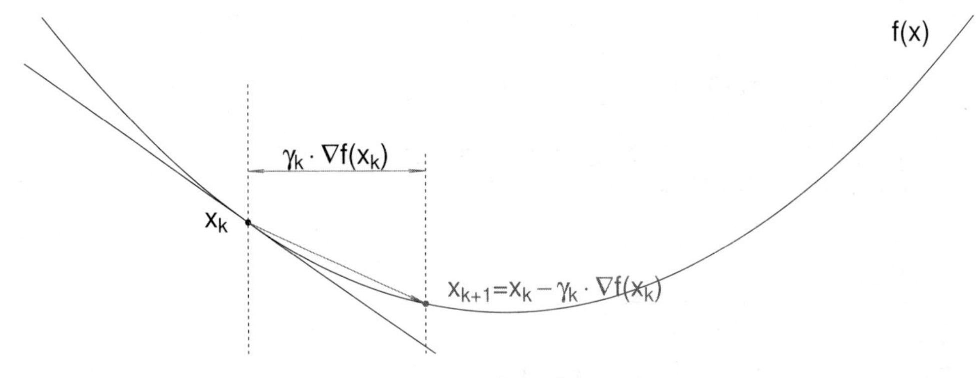

图 4.4.1　梯度下降法示意图

训练 4.4.1 写出用梯度下降法求解函数 $f(x) = (\mathbf{e}^x + \mathbf{e}^{-x})/2$ 极小值的函数. 请用不同的收缩量来看迭代次数的变化.

参考代码:

```
def ee(x):
    y=(np.exp(x)+np.exp(-x))/2
    return y
def ee1(x):
    y=(np.exp(x)-np.exp(-x))/2
    return y


def GD(x0=1.5,c=.1,fun=ee,df=ee1):
    ep=10
    k=0
    while abs(ep)>10**(-15):
        x1=x0-c*df(x0)
        ep=x0-x1
        x0=x1
        k+=1
    return x0,fun(x0),k
# 试验函数:
for g in (.1,.3,.5,.7,1):
    z=GD(c=g)
    print(f'Shrinkage = {g}: x = {round(z[0])}, f(x) = {z[1]}. # step = {z[2]}')
```

输出为:

```
Shrinkage = 0.1: x = 0.0, f(x) = 1.0. # step = 309
Shrinkage = 0.3: x = 0.0, f(x) = 1.0. # step = 95
Shrinkage = 0.5: x = 0.0, f(x) = 1.0. # step = 50
Shrinkage = 0.7: x = 0.0, f(x) = 1.0. # step = 27
Shrinkage = 1: x = -0.0, f(x) = 1.0. # step = 5
```

4.4.2 梯度增强回归

现在把梯度下降法推广到用于回归的**梯度增强法** (gradient boosting), 这里的目标把前面梯度下降法的 $x = \arg\min_x f(x)$ 替换成

$$\hat{m}(\boldsymbol{x}) = \arg\min_m \ell(y, m(\boldsymbol{x})) = -\gamma\nabla\ell(y, m(\boldsymbol{x})),$$

前面的函数 f 被由模型预测的 $\hat{y} = m(\boldsymbol{x})$ 及真实值 y 通过损失函数 ℓ 所得到的损失 $\ell(y, m(\boldsymbol{x}))$ 所替代. 也就是说, 原来的变元 x 成为 m. 在相应迭代中, 在第 $k+1$ 步, 把第 i 步训练出来的模型拟合第 $i+1$ 步的数据 $\boldsymbol{x}_{k+1}$ 得到的对因变量 y 的预测为 $m^{(k)}(\boldsymbol{x}_{k+1})$, 相应的损失函数为 $\ell(y_{k+1}, m^{(k)}(\boldsymbol{x}_{k+1}))$. 前面 $x_{k+1} = x_k - \gamma_k\nabla f(x_k)$ 则替换成

$$m^{(k+1)} = m^{(k)} + \arg\min_m \ell(y_{k+1}, m(\boldsymbol{x}_{k+1})) = m^{(k)} - \gamma_k\nabla\ell(y_{k+1}, m^{(k)}(\boldsymbol{x}_{k+1})).$$

显然, 如果类似于决策树在其每个节点纯度度量使用 MSE, 这里考虑二次损失函数 $\ell(y,m) = \frac{1}{2}(y-m)^2$, 那么 $-\nabla\ell(y,m) = \partial\ell/\partial m = y-m$, 即残差, 因此, 在选用二次损失后, 我们最小化的目标就可以是残差了. 在实际迭代中考虑收缩量, 我们的对象残差的形式于是为 $y - \gamma m$. 假定我们一共进行 M 次迭代, 具体步骤为:

1. 在初始时候, 我们利用作为基础学习器的弱回归器 (这里是决策树) 得到因变量的一个预测值 $\hat{\boldsymbol{y}}^{(0)} = m^{(0)}(\boldsymbol{x})$, 因而可计算有收缩量 γ 的残差 $\hat{\boldsymbol{\epsilon}}^{(0)} = \boldsymbol{y} - \gamma\hat{\boldsymbol{y}}^{(0)}$, 即
$$\hat{\boldsymbol{y}}^{(0)} = m^{(0)}(\boldsymbol{x}) = \arg\min_m \ell(\boldsymbol{y}, m(\boldsymbol{x}));$$
$$\hat{\boldsymbol{\epsilon}}^{(0)} = \boldsymbol{y} - \gamma\hat{\boldsymbol{y}}^{(0)}.$$

2. 在初始步之后, 改成以残差为因变量, 寻求
$$m^{(k+1)}(\boldsymbol{x}_{k+1}) = m^{(k)}(\boldsymbol{x}_k) + \arg\min_m \ell(\hat{\boldsymbol{\epsilon}}^{(k)}, m(\boldsymbol{x}_{k+1}));$$
$$\hat{\boldsymbol{\epsilon}}^{(k+1)} = \hat{\boldsymbol{\epsilon}}^{(k)} - \gamma\, m^{(k+1)}(\boldsymbol{x}_{k+1}).$$

3. 到第 M 步就停止, 我们得到的结果是
$$\hat{\boldsymbol{y}} = m^{(M)}(\boldsymbol{x}_M) = m^{(M-1)}(\boldsymbol{x}_{M-1}) + \arg\min_m \ell(\hat{\boldsymbol{\epsilon}}^{(M-1)}, m(\boldsymbol{x}_M)) = \hat{y}^{(0)} + \sum_{i=1}^{M}\gamma\hat{\epsilon}^{(i)}.$$

训练 4.4.2 按照上面的步骤, 或者对它进行改进, 写出梯度增强回归的函数. 提示: 可利用 sklearn 模块的决策树函数, 但不要用其梯度增强函数, 对例 3.1 的乙醇燃烧数据做因变量 NOx 对单独自变量 E 的回归, 选择一个收缩量, 并且画出该方法和标准的决策树拟合的比较图.

参考代码:

```
def viz(u, c=0.05):
    df=u.drop(columns='C').sort_values(by='E', ascending=True)
    reg_tree.fit(df[['E']],df['NOx'])
    yp=reg_tree.predict(df[['E']]).reshape(-1,1)
    YP=c*yp
    df['yr']=df[['NOx']]-YP
```

```
    for t in range(100):
        reg_tree.fit(df[['E']],df['yr'])
        yp=reg_tree.predict(df[['E']]).reshape(-1,1)

        df[['yr']]=df[['yr']]-c*yp
        YP=np.hstack((YP,c*yp))
    Y=YP.sum(axis=1)
    return df,Y
```

应用该函数于例 3.1 的乙醇燃烧数据, 并且画图 (见图 4.4.2):

```
df,Y=viz(u,c=1)

reg=DecisionTreeRegressor(max_depth=5,random_state=0)
reg.fit(df[['E']],df['NOx'])
Y0=reg.predict(df[['E']])
plt.figure(figsize=(16,5))
plt.scatter('E','NOx',data=df,label=None,s=150,color='r')
plt.step(df['E'],Y0,'--',linewidth=3,label='Decision tree',color='k')
plt.step(df['E'],Y,linewidth=3,label='Gradient boosting')
plt.legend()
plt.xlabel('E')
plt.ylabel('NOx')
plt.title('Comparison between decision tree and gradient boosting')
```

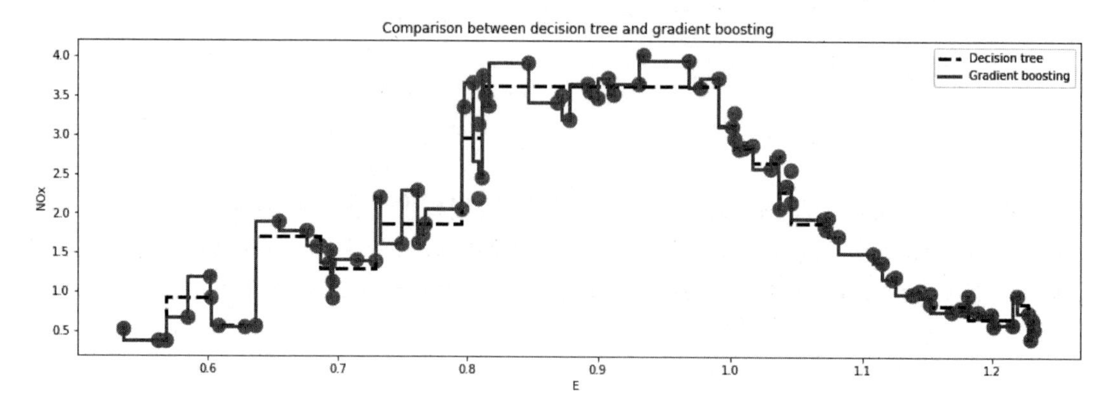

图 4.4.2 例 3.1 乙醇燃烧数据回归的梯度增强法和单独决策树的比较

4.4.3 两个组合方法简介

下面介绍两个基于决策树的组合方法 (或增强方法), 这些组合方法的 sklearn 模块的函数在前面的训练中已经使用过, 但没有详细解释. 为了避免和这些方法有关的计算可能占用太多的计算机资源, 这里不安排训练课题.

- **随机森林** (random forest) 可用于分类和回归, 是精度非常高的方法. 它欢迎大量的自变量, 没有过拟合问题, 有很好的解释性. 其具体实施和 bagging 非常类似, 主要区别在于以下两点:
  - 随机森林在每棵决策树的每个节点都随机地限制竞争拆分变量的个数, 这使得一些被强势变量压制的自变量也能够参与进来, 提高了预测精度.
  - 随机森林中的决策树数目很大, 在 R 软件的 `randomForest` 程序包中, 随机森林的默认个数为 500, 默认的层数是每棵树长到不能长为止. 这不但大大提高了预测精度, 而且存储了大量的信息, 人们可以使用这些信息来解释数据的各种特征和关系.
- **AdaBoost** (Adaptive Boosting 的简写) 是一个主要为分类而作的增强算法. 除了第一棵树之外, 它的决策树所基于的样本都不是等权有放回抽样, 而是对于前一棵树误判的观测值增加抽样权重, 使得后续树有更多代表性. 最终预测结果由各决策树根据误判率的多少加权投票获得.

第 5 章　以神经网络为载体的训练

5.1　神经网络简介

人工神经网络 (artificial neural networks) 简称神经网络，是受构成人类大脑的生物神经网络启发的计算系统. 它是机器学习的一个子集，是深度学习算法的核心. 其命名和结构受到人类大脑的启发，模仿的是生物神经元相互发送信号的方式.

人工神经网络基于一组称为人工神经元的节点，可以向其他节点传输信号. 节点接收信号然后对其进行处理，并可以向与其相连的节点发送信号. 连接处的信号是一个实数，每个节点的输出由其输入总和的某个非线性函数计算. 连接称为边. 神经元和边的权重通常会随着学习的进行而调整. 权重的作用是增加或减少连接处的信号强度. 节点可能有一个阈值，这样只有当聚合信号超过该阈值时才会发送信号. 通常，节点聚合成层. 不同的层可以对其输入执行不同的转换. 信号从第一层 (输入层) 在可能多次遍历一些隐藏层之后传输到最后一层 (输出层).

神经网络依靠训练数据来不断学习和提高其准确性. 一旦经过训练，这些学习算法满足了准确性要求，它们就会成为计算机科学和人工智能中的强大工具，使我们能够对数据进行高速分类和聚类. 完成语音识别或图像识别任务可能只需要几秒钟而不是人类专家手动识别的若干小时. 最著名的神经网络之一是谷歌的搜索算法.

5.1.1 一个例子

例 5.1 (simple4.csv). 这是一个简单的人造数据，变量有 sex (性别，F: 女性，M: 男)，haircol (头发颜色，yellow: 黄，black: 黑)，skirt (是否穿裙子，y: 是，n: 否)，style (某种走路姿态，y: 是，n: 否). 我们的目的是根据这个数据建立一个模型，使得人们可以基于一个新观测值的 3 个特征 (haircol, skirt, style) 来判断其性别 (sex).

原始数据只有 11 个观测值 (在使用 `u=pd.read_csv("simple4.csv")` 输入数据后):

```
  sex haircol skirt style
0   F  yellow     y     n
1   F   black     y     n
2   F  yellow     n     y
3   F   black     n     y
4   M  yellow     n     n
5   M   black     n     n
6   M  yellow     y     n
7   F   black     n     y
```

```
8     M  yellow    n     n
9     F   black    y     n
10    M   black    y     y
11    F  yellow    n     y
```

注意: 这个例子是用于分类的, 而且对于原始数据没有模型可以完全分对, 因为有的观测值自变量相同但因变量不同.

对例 5.1 的数据进行哑元化 (去掉每个分类变量第一列) 加上一列常数, 并显示因变量和自变量并排的矩阵:

```
u=pd.read_csv("simple4.csv")
X=pd.get_dummies(u.drop(columns='sex'), drop_first=True) #舍弃一列哑元化
X=np.hstack((np.ones((X.shape[0],1)),X)) #增加常数列
y=pd.get_dummies(u.iloc[:,0], drop_first=True).to_numpy()
y=y.reshape(-1,1)
np.hstack((y,X)) # 显示y-X矩阵
```

得到数据矩阵 (第一列是 y, 其余列是 X):

```
array([[0., 1., 1., 1., 0.],
       [0., 1., 0., 1., 0.],
       [0., 1., 1., 0., 1.],
       [0., 1., 0., 0., 1.],
       [1., 1., 1., 0., 0.],
       [1., 1., 0., 0., 0.],
       [1., 1., 1., 1., 0.],
       [0., 1., 0., 0., 1.],
       [1., 1., 1., 0., 0.],
       [0., 1., 0., 1., 0.],
       [1., 1., 0., 1., 1.],
       [0., 1., 1., 0., 1.]])
```

上面各列所代表的 (哑元) 变量 (从左到右) 依次为: sex_M, 常数列, haircol_yellow, skirt_y, style_y.

关于哑元化的说明:

1. 在 Python 中, 对字符型变量进行哑元化对于某些机器学习模块是必要的. 为了训练的方便, 这里也做了哑元化.
2. 如果要进行线性回归那样需要计算矩阵 $\boldsymbol{X}^\top \boldsymbol{X}$ 的逆矩阵, 为避免矩阵不满秩, 如上面所做的去掉每个分类变量哑元化后的第一列是必要的. 但对于神经网络或者决策树等机器学习方法, 这都不是必需的.
3. 由于例 5.1 的数据是以分类为目的, 哑元化的因变量用 0 和 1 表示.

5.1.2 线性回归和神经网络的区别

简单线性回归模型

在线性回归中, 如果有 3 个自变量和 1 个因变量, 如果数据因变量和包括常数项的自变量分别用 $y, 1, X_1, X_2, X_3$ 来表示, 那么它们的关系可以用图5.1.1来表示, $\boldsymbol{\beta} = (\beta_0, \beta_1, \beta_2, \beta_3)$ 可以看成是回归系数.

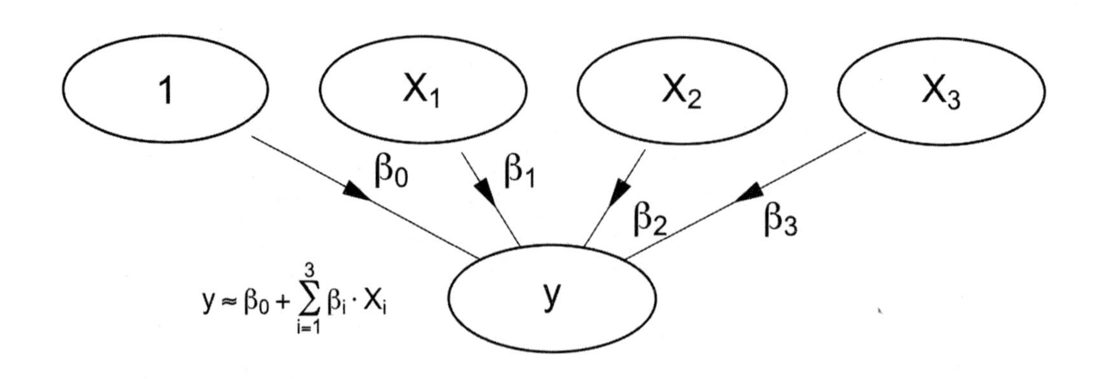

图 5.1.1 因变量和自变量在线性回归中的关系

如果应用最小二乘线性回归于例 5.1 的数据 (把变量 sex_M, 常数列, haircol_yellow, skirt_y, style_y 分别用 $y, 1, X_1, X_2, X_3$ 来表示.), 则有:

$$\hat{\beta}_0 \approx 0.63333,\ \hat{\beta}_1 \approx 0.06667,\ \hat{\beta}_2 \approx -0.17500,\ \hat{\beta}_3 \approx -0.42500,$$

于是有拟合模型

$$y = \hat{\beta}_0 + \sum_{i=1}^{3} \hat{\beta}_i X_i = 0.63333 + 0.06667X_1 - 0.17500X_2 - 0.42500X_3.$$

注意: 将这个因变量只有 0 和 1 的问题用于线性回归可能不太合适, 但是对于神经网络来说, 线性模型却是特例.

最简单的神经网络

类似于关于线性回归的图5.1.1, 图5.1.2描述了最简单的神经网络. 图5.1.2中上面一层称为**输入层** (input layer), 其中的节点代表了 3 个输入节点及 1 个常数项, 下面一层只有 1 个节点 (因为只有 1 个因变量), 称为**输出层** (output layer). 我们也要估计出相应的权重 ($\boldsymbol{w} = (w_0, w_1, w_2, w_3)$) 来形成线性组合 $w_0 + \sum_{i=1}^{3} w_i X_i = w_0 + w_1 X_1 + w_2 X_2 + w_3 X_3$, 但是, 我们不是简单地用这个线性组合来近似因变量, 而是通过该线性组合的一个称为**激活函数** (activation function) 的函数 $\sigma(w_0 + \sum_{i=1}^{3} w_i X_i)$ 来近似因变量. 这就是和前面线性回归中简单地用线性组合 $\beta_0 + \sum_{i=1}^{3} \beta_i X_i$ 来近似因变量的根本区别. **激活函数使得自变量和因变量之间的关系从单纯的线性关系中解放出来, 因此神经网络可以解决非常复杂的非线性问题.** 简单的回归模型可以看成图 5.1.2 中激活函数为 $\sigma(x) = x$ 的特例.

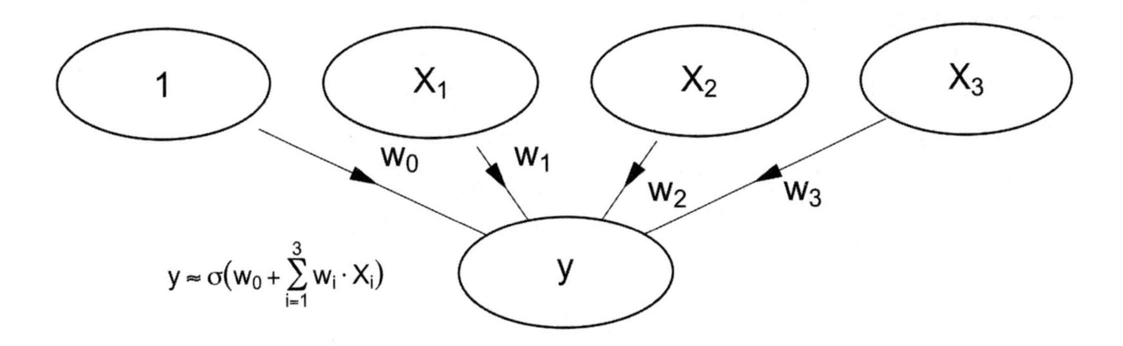

图 5.1.2 因变量和自变量在神经网络中的关系

下面是激活函数一些常用的选择:

$$\sigma(x)=\frac{1}{1+\mathrm{e}^{-x}},\ \sigma(x)=\tanh(x),\ \sigma(x)=\max(0,x),\ \sigma(y_i)=\frac{\mathrm{e}^{y_i}}{\sum_j \mathrm{e}^{y_j}}.$$

这几个激活函数的头两个称为 S 型函数 (sigmoid). 第一个是 logistic 函数, 第二个是双曲正切, 第三个是 ReLU 函数 (rectified linear unit), 最后一个激活函数称为 softmax, 把一个实数值向量转换成总和为 1 的概率向量. 针对不同的目标, 人们发明了大量其他类型的激活函数, 这里不做过多介绍.

对于例 5.1 的数据, 如果取 $\sigma(x)=\frac{1}{1+\mathrm{e}^{-x}}$, 经过简单的计算 (后面会有训练) 相应于图 5.1.2 的神经网络的权重估计为:

$$\hat{w}_0\approx 2.3491,\ \hat{w}_1\approx 2.6987,\ \hat{w}_2\approx -5.0849,\ \hat{w}_3\approx -8.1556,$$

于是我们有拟合模型

$$y=\sigma\left(\hat{w}_0+\sum_{i=1}^{3}\hat{w}_iX_i\right)=\sigma\left(2.3491+2.6987X_1-5.0849X_2-8.1556X_3\right).$$

由于神经网络是对取值 0 和 1 的因变量近似, 不分回归还是分类, 对例 5.1 的分类问题来说, 拟合值如果接近 1 就判为 1, 如接近 0 就判为 0. 混淆矩阵为:

```
array([[7, 0],
       [2, 3]])
```

也就是说对于训练集有两个错判的.

神经网络对于回归和分类的方法是一致的

神经网络的因变量都是数字化的, 只是在分类时用哑元表示. 在 2 分类情况, 因变量只是一个取值 0 或 1 的哑元变量, 而在多分类情况, 比如因变量有 m 类 (水平), 则因变量有 m 个, 分别代表 m 类, 也就是说, 输出层有 m 个节点, 每个因变量观测值为一个 m 维向量, 其中仅有一个值为 1 (代表这个因变量观测值的类), 其余都是 0. 在训练神经网络时, 预测的值也是 m 维向量, 以其最接近 1 的那个元素代表预测的哪一类.

由于因变量都是数字, 而且以诸如残差那样的度量来衡量拟合, 所以神经网络对于回归和分类的方法是一致的, 区别在于选取了不同的激活函数.

5.1.3 神经网络是如何学习的

神经网络是机器学习的一个例子，其权重是如何得到的呢？当然不像最小二乘线性回归那样由一些封闭的数学公式算出来，而是通过计算机迭代一点一点地试出来. 下面就例 5.1 那样的简单神经网络来说明. 由于带有常数项的 $\boldsymbol{X}$ 是 12×4 矩阵，因此，这里使用 4×1 矩阵 $\boldsymbol{W} = (w_0, w_1, w_2, w_3)^\top$ 来表示权重 (实际上是个向量，但为了后面一般化推广，使用矩阵符号).

首先，调试权重有一个标准，也就是要给出一个损失函数，我们的迭代是以减少损失为目标的. 这里的损失假定是平方损失 (如最小二乘法的损失函数): $\|\hat{\boldsymbol{y}} - \boldsymbol{y}\|^2$. 此外，对于例5.1，我们取激活函数为 $\sigma(x) = 1/(1 + \mathrm{e}^{-x})$). 在迭代之前，需要给出一个初始权重值 (可以是随机的). 从第 i 步开展的具体步骤为:

1. **前向传播** (forward propagation): 在某一步得到权重 $\boldsymbol{W}$，并根据权重得到对因变量 $\boldsymbol{y}$ 的一个估计值 $\hat{\boldsymbol{y}} = \sigma(\boldsymbol{XW})$ 及损失 $\|\boldsymbol{y} - \hat{\boldsymbol{y}}\|^2$.
2. **求梯度**: 通过偏导数的链原理，我们得到损失函数相对于权重的偏导数为:
$$\frac{\partial \|\boldsymbol{y} - \hat{\boldsymbol{y}}\|^2}{\partial \boldsymbol{W}} = \frac{\partial \|\boldsymbol{y} - \hat{\boldsymbol{y}}\|^2}{\partial \hat{\boldsymbol{y}}} \frac{\partial \sigma(\boldsymbol{XW})}{\partial \boldsymbol{XW}} \frac{\partial \boldsymbol{XW}}{\partial \boldsymbol{W}}.$$
由于
$$\frac{\partial \|\boldsymbol{y} - \hat{\boldsymbol{y}}\|^2}{\partial \hat{\boldsymbol{y}}} = -2(\boldsymbol{y} - \hat{\boldsymbol{y}}), \tag{5.1.1}$$
$$\frac{\partial \sigma(\boldsymbol{XW})}{\partial \boldsymbol{XW}} = \sigma(\boldsymbol{XW}) \odot [1 - \sigma(\boldsymbol{XW})], \tag{5.1.2}$$
$$\frac{\partial \boldsymbol{XW}}{\partial \boldsymbol{W}} = \boldsymbol{X}, \tag{5.1.3}$$
得到偏导数为 (符号 “$\odot$” 是矩阵 (向量) 或同维度数组元素对元素的积，也称为 Hadamard 积 (Hadamard Product))[1]:
$$\nabla_{loss} = \frac{\partial \|\boldsymbol{y} - \hat{\boldsymbol{y}}\|^2}{\partial \boldsymbol{W}} = -2\boldsymbol{X}^\top \{(\boldsymbol{y} - \hat{\boldsymbol{y}}) \odot \sigma(\boldsymbol{XW}) \odot [1 - \sigma(\boldsymbol{XW})]\}.$$
3. 利用**梯度下降法** (gradient descent) 做**反向传播** (back propagation): 对权重的修正赋值为:
$$\boldsymbol{W} \Leftarrow \boldsymbol{W} - \alpha \odot \nabla_{loss}. \tag{5.1.4}$$
然后回到步骤 1，继续重复上述步骤，直到误差缩小到预定的范围或者达到一定的迭代次数为止.

下面对于式 (5.1.2) 和式 (5.1.4) 做出解释. 式 (5.1.2) 其实就是简单的对 $\sigma(x) = 1/(1 + \mathrm{e}^{-x})$ 的导数，即
$$\sigma'(x) = \frac{\mathrm{e}^{-x}}{(1 + \mathrm{e}^{-x})^2} = \frac{\mathrm{e}^{-x}}{1 + \mathrm{e}^{-x}} \left(1 - \frac{\mathrm{e}^{-x}}{1 + \mathrm{e}^{-x}}\right) = \sigma(x)[1 - \sigma(x)].$$

---

[1] 如果 $\boldsymbol{A} = (a_{ij})$ 及 $\boldsymbol{B} = (b_{ij})$ 都是 $m \times n$ 矩阵，则这两个矩阵的 Hadamard 积 $\boldsymbol{A} \odot \boldsymbol{B}$ 也是 $m \times n$ 矩阵，其元素为相应元素的乘积: $\boldsymbol{A} \odot \boldsymbol{B} = (a_{ij} b_{ij})$.

5.1.4 简单神经网络的训练

图 5.1.2 所显示的神经网络是最简单的没有隐藏层的神经网络. 后面要介绍的更复杂的神经网络就是这种简单神经网络的叠加.

训练 5.1.1 参照前面描述的步骤, 构造一个简单神经网络函数. 提示: 可以使用例 5.1 的数据, 取 logistic 函数作为激活函数. 输出残差平方和、最终的权重和对训练集的预测值 (可用输出预测值的四舍五入形式).

参考代码:

```
def simple(X,y,alpha=0.01,Iter=500):
    X=X.astype(float)
    # logit激活函数及其导数
    def Logit(x,d=False):
        if(d==True):
            return x*(1-x) #np.exp(-x)/(1+np.exp(-x))**2 #
        return 1/(1+np.exp(-x))
    np.random.seed(1010)
    #初始权重
    w = 2*np.random.random((X.shape[1],1)) - 1
    for iter in range(Iter):
    # 前向传播
        sigma_x = Logit(np.dot(X,w),False) #激活函数
        resid=y - sigma_x
        D = resid* Logit(sigma_x,True)
        w += alpha*np.dot(X.T,D) #更新权重

    #输出残差平方和及权重
    Res={'SSR': np.sum(resid**2),'weight': w,
         'fitted' :np.round(sigma_x).T.astype(int),
         'Error rate': np.mean(np.round(sigma_x)!=y)}
    return Res
```

对例 5.1 测试代码:

```
u=pd.read_csv("simple4.csv")
X=pd.get_dummies(u.drop(columns='sex'), drop_first=True)
X=np.hstack((np.ones((X.shape[0],1)),X))
y=pd.get_dummies(u.iloc[:,0], drop_first=True).to_numpy()
y=y.reshape(-1,1)

simple(X,y,Iter=300)
```

输出为:

```
{'SSR': 2.4564266816405516,
 'weight': array([[ 0.26450277],
        [ 0.01725023],
        [-0.71492765],
        [-1.03034273]]),
 'fitted': array([[0, 0, 0, 0, 1, 1, 0, 0, 1, 0, 0, 0]]),
 'Error rate': 0.16666666666666666}
```

参考代码说明

下面是对代码和前面公式符号的一些对照:

1. 函数 `Logit(x,d=False)` 给出 logistic 激活函数 $\sigma(x)=1/(1+\mathrm{e}^{-x})$ 本身 (用于前向传播, 以 x 为变元) 及其导数 (用于反向传播, 以 $\sigma(x)$ 为变元). 注意变元的不同.
2. `w = 2*np.random.random((shape[1],1))-1` 为随机的初始权重.
3. 函数变元 `alpha` 为学习率.
4. `sigma_x = Logit(np.dot(X,w),False)` 给出了 $\sigma(\boldsymbol{XW})$.
5. `resid = y - sigma_x` 给出了 $\boldsymbol{y}-\hat{\boldsymbol{y}}$.
6. `D=resid*Logit(sigma_x,True)` 为 $(\boldsymbol{y}-\hat{\boldsymbol{y}})\odot\sigma(\boldsymbol{XW})[1-\sigma(\boldsymbol{XW})]$.
7. `w += alpha*np.dot(X.T,D)` 为权重的更新 (参见式 (5.1.4)), 由于前面的`D` 没有负号, 所以这里添上后 (负负得正) 得到正号.

5.2 有一个隐藏层的神经网络及训练

简单的神经网络往往精确度不够, 这时需要更复杂的神经网络, 也就是有隐藏层的神经网络.

5.2.1 一个隐藏层的神经网络

图 5.2.1 的神经网络由输入层 (4 个节点: I1, I2, I3, I4)、一个隐藏层 (5 个节点: H1, H2, H3, H4, H5) 及输出层 (1 个节点: O) 组成. 图中最上面的是**输入层** (input layer), 中间是**隐藏层** (hidden layer), 最下面是**输出层** (output layer).

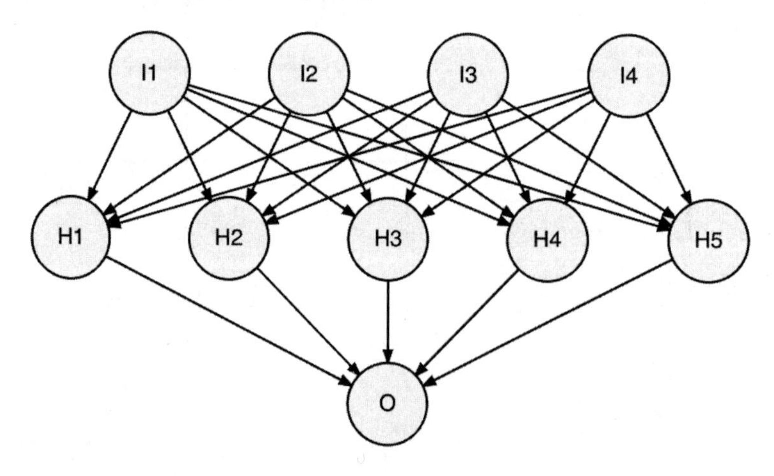

图 5.2.1 有一个隐藏层的神经网络

这种神经网络每一层的每个节点都和下面一层的每个节点连接, 称为**完全的** (complete) 神经网络. 该神经网络从输入层到隐藏层实际上是由 5 个前面介绍的简单神经网络组成的, 而从隐藏层到输出层又是一个简单的神经网络, 如图5.2.2所示.

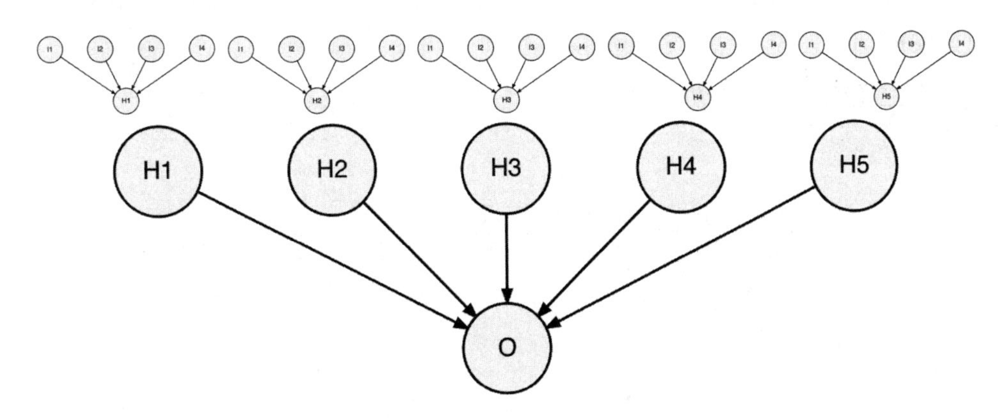

图 5.2.2 有一个隐藏层的神经网络为若干简单神经网络的组合

5.2.2 符号定义

为了方便:

- 记 L 为总层数 (包括隐藏层和输出层), 而每一层节点数为 n_ℓ ($\ell = 1, 2, \ldots, L$), 对于图5.2.1的模型, $n_1 = 4, n_2 = 5, n_3 = 1$.
- 数据自变量 $\boldsymbol{X}$ 为 $N \times K$ 维, 因变量 $\boldsymbol{y}$ 为 $N \times M$ 维, 对于图5.2.1的模型, $K = 4, M = 1$.
- 记激活函数为 $\sigma()$, 假定各个节点使用同样的激活函数.
- 记第 i ($i > 1$) 层节点的输出为 $\boldsymbol{H}^{(i)} = \sigma\left(\boldsymbol{H}^{(i-1)}\boldsymbol{W}^{(i-1)}\right)$, 定义 $\boldsymbol{H}^{(1)} = \boldsymbol{X}$, $\boldsymbol{H}^{(L)} = \hat{\boldsymbol{y}}$, 对于图5.2.1的模型, $L = 3$, 即 $\hat{\boldsymbol{y}} = \boldsymbol{H}^{(3)}$.
- 记 $\boldsymbol{Z}^{(i)} = \boldsymbol{H}^{(i-1)}\boldsymbol{W}^{(i-1)}$ ($i > 1$), 因此, $\boldsymbol{H}^{(i)} = \sigma\left(\boldsymbol{H}^{(i-1)}\boldsymbol{W}^{(i-1)}\right) = \sigma\left(\boldsymbol{Z}^{(i)}\right)$.
- 记权重矩阵排序从形成第一个隐藏层 (第 2 层) 的权重 $\boldsymbol{W}^{(1)}$ 开始, 记为 $\{\boldsymbol{W}^{(i)}\}$, 最后一个权重为 $\{\boldsymbol{W}^{(L-1)}\}$. 在需要时 (比如当 $\{\boldsymbol{X}\}$ 有常数项时), 各个权重可以包括也称为偏差 (bias) 的截距项. $\boldsymbol{W}^{(i)}$ 的维数为 $n_i \times n_{i+1}$. 这里的 n_i 和 n_{i+1} 为该层和下一层的节点数. 对于图5.2.1的模型, 有 $\boldsymbol{W}^{(1)}$ 的维数为 4×5, $\boldsymbol{W}^{(2)}$ 的维数为 5×1.

5.2.3 前向传播

考虑图5.2.1的有一个隐藏层的模型.

1. 从输入层到隐藏层的传播:

$$\boldsymbol{H}^{(2)} = \sigma\left(\boldsymbol{Z}^{(2)}\right) = \sigma\left(\boldsymbol{H}^{(1)}\boldsymbol{W}^{(1)}\right) = \sigma\left(\boldsymbol{X}\boldsymbol{W}^{(1)}\right).$$

2. 从隐藏层到输出层的传播:

$$\hat{\boldsymbol{y}} = \boldsymbol{H}^{(3)} = \sigma\left(\boldsymbol{Z}^{(3)}\right) = \sigma\left(\boldsymbol{H}^{(2)}\boldsymbol{W}^{(2)}\right).$$

因此, 从输入层到输出层的前向传播为:

$$\hat{\boldsymbol{y}} = \boldsymbol{H}^{(3)} = \sigma\left(\boldsymbol{Z}^{(3)}\right) = \sigma\left(\boldsymbol{H}^{(2)}\boldsymbol{W}^{(2)}\right) = \sigma\left[\sigma\left(\boldsymbol{Z}^{(2)}\right)\boldsymbol{W}^{(2)}\right] = \sigma\left[\sigma\left(\boldsymbol{X}\boldsymbol{W}^{(1)}\right)\boldsymbol{W}^{(2)}\right]. \tag{5.2.1}$$

5.2.4 反向传播

这里需要一个损失函数, 假定为平方损失, 即 $C(\boldsymbol{y},\hat{\boldsymbol{y}})=\|\boldsymbol{y}-\hat{\boldsymbol{y}}\|^2$. 回顾对作为复合函数的损失函数对 $\boldsymbol{W}^{(2)}$ 和 $\boldsymbol{W}^{(1)}$ 分别做偏导数的链原理, 我们得到损失函数对各个阶段权重的导数 (梯度)(下面符号中的 $\dot{\sigma}(\boldsymbol{Z})=\partial\sigma(\boldsymbol{Z})/\partial\boldsymbol{Z}$):

$$\nabla_2=\frac{\partial C(\boldsymbol{y},\hat{\boldsymbol{y}})}{\partial \boldsymbol{W}^{(2)}}=\frac{\partial C(\boldsymbol{y},\hat{\boldsymbol{y}})}{\partial \hat{\boldsymbol{y}}}\frac{\partial\sigma\left(\boldsymbol{Z}^{(3)}\right)}{\partial\boldsymbol{Z}^{(3)}}\frac{\partial\boldsymbol{H}^{(2)}\boldsymbol{W}^{(2)}}{\partial\boldsymbol{W}^{(2)}}=-2(H^{(2)})^\top\left[(\boldsymbol{y}-\hat{\boldsymbol{y}})\odot\dot{\sigma}(\boldsymbol{Z}^{(3)})\right]; \tag{5.2.2}$$

$$\begin{aligned}\nabla_1=\frac{\partial C(\boldsymbol{y},\hat{\boldsymbol{y}})}{\partial \boldsymbol{W}^{(1)}}&=\frac{\partial C(\boldsymbol{y},\hat{\boldsymbol{y}})}{\partial \hat{\boldsymbol{y}}}\frac{\partial\sigma\left(\boldsymbol{Z}^{(3)}\right)}{\partial\boldsymbol{Z}^{(3)}}\frac{\partial\sigma\left(\boldsymbol{Z}^{(2)}\right)}{\partial\boldsymbol{Z}^{(2)}}\boldsymbol{W}^{(2)}\frac{\partial\boldsymbol{X}\boldsymbol{W}^{(1)}}{\partial\boldsymbol{W}^{(1)}}\\&=-2\boldsymbol{X}^\top\left(\left\{\left[(\boldsymbol{y}-\hat{\boldsymbol{y}})\odot\dot{\sigma}(\boldsymbol{Z}^{(3)})\right](\boldsymbol{W}^{(2)})^\top\right\}\odot\dot{\sigma}\left(\boldsymbol{Z}^{(2)}\right)\right).\end{aligned} \tag{5.2.3}$$

并据此进行权重修正:

$$\begin{aligned}\boldsymbol{W}^{(2)}_{new}&=\boldsymbol{W}^{(2)}_{old}-\alpha\nabla_2;\\\boldsymbol{W}^{(1)}_{new}&=\boldsymbol{W}^{(1)}_{old}-\alpha\nabla_1.\end{aligned} \tag{5.2.4}$$

没有激活函数, 神经网络就和线性模型差不多, 在没有隐藏层的神经网络的输出层中, 一定要有激活函数. 因此, 在训练无隐藏层神经网络时对因变量的数据可能需要进行变换, 以适应激活函数的值域. 但是对于具有隐藏层的神经网络, 只要输出层之前的各层有激活函数, 输出层就可以不用激活函数 (所谓线性输出), 这时对因变量就不必进行变换了.

5.2.5 一个隐藏层神经网络训练

训练 5.2.1 根据上面的步骤, 写出有一个包含 5 个节点的隐藏层的神经网络函数. 提示: 可使用例 5.1 的数据, 类似于训练 5.1.1. 输出各种希望获知的结果, 比如, 最终的权重和对训练集的预测值.

参考代码:

```
def OneHidden(X,y,hsize=5,alpha=0.05,Iter=5000):
    X=X.astype(float)
    def Logit(x,d=False):
        if(d==True):
            return x*(1-x) #np.exp(-x)/(1+np.exp(-x))**2 #
        return 1/(1+np.exp(-x))

    np.random.seed(1010)
    w1 = np.random.random((X.shape[1],hsize))
    w2 = np.random.random((hsize,1))

    for j in range(Iter):
        h2 = Logit(np.dot(X,w1),False)
        h3 = Logit(np.dot(h2,w2),False)
        D_2 = (y - h3) * Logit(h3,True)
```

```
        D_1 = D_2.dot(w2.T)* Logit(h2,True)
        w2 += alpha*h2.T.dot(D_2) #更新权重
        w1 += alpha*X.T.dot(D_1) #更新权重

    #输出
    def accu():
        yhat=[]
        for s in h3:
            if s>0.5: yhat.append(1)
            else: yhat.append(0)
        return (yhat,np.mean(yhat==y.flatten()))
    yhat,r=accu()
    Res={'Output': h3.flatten(),'fitted': yhat,'error_rate': 1-r,
        'weight1': w1,'weight2':w2}
    return Res
```

对例 5.1 测试代码:

```
u=pd.read_csv("simple4.csv")
X=pd.get_dummies(u.drop(columns='sex'), drop_first=True)
X=np.hstack((np.ones((X.shape[0],1)),X))
y=pd.get_dummies(u.iloc[:,0], drop_first=True).to_numpy()
y=y.reshape(-1,1)

res=OneHidden(X,y,Iter=1000)
res
```

输出为:

```
{'Output': array([0.46977375, 0.28449213, 0.26376172, 0.15458788, 0.79147511,
       0.60711801, 0.46977375, 0.15458788, 0.79147511, 0.28449213,
       0.15568015, 0.26376172]),
 'fitted': [0, 0, 0, 0, 1, 1, 0, 0, 1, 0, 0, 0],
 'error_rate': 0.16666666666666663,
 'weight1': array([[ 0.42697638,  0.22389956, -0.6354415 ,  0.19021124,  0.40517459],
        [ 0.33342802,  0.8716263 , -0.73719112,  0.46407604,  0.46210399],
        [ 0.27112125,  0.33161252,  2.21540408,  0.20646635,  0.72430436],
        [ 0.19040875, -0.75321326,  3.18213993,  0.37065047,  0.2861642 ]]),
 'weight2': array([[ 0.43358699],
        [ 1.63058039],
        [-3.28771615],
        [ 0.37758495],
        [ 0.3333709 ]])}
```

参考代码说明

下面是对代码和前面公式符号的一些对照:

1. 函数变元中的`hsize`为隐藏层节点个数,`alpha`为学习率,`Iter`为最多迭代次数.
2. 和前面一样,`Logit(x,d=False)`给出 logistic 激活函数 $\sigma(x)=1/(1+\mathrm{e}^{-x})$ 本身(用于前向传播,以 x 为变元)及其导数(用于反向传播,以 $\sigma(x)$ 为变元). 注意变元的不同.
3. `w1 = np.random.random((X.shape[1],hsize))` 为 $\boldsymbol{W}^{(1)}$ 的随机的初始权重.
4. `w2 = np.random.random((hsize,1))` 为 $\boldsymbol{W}^{(2)}$ 的随机的初始权重.
5. `h2 = Logit(np.dot(X,w1),False)` 计算 $\boldsymbol{H}^{(2)}=\sigma\left(\boldsymbol{H}^{(1)}\boldsymbol{W}^{(1)}\right)=\sigma\left(\boldsymbol{X}\boldsymbol{W}^{(1)}\right)$.
6. `h3 = Logit(np.dot(h2,w2),False)` 计算 $\boldsymbol{H}^{(3)}=\sigma\left(\boldsymbol{H}^{(2)}\boldsymbol{W}^{(1)}\right)$.
7. `D_2 = (y - h3) * Logit(h3,True)` 计算 ∇_2 的 $(\boldsymbol{y}-\hat{\boldsymbol{y}})\odot\dot{\sigma}(\boldsymbol{Z}^{(3)})$ 部分,之所以只计算这一部分,是因为在求 ∇_1 时有这一因子的重复.
8. `D_1 = D_2.dot(w2.T)* Logit(h2,True)` 计算 ∇_1 的 $(\boldsymbol{y}-\hat{\boldsymbol{y}})\odot\dot{\sigma}(\boldsymbol{Z}^{(3)})(\boldsymbol{W}^{(2)})^\top\odot\dot{\sigma}(\boldsymbol{Z}^{(2)})$ 部分(代码中利用了`D_2`的结果).
9. `w2 += alpha* h2.T.dot(D_2)` 相当于 $\boldsymbol{W}_{new}^{(2)}=\boldsymbol{W}_{old}^{(2)}-\alpha\nabla_2$,这里左乘 $(\boldsymbol{H}^{(2)})^\top$ 补齐了 ∇_2 (注意负负得正及添加学习率 α 并忽略了(关于 ∇_2) 公式 (5.2.2) 中前的乘数 2).
10. `w1 += alpha* X.T.dot(D_1)` 相当于 $\boldsymbol{W}_{new}^{(1)}=\boldsymbol{W}_{old}^{(1)}-\alpha\nabla_1$,这里左乘 $\boldsymbol{X}^\top=(\boldsymbol{H}^{(1)})^\top$ 补齐了 ∇_1 (注意负负得正及添加学习率 α 并忽略了(关于 ∇_1) 公式 (5.2.3) 前的乘数 2).
11. 函数`accu()`是根据 0.5 的阈值把输出转换成 0 和 1 的函数.

训练 5.2.2 写出根据训练 5.2.1 的结果对新数据做预测的函数. 提示: 可利用例 5.1 的数据,完全重复训练 5.2.1 的前向传播通过权重得到结果.

参考代码:

```
def Predict(res, X_new):
    def Logit(x,d=False):
        if(d==True):
            return x*(1-x) #np.exp(-x)/(1+np.exp(-x))**2 #
        return 1/(1+np.exp(-x))
    L_1 = Logit(np.dot(X_new, res['weight1']) )
    pred=np.round(Logit(np.dot(L_1, res['weight2']) ))
    return pred
```

试验该函数:

```
X_new=np.array([[1., 1., 0., 0.],
        [1., 1., 1., 0.]])
Predict(res,X_new)
```

输出为:

```
array([[1.],
       [0.]])
```

训练 5.2.3　把训练 5.2.1 的函数写成一个 class. 提示: 几乎重复训练 5.2.1 的代码, 可使用例 5.1 的数据验证各种结果.

参考代码:

```
class OneHNet:
    def __init__(self, rate=.05,hsize=5):
        self.hsize = hsize
        self.rate = rate
    def Logit(self, x, d=False):
        if(d==True):
            return x*(1-x) #np.exp(-x)/(1+np.exp(-x))**2 #
        return 1/(1+np.exp(-x))
    def predict(self, InputV):
        self.h2 = self.Logit(np.dot(InputV,self.w1),False)
        h3 = self.Logit(np.dot(self.h2,self.w2),False)
        return h3
    def backward(self, InputV, h3,Target):
        D_2 = (Target - h3) * Logit(h3,True)
        D_1 = D_2.dot(self.w2.T)* Logit(self.h2,True)
        self.w2 += self.rate*h2.T.dot(D_2) #更新权重
        self.w1 += self.rate*X.T.dot(D_1) #更新权重
        return w1,w2
    def train(self, InputV, Target, Iter=3000):
        self.w1 = np.random.random((InputV.shape[1],self.hsize))
        self.w2 = np.random.random((self.hsize,Target.shape[1]))
        self.X=InputV
        Error=[]
        for iter in range(Iter):
            yhat=self.predict(self.X)
            self.w1,self.w2=self.backward(self.X, yhat,Target)
            Error.append((np.square(Target-yhat)).sum())
        Error=np.sum(Error)
        return Error
```

试验上面的代码:

```
Mynet=OneHNet(.05,5)
np.random.seed(8)
Error=Mynet.train(X,y,500)
Pred=np.round(Mynet.predict(X))
New_Pred=Mynet.predict(X_new)
print(f"Training MSE ={Error/500/y.shape[0]}, \
     \nNumber of misclassification in training set ={np.sum(Pred!=y)},\
     \nPrediction for new data:\n {np.round(New_Pred)}")
```

输出为:

```
Training MSE =0.04829095653898327,
Number of misclassification in training set =1,
Prediction for new data:
 [[1.]
 [0.]]
```

第二部分

Python 基本参考

第 6 章　一些预备知识

6.1　下载及安装 Python

可以从不同的平台下载、安装和使用 Python. 根据笔者的经验, 这方面最好的老师是网络, 每种操作系统都有一些最适合的方式, 而且会随着操作系统和平台的更新而不断变化. 笔者觉得对于初学者最方便的平台是 Anaconda. 只要登录网页`https://www.continuum.io/downloads`, 就知道如何在各种操作系统 (Windows, macOS 及 Linux) 安装 Anaconda. 本书使用 Python 3.x 版本, 可以选 64 位和 32 位. 安装之后, 一些最基本的模块, 比如 numpy, pandas, matplotlib, IPython, scipy 就都一并安装了. 此后, 可以各种方式使用 Python, 比如通过 Jupyter Notebook, IPython, Spyder 等界面来运行. 从运算来说, 各种界面没有区别, 但每个人的习惯不同, 会有不同偏好.

笔者常用的界面是 Jupyter Notebook, 它对于初学者来说更加方便, 因为它把每一步程序及结果都自动记录下来, 并且像纸质笔记本一样可以加入各种标题、文字内容、公式及表格, 还可以各种格式输出或打印. Spyder 为交互式的界面, 提供了若干窗口分别编写程序文件、交互式输入代码及输出结果的 Console, 还提供帮助窗口, 等等, 这是其优点, 只是除了文件编写窗口, Spyder 不记录敲入的结果.

另外要注意, 诸如 Windows 和 Mac 的 OS 系统等都在不断升级, Anaconda 也在改变, 同时 Python 及各个模块还在不断升级, 本书所说的具体操作和代码会随之变化. 相信读者能不断适应这些变化, 与时俱进.

6.2　Anaconda 的几种界面

6.2.1 使用 Notebook

安装完 Anaconda 之后, 就可以运行 Notebook 了. 在 Windows 下打开 Notebook 有两种方法:

(1) 在 `CMD` 窗口 (即终端) 进入你的程序文件所在的目录. 如果还没有程序文件, 就事先生成一个新目录, 假定是 `D` 盘的 `D:/Python Work` 文件夹. 这样, 在 `CMD` 界面中敲入 `D:`, 回车后就到了 `D` 盘, 然后键入 `cd Python Work` 即可到达你的工作目录; 再键入 `jupyter notebook`, 则在默认浏览器产生一个工作界面 (称为 “Home”). 如果已经有文件, 则会有书本图标开头的列表, 文件名以 `.ipynb` 为扩展名. 如果没有现成的, 可建立新的文件, 点击右上角的 `New` 并选择 `Python3` (如果你使用 Python 3.x 的话), 则产生一个没有名字的 (默认是 Untitled) 以 `.ipynb` 为扩展名的文件 (自动存在你的工作目录中) 的页面, 文件名字可以随时任意更改.

(2) 在电脑的程序列表中寻找 Anaconda3, 点击后在子目录中找到 Jupyter Notebook, 点击即可得到默认浏览器产生的工作界面.

在文件页中会出现 In [ ]: 标记, 可以在此输入代码, 然后得到的结果就出现在代码 (代码所在的部位称为 "cell") 下面的地方. 一个 cell 中可有一群代码, 可以在其上下增加 cell, 也可以合并或拆分 cell, 相信读者很快就能掌握这些小技巧.

此外, 每个 cell 都可以转换成文本编辑器, 插入各种内容. 在文本 cell 框和代码 cell 框之间切换很容易, 比如用快捷键, 在点击左边出现蓝边条之后, 敲入 "m'' 即可转换为文本输入, 在左边敲入 "y'' 则转换成代码输入. 要寻找各种快捷键可点击 Jupyter 的帮助菜单 (Help-Keyboard Shortcuts). 快捷键很有用, 比如, 在 cell 左边有蓝边条的情况, 点击 "b" (below) 在下面产生一个空白 cell, 而点击 "a"(above) 则在上面产生一个空白 cell, 点击 "x'' 会删除当前 cell.

Mac 机的 OS 系统可以用 terminal 进入 Python 界面, 如同在 Windows 一样, 先用类似于 cd Python Work 的命令进入工作目录, 然后用 jupyter notebook 进入 Anaconda. OS 的 Anaconda 和 Windows 的没有多少区别. 在 Mac 机里面也可以在应用程序中寻找并点击 Anaconda-Navigator 的相应图标进入各种界面.

作为简单的训练, 你可以键入下面的代码:

```
3*'Python is easy! '
```

用 Ctrl+Enter(不会产生新的 cell) 或者 Shift+Enter(这会把光标移到下面的 cell, 如果下面没有 cell 则新产生一个输入代码的 cell) 就得到下面的输出:

```
'Python is easy! Python is easy! Python is easy! '
```

实际上前面一行代码等价于 print(3*'Python is easy !')(在 Python2 中, 打印内容不一定非得放在圆括号中, 而 Python3 必须把打印内容放在圆括号中). 在一个 cell 中, 如果有可以输出的几条语句, 则只输出有 print 的行及最后一行代码可输出的结果 (无论有没有函数 print).

在 Python 中, 也可以一行输入几个简单 (不分行的) 命令, 用分号分隔. 要注意, Python 和 R 的代码一样是分大小写的. Python 与 R 的注释一样, 在 # 号后面的符号不会被当成代码执行.

Python 最简单的数值计算为计算器式的四则计算, 比如:

```
abs(3*4+(-2/5)**2)/(4.5-76)+max(-34,9)
```

得到结果输出 (8.82993006993007).

当前工作目录是在存取文件、输入输出模块时只敲入文件或模块名称而不用敲入路径的目录. 查看目前的工作目录和改变工作目录的代码为:

```
import os
print(os.getcwd()) #查看目前的工作目录
os.chdir('D:/Python work') #改变工作目录
```

6.2.2 使用 Spyder

在程序中寻找 Anaconda3, 点击后在子目录中找到 Spyder, 点击即可得到界面 (见图 6.2.1). 图 6.2.1 中的界面是默认界面, 可以改变其界面的布局、打开窗口的数目和大小, 左侧是编辑 py 文件的编辑器, 右下窗口是输入代码及得到输出结果的交互式 Console 界面, 右上窗口可以查询帮助或做其他用途.

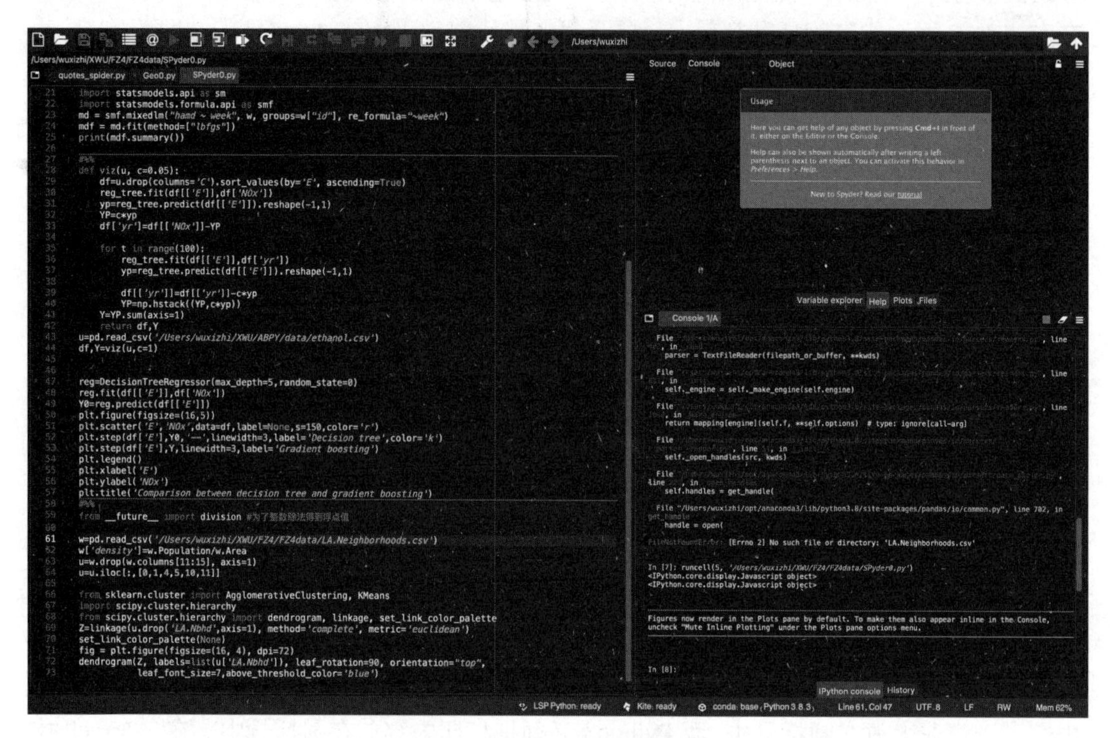

图 6.2.1 Spyder 界面

在 Mac 机中, 只要打开 terminal 并键入 `spyder` 即可进入 Spyder 界面, 也可以在应用程序中寻找并点击程序 Anaconda, 并在其子目录中点击 Spyder 进入, 其余和 Windows 类似.

6.2.3 使用 IPython 或者终端界面

IPython 是一个交互式 Console 界面, 和 Spyder 的 Console 界面等价. 在程序中寻找 Anaconda3, 点击后在子目录中找到 IPython 点击即可进入界面.

也可以直接用终端 (比如 Windows 中的 CMD 界面或 Mac 中的 terminal 界面), 输入 "python'' 或 "python3" (依设定的命令) 直接使用. 但在 IPython 中, 每一个命令, 包括 Python 一些群命令的缩进等, 都要手动输入, 不太方便.

6.3 下载并安装所需模块

使用 Python 和使用其他诸如 R 那样的开源软件一样, 往往需要下载一些模块或程序包, 这一般可以在终端下载, 比如要输入模块 `graphviz`, 就可以在终端键入:

```
conda install graphviz
```

或者

```
pip install graphviz
```

这一般可以达到目的,但也会有无法安装的问题,此时最好到网上搜索,一般会找到答案.

Python 有很多模块,在进行数据处理时最常用的几个模块 (以常用的缩写名) 的输入命令为:

```
import numpy as np
import pandas as pd
import matplotlib.pyplot as plt
import seaborn as sns
import os
```

这些模块可通过其缩写来引用,比如可输入下面的代码,全部用缩写引用上面模块的函数,得到图 6.3.1.

```
x = np.linspace(0, 2*np.pi, 400)
y = np.sin(x**2.5)
fig, axes = plt.subplots(nrows=1, ncols=3,figsize=(18,5))
ax = fig.add_subplot(131)
plt.plot(x,y)
ax = fig.add_subplot(132)
sns.histplot(np.random.normal(20,10,size=500), kde=True)
df = pd.DataFrame({'lab':['A', 'B', 'C'], 'val':[10, 30, 20]})
df.plot.bar(x='lab', y='val', rot=0,ax=axes[2])
```

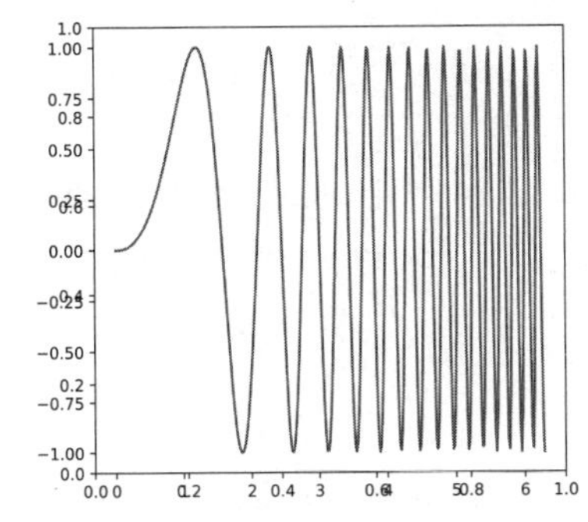
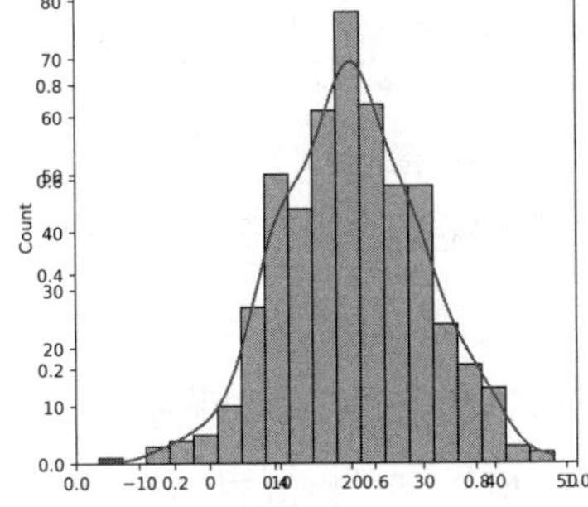

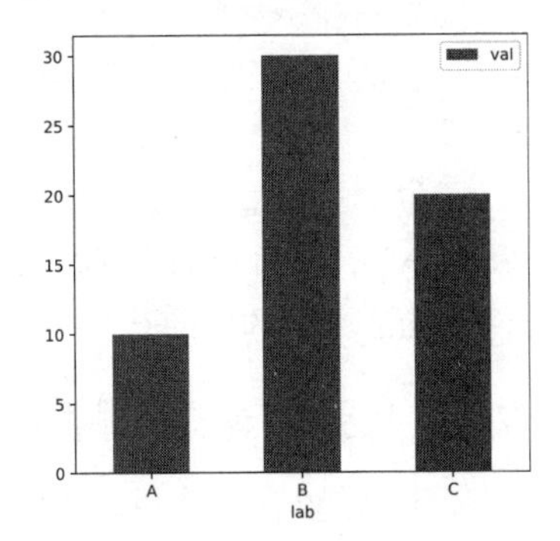

图 6.3.1 用各种模块画图示意

在终端 (或 Windows 中的 Anaconda 提示) 可利用代码 `pip install pyforest` (或 `pip install --upgrade pyforest`) 下载 `pyforest`. 在此之后重新启动 Jupyter 界面,此时不用 “`import`” 语句也能执行缩写模块命令.

第 7 章　Python 基本函数

7.1　一些基本常识

Python 的基本函数在任何时候都是可以运行的, 而有些模块的函数, 必须在输入那些模块之后才可以运行. 虽然也会使用其他模块, 但本章主要使用基本模块的函数.

7.1.1 利用 os 模块获得及改变你的工作目录

为了输入输出的方便, 要查看自己的工作目录, 这时需要使用 os 模块中的 getcwd() 函数:

```
import os
os.getcwd()
```

这就会得到目前的路径, 在这个路径下存取文件不用另外输入路径. 由于 getcwd() 函数不属于基本模块, 前面必须加上 os 而成为 os.getcwd(). 如果使用带有星号 ("*") 的语句 from os import * (这意味着 os 中的所有函数都放入了内存) 或者使用指明函数 (这里是函数 getcwd) 语句 from os import getcwd (这意味着 os 中的 getcwd 放入了内存), 则可以直接使用 getcwd(). 但在有很多来自不同模块的函数时, 如果没有注明函数的来源, 人们可能会对这些函数来自哪个模块产生混淆.

如果要改变你目前的工作目录 (比如到 'D:/work'), 则可以用下面的语句:

```
import os
os.chdir('D:/work') #或者os.chdir('D:\\work')
```

命令可以直接在交互式 console 界面输入, 也可以写在以 ".py'' 结尾的文件中 (比如 "test.py"), 然后用命令 (如果该文件在工作目录, 则不用写路径) import test 来执行文件 (test.py) 中的所有代码.

7.1.2 目录的建立和删除, 文件的重命名和删除

下面是 (在工作目录中) 建立新目录、删除已有目录或文件及对文件重命名的例子:

1. 建立新目录.

   ```
   import os
   os.mkdir('work2')
   ```

2. 删除目录 (目录必须是空的):

```
import os
os.rmdir('work2')
```

3. 对文件重命名和删除文件:

```
import os
os.rename('fff.txt','fool.txt') #重命名
os.remove('h.txt')              #删除文件
```

7.2 数组 (str, list, tuple, dict) 及相关的函数和运算

下面是一些数组: str (字符串)、list (列表)、tuple (多元组)、dict (字典)、set (集合), 它们是一些基本的 Python 对象. 至于类似于其他语言中诸如多维数组那样的可以进行代数运算的纯粹数量型数组将在后面 (比如介绍 numpy 模块时) 介绍. 下面先对这些基本 Python 数组做初步介绍, 后面会对一些细节做说明.

1. str 是最简单的数组, 有许多方式来应用及显示, 比如:

```
ST='I am happy and you too'
print('length =',len(ST),'\n',ST[5:10],'\n',(ST+'! ')*2)
```

注意下标、加号 “+” 和乘号 “*” 在字符串中的连接和重复功能. 输出为:

```
length = 22
 happy
 I am happy and you too! I am happy and you too!
```

2. list 是数据组, 它和 R 软件中的 list 类似, 其元素几乎可以是任何对象, 包括数值、数组、字符、公式、模型、list 等等. 一个 list 直观上显示为由方括号所包含的元素, 比如:

```
x=[list(range(5)),"Python is great!",["Program is art"],abs(-2.34),
   [[1,20],[-34,60]]]
```

3. tuple 和 list 类似, 是用圆括号包含元素表示的数组, 两者的一个主要区别在于 tuple 不能增减或更改其元素. 和上面的 list 有同样元素的 tuple 例子为:

```
y=(list(range(5)),"Python is great!",["Program is art"],abs(-2.34),
   [[1,20],[-34,60]])
```

tuple 也可以采用以下方式 (不用圆括号) 输入:

```
Tup=3,4,6,[2,3],"Time"
```

4. dict 是和字典一样的带有名字的用花括号包含元素的数组, 名字有索引的作用, 和上面的 list 及 tuple 有相同元素 (但添加了名字) 的 dict 数组可以表示为:

```
z={'seq': list(range(5)), 'string': "Python is great!",
    'ls': ["Program is art"], 'value': abs(-2.34),
    'mat':  [[1,20],[-34,60]]}
```

上面的 z 也可以通过把名字 (相当于 z.keys()) 和值 (z.values()) “拉链” (使用函数 zip) 到一起来形成:

```
z=dict(zip(['seq', 'string', 'ls', 'value', 'mat'],
     [[0, 1, 2, 3, 4], 'Python is great!',
      ['Program is art'], 2.34, [[1, 20], [-34, 60]]]))
```

5. set 和数学中的集合类似, 给出无序而又不重复的数组元素, 比如:

```
s1='A great person'
s2=['you', 'I', 'they','we','you','he','they']
s3=(32,64,32,'He is the one',(2,3))
s4={'One': 234, 'Two': 45,'Three': 45}
print(set(s1),'\n',set(s2),'\n',set(s3),'\n',set(s4))
```

输出为:

```
{' ', 'e', 'a', 'A', 't', 'p', 'r', 'o', 'n', 's', 'g'}
 {'I', 'we', 'they', 'he', 'you'}
 {32, 'He is the one', 64, (2, 3)}
 {'Three', 'Two', 'One'}
```

可以用函数 type 得到数组及其他对象的类型, 输入下面的代码可以得到上述三种数组及字符串、浮点数、整数的类型:

```
print(type(x),type(y),type(z),'\n',type('string'),type(3.5),type(7))
```

输出为:

```
<class 'float'> <class 'int'> <class 'dict'>
 <class 'str'> <class 'float'> <class 'int'>
```

7.2.1 数组元素及下标

数组元素有多种显示方法, 比如, str、list 和 tuple 可以用表示元素位置的下标显示, 而 dict 可以用名字显示, 这些下标或名字置于方括号中. 比如利用前面赋值的对象 x, y, z, 输入代码:

```
print(x[2:],'\n',y[-4:],'\n',z['mat'])
```

得到:

```
[['Program is art'], 2.34, [[1, 20], [-34, 60]]]
('Python is great!', ['Program is art'], 2.34, [[1, 20], [-34, 60]])
[[1, 20], [-34, 60]]
```

注意, 在 Python 中用整数表示的下标都是以 0 开始的. 熟悉某些软件 (比如 R) 的一些人可能会不习惯 Python 的下标从 0 开始 (第 0 个元素), 而且 Python 下标区间都是半开区间 (右边是开区间), 比如: `x[:3]` 代表 x 的第 0, 1, 2 等三个元素; `x[7:]` 代表 x 的第 7 个 (包含第 7 个) 以后的元素; `x[3:6]` 代表 x 的第 3, 4, 5 个 (不包含第 6 个) 元素; `x[:]` 代表 x 的所有元素 (和 x 一样). 例如, 输入下面的代码:

```
x=list(range(10))#=[0, 1, 2, 3, 4, 5, 6, 7, 8, 9]
print(x[:3],x[7:],x[3:6],x[-3:],x[-1],x[:-4])
```

输出为:

```
[0, 1, 2] [7, 8, 9] [3, 4, 5] [7, 8, 9] 9 [0, 1, 2, 3, 4, 5]
```

注意: 下标 `[-1]` 表示最后一个, `[-3:]` 表示从倒数第 3 个开始往后的所有元素, `[:-4]` 表示从倒数第 4 个开始 (不包括倒数第 4 个) 往前的所有元素.

使用从 0 开始的下标以及半开区间有方便的地方, 比如下标 `[:3]` 实际上是 `0,1,2`, 类似地, `[3:7]` 是 `3,4,5,6`, 这样, `[:3]`, `[3:7]`, `[7:10]` 首尾相接实际上覆盖了从 0 到 9 的所有下标, 而在 R 中, 这种下标必须写成 `[1:2]`, `[3:6]`, `[7:10]`, 由于是闭区间, 中间的端点不能重合. 请试运行下面的语句, 由一些首尾相接的下标区间得到完整的下标群:

```
x='A poet can survive everything but a misprint.'
x[:10]+x[10:20]+x[20:30]+x[30:40]+x[40:]
```

得到完整的句子:

```
'A poet can survive everything but a misprint.'
```

如果对象的元素本身有多个元素, 也可以用复合下标来表示感兴趣的部分 (这一点和 R 类似). 比如:

```
x=[[1,15,3],[['People'],' above all']]
y=("Good morning",[2,5,-1])
z={'a': 'A string', 'b': [[2,3],'yes'],'c':{'A': [3,'Three',4],'B':range(5)}}
print(x[0][:2],x[1][1][:3],'\n',y[0][:3],'\n', z['c']['B'][-3:],'\n',z['b'][1][1:] )
```

输出为:

```
[1, 15] ab
 Goo
 range(2, 5)
 es
```

显然 list 和 tuple 的下标为整数型, 而 dict 的下标使用标识的名字.

7.2.2 数组元素及简单循环语句

请看下面的例子 (重新定义 x):

```
x=[[2,3],("I", 'am', 'OK'),{'a': 'treatment','b': (45.5,6)}]
for i in x:
    print(i)
    for j in i:
        if type(i)==dict:
            print(i[j])
        else:
                print(j)
```

输出为:

```
[2, 3]
2
3
('I', 'am', 'OK')
I
am
OK
{'a': 'treatment', 'b': (45.5, 6)}
treatment
(45.5, 6)
```

其中每个 `i` 代表 `x` 的一个元素, 而 `j` 代表相应的 `i` 中的元素. 对于上面的语句, 把 list 类型的 `x` 换成 tuple 类型的 `y=tuple(x)` 可以得到类似的结果. 上面的代码可以换成下面等价的部分使用整数下标 (除了 dict 之外) 的代码 (输出相同):

```
for i in range(len(x)):
    print(x[i])
    if type(x[i])==dict:
        for j in x[i]:
            print(x[i][j])
    else:
        for j in range(len(x[i])):
            print(x[i][j])
```

注意, 这里的函数 `range` 是个很常用的产生序列数值的函数 (有些类似于 R 的 `seq` 函数), 变元可以是 1 个整数 `n` (为从 0 开始到 `n-1` 间隔为 1 的自然数列)、2 个整数 `(n,p)` (为从 `n` 开始, 到 `p-1` 的自然数列)、3 个整数 `(n,p,r)` (为从 `n` 开始, 到 `p-1` 的间隔为 `r` 的自然数列). 因此, `range(5)` 和 `range(0,5)` 及 `range(0,5,1)` 是等价的. 请运行下面的代码并查看结果:

```
print(list(range(-1,11,2)), list(range(2,7)), list(range(10,-10,-3)))
```

从上面的 x 中的 dict 元素的打印部分可以看出, 由于 dict 的下标不能是整数, 只能是作为标识的名字, 循环语句也不同, 多了一个条件语句 (`if type(i)==dict:`). 下面是一个例子:

```
z={'First': ("score","34"),'Second': ('final','B')}
for i in z:
    print('name=',i,', content=',z[i])
```

输出为:

```
name= First , content= ('score', '34')
name= Second , content= ('final', 'B')
```

读者可能注意到, 前面代码需要循环或某条件 (冒号 ":") 后面的批处理部分必须缩进 (这里是 4 个空格, 所有的缩进必须统一). 比如开头为 `for`、`while`、`if`、`elseif`、`else` 等的循环语句, 如果后面批处理部分不在同一行, 在冒号后需要缩进, 在函数或类的定义中也需要这种缩进. 在某些语言中用括号 (比如 R 中用花括号) 表示这种批处理环境.

循环语句中, 可以同时提取多个对象的元素, 比如, 把如下代码定义的 `u` 和 `v` 结合成一个 tuple `(u,v)` 再输出元素的值:

```
u=["Pi",("No", 'War')]
v=[(3,4.2),["Age",100]]
for (i,j) in (u,v):
    print(i,j)
    for l in i:
        print(l)
    for m in j:
        print(m)
```

输出为:

```
Pi ('No', 'War')
P
i
No
War
(3, 4.2) ['Age', 100]
3
4.2
Age
100
```

前面的某些循环语句也有简单的形式，输入下面的语句：

```
[print(x,y) for x,y in (u,v)]
```

输出为：

```
Pi ('No', 'War')
(3, 4.2) ['Age', 100]
```

在关于数组的循环语句中可以既包含序号又包含数组元素：

```
x=[[2,3],("I", 'am', 'OK'),{'a': 'treatment','b': (45.5,6)}]
for k,i in enumerate(x):
    print(k,i)
```

输出为：

```
0 [2, 3]
1 ('I', 'am', 'OK')
2 {'a': 'treatment', 'b': (45.5, 6)}
```

这等价于语句：

```
x=[[2,3],("I", 'am', 'OK'),{'a': 'treatment','b': (45.5,6)}]
k=0
for i in x:
    print(k,i)
    k+=1
```

前面已经看到过类似于下面的字符串的简单运算：

```
'I'+' have to say:'+' "You are '+ 'very '*2 + 'good!"'
```

输出为：

```
'I have to say: "You are very very good!"'
```

数组 list 和 tuple 也有类似运算：

```
print(['Hi!'] * 2+['I am']+['here']+["Isn't It"])
print(('Tiger','Lion')*2+('Wolf','Cat')+([1,-3.9],'Good'))
```

输出为：

```
['Hi!', 'Hi!', 'I am', 'here', "Isn't It"]
('Tiger', 'Lion', 'Tiger', 'Lion', 'Wolf', 'Cat', [1, -3.9], 'Good')
```

对于 list 利用 lambda 函数 (简单形式的函数) 及 `functool` 中做顺序运算的 `reduce` 函数, 还可以更简单些:

```
from functools import reduce
reduce(lambda a, b: a + b, ['I ',"am ","OK" ])
```

输出为:

```
'I am OK'
```

7.2.3 一些和数组及字符串有关的函数和方法

`len` 可以显示长度

下面的代码显示了定义的字符串、list、tuple、dict 的长度:

```
s='Good morning!'
x=[[1, 15, 3], [['People'], ' above all']]
y=('Good morning', [2, 5, -1])
z={'a': 'A string', 'b': [[2, 3], 'yes'],
   'c': {'A': [3, 'Three', 4], 'B': range(0, 5)}}

print(len(s),len(x),len(y),len(z))
```

输出得到各个对象的长度分别为 13、2、2、3.

显示是否包含某元素

运行下面的代码:

```
print(['People'] in x, ['People'] in x[1], 'Good' in s)
print('Good morning' in y, 'A string' in z, 'a' in z)
```

输出为:

```
False True True
True False True
```

结果的意义一目了然.

当然还有一些其他的运算, 比如:

```
print(max('A', 'black', 'rose'),max([1,-5]), min(['people','leader']),
      min({"a":2,"b":4}))
```

输出为:

```
rose 1 leader a
```

需要注意, 上面的最大值、最小值只能在同种元素中产生.

7.2.4 list 中元素增减所用的函数

(1) **用函数** append **给一个** list **增加一个元素**, 可执行下面的代码:

```
x=[[3,7],'Oscar Wilde']
y=['save','the world',['is','impossible']]
x.append(y);print(x)
```

输出为:

```
[[3, 7], 'Oscar Wilde', ['save', 'the world', ['is', 'impossible']]]
```

显然, 这里的 x.append(y) 是把 list y 整体作为一个元素加入 x.

(2) **用函数** extend **在一个** list **中加入其他** list **的元素**, 可执行下面的代码:

```
x=[[3,5,7],'Oscar Wilde']
y=['save','the world',['is','impossible']]
x.extend(y);print(x)
```

输出为:

```
[[3, 5, 7], 'Oscar Wilde', 'save', 'the world', ['is', 'impossible']]
```

这里的 x.extend(y) 是把 list y 中的元素个体 (但不拆开 y 中作为 list 的个体) 加入 x.

(3) **用函数** pop **按照下标删除元素**, 按照下标删除 list 元素的函数, 可执行下面的代码:

```
x=[[1,2],'Word',[3,5,7],'Oscar Wilde']
x.pop();print(x) #去掉最后一个
x=[[1,2],'Word',[3,5,7],'Oscar Wilde']
x.pop(2);print(x) #去掉下标为2的元素(即[3,5,7])
```

输出为:

```
[[1, 2], 'Word', [3, 5, 7]]
[[1, 2], 'Word', 'Oscar Wilde']
```

这里的 x.pop() 去掉 x 中的最后一个元素, 而 x.pop(2) 则去掉 x 中的第 2 个元素 (这里删除的是 [3, 5, 7]).

(4) **函数** remove **按内容删除元素**, 按照内容来删除 list 元素的函数, 可执行下面的代码:

```
x=[[1,2],'Word',[3,5,7],'Oscar Wilde',[3,5,7]]
x.remove([3,5,7]);print(x)
x.remove([3,5,7]);print(x)
x.remove('Word');print(x)
```

输出为:

```
[[1, 2], 'Word', 'Oscar Wilde', [3, 5, 7]]
[[1, 2], 'Word', 'Oscar Wilde']
[[1, 2], 'Oscar Wilde']
```

这里的 `x.remove([3, 5, 7])` 是把 `x` 中的 `[3, 5, 7]` 去掉, 但如果有重复的同样内容, 每次仅仅去掉下标最小的一个.

7.2.5 tuple 不能改变或增减元素, 但可以和 list 互相转换

虽然 tuple 不能改变或增减元素, 但可以和 list 互相转换, 因此上面涉及的所有操作都可以通过转换类型来实现. 输入下面的语句:

```
y=('Efficiency', [2, [5, -1]])
print(type(y),'\n',list(y),type(list(y)),'\n',
      tuple(list(y)),type(tuple(list(y))))
```

得到数组类型互相转换的结果:

```
<class 'tuple'>
 ['Efficiency', [2, [5, -1]]] <class 'list'>
 ('Efficiency', [2, [5, -1]]) <class 'tuple'>
```

7.2.6 dict 所用的一些函数

这里的一些运算和 list 有些不同, 但也有类似的, 让代码和输出来说明其含义.

1. 几个描述 dict 的函数 (定义一个 dict `z`): `.keys()`. `.items()`, `.values()`.

```
z={'a': 'A string', 'b': [[2, 3], 'yes'], 'c': {'A': 'Why', 'B': 4}}
print('keys:\n',z.keys(),'\nget:\n',z.get('a'),
  '\nitems:\n',z.items(),'\nvalues:\n',z.values())
```

下面是结果输出:

```
keys:
 dict_keys(['a', 'b', 'c'])
get:
 A string
items:
 dict_items([('a', 'A string'), ('b', [[2, 3], 'yes']),
      ('c', {'A': 'Three', 'B': 4})])
values:
 dict_values(['A string', [[2, 3], 'yes'], {'A': 'Why', 'B': 4}])
```

试验下面的代码:

```
[x for x in z.keys()],[x for x in z.items()][-2:],[x for x in z.values()]
```

输出为:

```
(['a', 'b', 'c'],
 [('b', [[2, 3], 'yes']), ('c', {'A': 'Why', 'B': 4})],
 ['A string', [[2, 3], 'yes'], {'A': 'Why', 'B': 4}])
```

代码 `[x for x in z.keys()]` 和 `[x for x in z]` 相同.

2. 下面的代码先后去掉一个选定的元素, 再去掉剩下的 dict 中末尾一个元素:

```
z.pop('c') #去掉'c'
print('pop last:',z.popitem()) #去掉剩下的最后一个('b')
print('after pop:',z) #还剩下'a'
```

输出中还剩下一个元素:

```
pop last: ('b', [[2, 3], 'yes'])
after pop: {'a': 'A string'}
```

3. 加入名为 `'new'` 的一个元素:

```
z['new']=[[2,4],[5,7,9]];z
```

输出表示 `z` 又有两个元素了:

```
{'a': 'A string', 'new': [[2, 4], [5, 7, 9]]}
```

4. 合并多个 dict(注意同指标的替换):

```
a={'a': (2,3),'b': ['word','sentence']}
b={2:[345,321],'a':("two","three")}
c={2:999,'b':'strong'}
print({**a,**b,**c})
print({**b,**a})
```

输出为:

```
{'a': ('two', 'three'), 'b': 'strong', 2: 999}
{2: [345, 321], 'a': (2, 3), 'b': ['word', 'sentence']}
```

注意: `{**a,**b}` 相当于运行 `a.update(b)` 后的被改变的 `a`; 而 `{**b,**a}` 相当于运行 `b.update(a)` 后的被改变的 `b`.

5. 还可以改变元素的值:

```
z['new']=34/56.2; z
```

得到新的 dict:

```
{'a': 'A string', 'new': 0.6049822064056939}
```

6. 删除一个元素 ('a'):

```
del z['a'];z
```

结果只剩下一个元素的 dict:

```
{'new': 0.6049822064056939}
```

7.2.7 zip 使得数组运算更方便

顾名思义, zip 函数就像拉链 (zip) 一样, 把两个数组拉到一起. 两个数组可以是字符串、list 或者 tuple, 不一定同类型, 而且两个可以长短不同 (将就最短的), 但 zip 之后的内容不显示也不能打印, 可以用 `print(list())` 来看, 但仅仅能看一遍 (否则, 必须在打印前赋值成 list):

```
y=zip(('100','A',1202,),'AOCDE',['I', 'like','apple','very much'])
print('y=',y)
print('list(y)=',list(y))
print('list(y)=',list(y))
y2=list(y)
print('y2=',y2)
print('y=',y)
```

输出为:

```
y= <zip object at 0x11bed57c8>
list(y)= [('100', 'A', 'I'), ('A', 'O', 'like'), (1202, 'C', 'apple')]
list(y)= []
y2= []
y= <zip object at 0x11bed57c8>
```

显然, `list(zip())` 复制后为一个以 tuple 为元素的 list 数组. 当然如果 zip 的两个元素长短不一, 只能得到和短的一样长的 list.

zip 可以很容易帮助 dict 用两列数组形成 dict

我们可以比较下面两种产生 dict 的过程:

(1) 利用迭代:

```
A=(2,'5','Today');B=[30,'tax',[5,4]]
D=dict()
for i in range(len(A)):
```

```
        D[A[i]]=B[i]
    print(D)
```

得到结果:

```
{2: 30, '5': 'tax', 'Today': [5, 4]}
```

(2) 利用 dict:

```
A=(2,'5','Today');B=[30,'tax',[5,4]]
print(dict(zip(A,B)))
```

得到和 (1) 同样的结果:

```
{2: 30, '5': 'tax', 'Today': [5, 4]}
```

显然第二种要方便得多.

虽然 zip 就短不就长, 但只有一个元素时, 将得到本身:

```
A=(2,'5','Today')
print(list(zip(A)))
```

输出为一些空白一半的 tuple:

```
[(2,), ('5',), ('Today',)]
```

zip 对象的打印

可以这样打印:

```
A=('What','is','this');B=[30,'tax',[5,4]]
for i in zip(A,B):
    print(i)
for i,j in zip(A,B):
    print(i)
    print(j)
```

输出为:

```
('What', 30)
('is', 'tax')
('this', [5, 4])
What
30
is
tax
```

```
this
[5, 4]
```

如果这样打印:

```
A=('What','is','this');B=[30,'tax',[5,4]]
ZIP=zip(A,B)
for i in ZIP:
    print(i)
for i,j in ZIP:
    print(i)
    print(j)
```

则只输出一次:

```
('What', 30)
('is', 'tax')
('this', [5, 4])
```

zip 的 "还原"

用 zip 制造一个数组:

```
A='ABCD';B=[1,2,3,4]
x=list(zip(A,B))
print(x)
```

输出为:

```
[('A', 1), ('B', 2), ('C', 3), ('D', 4)]
```

如何再得到 A 和 B 两个对象呢? 可以试试下面的代码:

```
A,B=zip(*x)
print('A=',A,'; B=',B)
```

得到原先的两个对象:

```
A= ('A', 'B', 'C', 'D') ; B= (1, 2, 3, 4)
```

通过 zip 的数组运算

通过循环语句, 可以做些数组之间的运算, 比如:

```
year=[2017,2018,2019];import=[2800,3496,4765];export=[3990,5023,8766]
for i,j,k in zip(year,export,import):
    print('In year',i ,' red=',j-k)
```

输出为:

```
In year 2017  red= 1190
In year 2018  red= 1527
In year 2019  red= 4001
```

通过 zip 排序

可以按照 zip 的某个元素对其他元素来排序, 比如:

```
height=[1.74,1.83,1.69];weight=[55, 62, 71];name=['Tom', 'Jack','Smith']
print('sort by height:',sorted(zip(height,weight,name)))
print('sort by weight:',sorted(zip(weight,height,name)))
print('sort by name:',sorted(zip(name,height,weight)))
```

输出为:

```
sort by height: [(1.69, 71, 'Smith'), (1.74, 55, 'Tom'), (1.83, 62, 'Jack')]
sort by weight: [(55, 1.74, 'Tom'), (62, 1.83, 'Jack'), (71, 1.69, 'Smith')]
sort by name: [('Jack', 1.83, 62), ('Smith', 1.69, 71), ('Tom', 1.74, 55)]
```

7.2.8 集合 set 及有关运算

集合 set 也是数组, 但其元素无序, 而且其元素没有下标或名字. set 的元素可以是数字、tuple, 但不能是 list、dict, 也不是 set. set 的元素不会重复, 即使在定义时有相同的元素, 也仅仅保存不相同的, 这和数学上的集合类似, 也可以有数学中集合的各种运算.

set 也是用花括号包含的数组, 但没有名字. 比如使用以下代码:

```
A = set('geography');print(A)
v={(1,3,6),'world',((2,3),(1,7)),'world',('world')};v
```

得到不重复而且次序任意的元素:

```
{'a', 'r', 'h', 'e', 'g', 'p', 'y', 'o'}
{((2, 3), (1, 7)), (1, 3, 6), 'world'}
```

上面的不重复性等同于 R 中的函数 `unique` 及后面 numpy 模块中的函数 `unique`.

用下面的循环语句 (比如对 `v`) 得到的打印输出同于 `set(v)` 元素, 不会重复打印非唯一的元素:

```
for i in v:
    print(i)
```

输出为:

```
(1, 3, 6)
((2, 3), (1, 7))
world
```

set 和 tuple、list 的互相转换

集合 set 可以和 tuple、list 互相转换, 下面的代码显示了这样的例子:

```
A={1,4,'world',(3,4,'country'),'world',1}
print(list(A),type(list(A)),'\n',tuple(A),type(tuple(A)),'\n',
  set(list(A)),type(set(list(A))),'\n',set(tuple(A)),type(set(tuple(A))))
```

输出为:

```
[1, 4, 'world', (3, 4, 'country')] <class 'list'>
 (1, 4, 'world', (3, 4, 'country')) <class 'tuple'>
 {1, 4, 'world', (3, 4, 'country')} <class 'set'>
 {1, 4, 'world', (3, 4, 'country')} <class 'set'>
```

关于 set 可做各种集合运算

下面是对 set 做各种并、交、差等集合运算的例子:

- 增加元素 (不能是 set):

```
u={1.2,5.7,'word',(1,4),('key',5)}
u.add((2,6,1,'sun'));u
```

输出为:

```
{('key', 5), (1, 4), (2, 6, 1, 'sun'), 1.2, 5.7, 'word'}
```

- 删除元素:

```
x=set(['I','you','he','I','they','we','we'])
x.remove('I');print(x)
```

输出为:

```
{'they', 'you', 'we', 'he'}
```

- 两个集合的并:

```
A={1,4,'world',(3,4,'country')}
B={'world',5,1,('one','two')}
A|B #union 可试试 A|=B
```

输出为:

```
{('one', 'two'), (3, 4, 'country'), 1, 4, 5, 'world'}
```

- 两个集合的交:

```
A={1,4,'world',(3,4,'country')}
B={'world',5,1,('one','two')}
print(A&B,'\n',A,B) #可试试: A.intersection(B)
```

输出为:

```
{'world', 1}
 {1, 'world', 4, (3, 4, 'country')} {'world', ('one', 'two'), 5, 1}
```

- 两个集合的差:

```
A={1,4,'world',(3,4,'country')}
B={'world',5,1,('one','two')}
print(A-B) #可试试 A -= B
```

输出为:

```
{4, (3, 4, 'country')}
```

- 两个集合没有共同部分 (交) 的并:

```
A={1,4,'world',(3,4,'country')}
B={'world',5,1,('one','two')}
print(A ^ B,'\n',(A|B)-(A&B))
```

输出为:

```
{('one', 'two'), 4, 5, (3, 4, 'country')}
 {('one', 'two'), 4, 5, (3, 4, 'country')}
```

- 比较两个集合:

```
A = {1, 2, 3, 1, 2}
B = {3, 2, 3, 1}
print(A == B,A!=B,A<=B,B>A&B,{1,3,4}>={1,3},)
```

输出为:

```
True False True False True
```

基本模块的集合运算不能直接用于 list, 但可以通过函数 set 来转换, 除了前面介绍的对集合的运算符 "-" "|" "&", 还可以使用下面的代码: 集合的差 (difference)、并 (union)、交 (intersection). 下面是一些例子:

```
print(set.difference(set(['a',2,'5']),set(['a',7])))
print(set.union(set(['a',2,'5']),set(['a','a',7])))
print(set.intersection(set(['a',2,'5']),set(['a','a',7])))
```

输出为:

```
{2, '5'}
{2, 'a', 7, '5'}
{'a'}
```

7.3 函数、自定义函数、数组元素的计算、循环语句

前面我们有意或无意地一直在使用各种函数, 下面介绍更多的关于函数的内容.

7.3.1 更多的关于数组的函数

计算数组中各元素的计数

计算数组元素个数可以用函数 len, 但每种元素各有多少不清楚. collections 模块中的函数 Counter 可计算数组中每种元素的个数, 注意, 对于 dict 和 set, 它们本身不可能有任何元素多于 1 个, 因此每种元素的计数也只能为 1.

```
from collections import Counter
s1='pneumonoultramicroscopicsilicovolcanoconiosis'
s2=['you', 'I', 'they','we','you','he','they']
s3=(32,64,32,'He is the one',(2,3))
s4={'One': 234, 'Two': 45,'Three': 45,'One': 299,'One': 23}
s5=set(s2)
print(Counter(s1),'\n',Counter(s2),'\n',Counter(s3),'\n',
  Counter(s4),'\n', Counter(s5))
```

输出为:

```
Counter({'o': 9, 'i': 6, 'c': 6, 'n': 4, 's': 4, 'l': 3, 'p': 2,
  'u': 2, 'm': 2, 'r': 2, 'a': 2, 'e': 1, 't': 1, 'v': 1})
 Counter({'you': 2, 'they': 2, 'I': 1, 'we': 1, 'he': 1})
 Counter({32: 2, 64: 1, 'He is the one': 1, (2, 3): 1})
 Counter({'Two': 45, 'Three': 45, 'One': 23})
```

```
Counter({'I': 1, 'we': 1, 'they': 1, 'he': 1, 'you': 1})
```

上面的字符串 s1 据说是最长的英文词，这是一种肺部疾病，源于吸入非常细的二氧化硅颗粒.

集合元素的比较

使用函数 Counter 或 set 可比较两个字符串是否有相同的元素:

```
s=[(1,2,4),'happy',('peace','and', 'war'),'happy']
u=['happy',(1,2,4),('peace','and', 'war')]
print(Counter(s)==Counter(u),set(s)==set(u))
```

输出为:

```
True True
```

Counter 得到的对象到 dict 的转换

运行 Counter 所得到的对象很像 dict，其实很容易用 dict 函数做这种转换，但如果转换成其他数组形式就只有原先的不重复元素了，对此请查看下面代码产生的输出:

```
print(Counter(s))
print(dict(Counter(s)))
print(list(Counter(s)))
print(tuple(Counter(s)))
print(set(Counter(s)))
```

输出为:

```
Counter({'happy': 2, (1, 2, 4): 1, ('peace', 'and', 'war'): 1})
{(1, 2, 4): 1, 'happy': 2, ('peace', 'and', 'war'): 1}
[(1, 2, 4), 'happy', ('peace', 'and', 'war')]
((1, 2, 4), 'happy', ('peace', 'and', 'war'))
{'happy', ('peace', 'and', 'war'), (1, 2, 4)}
```

7.3.2 函数的定义

一个自定义的寻求数组中正元素的函数例子为:

```
def Positive(x):
    y=[]
    for i in x:
        if i>0:
            y.append(i)
    return(y)
```

```
print(Positive([-2,-2,3,5,7,3])) #对list
print(Positive((-2,-2,3,5,7,3))) #对tuple
print(Positive({-2,-2,3,5,7,3})) #对set
```

结果输出如下 (注意对于 set 不会有重复的元素):

```
[3, 5, 7, 3]
[3, 5, 7, 3]
[3, 5, 7]
```

下面再定义两个用公式表示的简单函数: $f(x)=x^2-x$ 和 $g(x,y)=\max(x^2,y^3+x)$:

```
def f(x): return x**2-x
g=lambda x,y: max(x**2,y**3+x)
f(0.8),g(3.4,0.5) #把数值代入函数执行
```

上面的代码得到两个数值, 即 $f(0.8)\approx-0.16$ 和 $g(3.4,0.5)\approx11.56$. 前面定义的第一个函数 $f(x)$ 是通常形式的简单函数 (一般的函数定义时通常不写在一行中, 而在冒号之后另起一行并缩进若干空格来填写后续语句), 而第二个函数 $g(x,y)$ 是所谓的 `lambda` 函数, 它不应太复杂, 由于短小精悍, 可以不用取名字就放在一些表达式中间.

7.3.3 map 和 filter

map 函数用于数组元素计算

下面是分别用 list 和 tuple 形式的数组通过函数 `map` 逐个元素代入 (没有起名字的) `lambda` 函数的运算例子 (并把 set 形式的数组一并计算):

```
print(list(map(lambda x: x**2+1-abs(x), [1.2,5.7,23.6,6,1.2])))
print(list(map(lambda x: x**2+1-abs(x), (1.2,5.7,23.6,6,1.2))))
print(list(map(lambda x: x**2+1-abs(x), {1.2,5.7,23.6,6,1.2})))
```

这是对类型不同 (list、tuple 和 set) 但元素相同的数组每个值做 $x^2+1-|x|$ 的运算得到的结果. 结果都以 list 形式输出. 当然完全可以把上面代码中的 `list` 换成 `tuple` 或 `set`, 但作为 set 的输出不会有重复值, 而且顺序也不一定 (因此避免使用 set).

```
[1.24, 27.790000000000003, 534.36, 31, 1.24]
[1.24, 27.790000000000003, 534.36, 31, 1.24]
[1.24, 27.790000000000003, 31, 534.36]
```

上面的代码和下面的 "简化版" 一样:

```
print([x**2+1-abs(x) for x in [1.2,5.7,23.6,6,1.2]])
print([x**2+1-abs(x) for x in (1.2,5.7,23.6,6,1.2)])
print([x**2+1-abs(x) for x in {1.2,5.7,23.6,6,1.2}])
```

也可以打印每个元素 (输出未显示, 和上面一样, 仅仅是分行输出元素个体, 没有形成数组):

```
for i in map(lambda x: x**2+1-abs(x), [1.2,5.7,23.6,6,1.2]): print(i)
for j in map(lambda x: x**2+1-abs(x), (1.2,5.7,23.6,6,1.2)): print(j)
for j in map(lambda x: x**2+1-abs(x), {1.2,5.7,23.6,6,1.2}): print(j)
```

上面对 set 的运算的输出比前两个少一个数目, 不仅不要使用 set 做上述运算, 而且应该避免用 set 去做两个以上元素的数组运算, 因为两组数据按照 set 的排序结果可能不是你所想要的. 请看下面的例子:

```
print(tuple(map(lambda x,y: x**2*y-abs(x)/y, [1.2,5.7],[-45,26])))
print(tuple(map(lambda x,y: x**2*y-abs(x)/y, (1.2,5.7),(-45,26))))
print(tuple(map(lambda x,y: x**2*y-abs(x)/y, {1.2,5.7},{-45,26})))
```

输出为:

```
(-64.77333333333333, 844.5207692307692)
(-64.77333333333333, 844.5207692307692)
(37.39384615384615, -1461.9233333333334)
```

可见用 set 得出的结果不同. 为什么会这样呢? 请运行下面的代码:

```
gg=lambda x,y: x**2*y-abs(x)/y
print(gg(1.2,-45),gg(5.7,26))#表面次序
print(gg(1.2,26),gg(5.7,-45))#实际次序
```

输出为:

```
-64.77333333333333 844.5207692307692
37.39384615384615 -1461.9233333333334
```

显然, 在使用 set 做 (无论几个变元) 运算时, 由于 set 没有顺序的概念, 很难知道结果是相应于哪些输入值.

filter 函数的使用

下面是数组 (list、tuple 和 set) 的过滤 (filter) 例子:

```
print(list(filter(lambda x: x>0,[-1,4,-5,7])))#滤去list的负值
print(list(filter(lambda x: x>0,(-1,4,-5,7,-5,8,7))))#滤去tuple的负值
print(list(filter(lambda x: x>0,{-1,4,-5,7,-5,8,7})))#滤去set的负值
print(list(filter(lambda x: abs(x)>5,range(-10,12,2))))#取绝对值大于5的值
```

输出为:

```
[4, 7]
[4, 7, 8, 7]
[4, 7, 8]
[-10, -8, -6, 6, 8, 10]
```

函数 filter 可以过滤掉诸如 list 或 tuple 数组中诸如 0,False,None,'' 等 bool 类型的元素:

```
list(filter(bool,('',(1,2,4),'happy',0,None,True,False,2020)))
```

输出为:

```
[(1, 2, 4), 'happy', True, 2020]
```

当然, 可以用自编的函数:

```
def fun(var):
    names = ['PKU', 'UNC', 'Yale', 'RUC', 'THU']
    if (var in names):
        return True
    else:
        return False
List = ['PKU','CMU','Harvard', 'UNC', 'UIUC', 'UM']

# using filter function
out = filter(fun, List)
print([x for x in out])
```

输出为:

```
['PKU', 'UNC']
```

这里的 out 打印输出一次之后就不再能打印了.

7.3.4 更多的函数例子

函数中的键盘输入

下面是定义一般函数的另一个例子, 它根据对问题的回答 (Y 或者 N) 来猜测年龄 (一共回答 6 次), 采用的代码是:

```
def Age():
    x1=120.
    x0=0
    x=x1/2
    for i in range(6):
```

```
        y=input("Is your age greater than %s ? Input 'Y' or 'N':" %x)
        if y=='Y' or y=='y' :
            x0=x
            x=x0+(x1-x0)/2
        else:
            x1=x
            x=x0+(x1-x0)/2
    print('Your age is about {} years old'.format(int(x)))
Age() #执行上面函数的语句
```

其中的定义块、循环语句块和条件语句块 (分别在带有冒号的语句之后) 都相应地缩进. 这里的 `input()` 语句打印出提示信息, 并记录收到的信息, 读者可以自己根据输出和逻辑来琢磨上述函数的思路. 注意该函数中通过 `input()` 函数输入字符时不要使用引号, 它会自动识别为字符, 但如果想要使用 `input` 函数输入数字, 则应该用 `eval(input())`. 可以尝试下面的代码:

```
x=input('Type your name please: ')
print('My name is',x)
```

或者

```
x=eval(input('Type any number: '))
print('The square root of your number is',x**(1/2))
```

逻辑算符及条件或循环语句的例子

上面引入的逻辑关系 `y=='Y'`, 如果 `y` 等于 `Y` (输入值不用引号), 返回 `True`, 否则返回 `False`. 其他的逻辑关系有 != (不等于)、> (大于)、< (小于)、>= (大于等于)、<= (小于等于). 而 "与" "或" "非" 的逻辑符号分别为 `and`, `or`, `not`, 可以试着运行下面的代码:

```
print('World'!='word')
print(34==34.0)
print(3>2 and 4>=3)
print(3<2 or 'c'>='a')
print(not 3<2)
print('A'<'a' and 'A'>'1')
```

上面的函数 `Age()` 可以很容易地改成求函数根的运算, 下面是求多项式 $2x^3-4x^2+5x-20$ 实根的函数:

```
def f(x): return 2*x**3-4*x**2+5*x-20 #定义多项式函数
def solf(f=f): #定义solf函数
    x1=3.
    x0=2.
```

```
    x=x1/2.
    e=10**(-18) #确定精度
    while abs(f(x))>e:  #不满足精度则继续的循环
        if f(x)<0:
            x0=x
            x=x0+(x1-x0)/2
        else:
            x1=x
            x=x0+(x1-x0)/2
    return x
solf(f) #运行函数solf
```

结果是该多项式的实根为 2.554110056116822.

我们已经用过循环语句及条件语句, 诸如 (循环语句) `for i in range(6)` 和 (条件语句) `if y=='Y'`, `while` 及 `else`. 其实 `if` 语句除了 `else` 还可以有 `elif` ("else if'' 的意思), 比如:

```
x=eval(input('Enter a number'))
if x<0:
    x=x**2
    w='x is negative and change to'
elif x==0:
    x=x+1.
    w='x=0 and change to'
else:
    x=x**3
    w='x>0 and change to'
print(w,x)
```

请试着执行这些代码, 并琢磨其逻辑, 这里就不显示输出结果了.

7.4 伪随机数模块: random

在数据科学中, 人们往往需要产生一些随机数来进行模拟或其他试验. 但计算机产生的随机数不是真正的随机数, 而是根据算法得到的 ''很像'' 随机数的**伪随机数**. 为了使得随机试验的结果可以重复, 人们往往设立随机种子, 这些种子的值本身可以任意选择, 一旦选定了随机种子, 后面的试验可以重复进行得到同样的结果.

为了后面使用数值例子更方便, 现在先介绍 random 模块, 从下面语句的说明和输出, 读者可以看出这些函数的意义:

```
import random #输入模块
random.seed(1010) #设定随机种子使得这里产生的结果可以重复
print(random.randint(1,100)) #从1到100中随机选一个数字
```

```
print(random.choice([1,2.0,4,'word'])) #从表中随机选一个元素
print(random.sample(range(100),5)) #从[0,100)(不包含100)随机选5个数字
print(random.sample([1,2.0,4,'word'],2))#从[1,2.0,4,'word']随机选2个元素
print(random.random()) #产生区间[0.0,1)(不包含1)中的随机数
print(random.uniform(2,5)) #产生一个2和5之间的均匀分布随机数
print(random.gauss(3,5)) #产生一个均值为3, 标准差为5的正态分布随机数
```

输出为:

```
86
2.0
[68, 10, 52, 55, 21]
[2.0, 'word']
0.874252153402864
4.635962550438656
9.338850437601197
```

后面还会介绍其他模块 (比如 numpy) 产生随机数的函数.

7.5 变量的存储位置

在 Python 中, 如果用等号 (=) 设一个量等于另一个量 (比如 y=x), 这两个量会共用一个空间, 这其中有些看上去奇怪的规律. 下面给出一个例子, 其中函数 id(x) 给出变量 x 存储的位置 (以数字表示, 不同机器结果不一样), 代码的第一行输出表示两个位置一样, 但重新给 y 赋值之后, 位置就不同了:

```
x=99;y=x;print(x,y,id(x)==id(y))
y=10;print(x,y,id(x)==id(y))
```

输出为:

```
99 99 True
99 10 False
```

如果 x 输入的是一个 list 数组, 在y=x 之后仅单独改变 x 或 y 元素的值, 则 y 或x 跟着改变, 但两个对象的位置仍然一样:

```
x=[1,2,3];y=x;y[0]=10;print(x,y,id(x)==id(y))
x[2]='test';print(x,y,id(x)==id(y))
```

输出为:

```
[10, 2, 3] [10, 2, 3] True
[10, 2, 'test'] [10, 2, 'test'] True
```

如果用语句 x=[1,2];y=x[:] (或者用 x=[1,2];y=x.copy()), 则两个对象的位置不同, 但每对相应元素的位置相同 (下面输出的位置代码对于不同的电脑会有不同):

```
x=[1,2];y=x[:]
print(x,y,id(x)==id(y),id(x[0])==id(y[0]),id(x[1])==id(y[1]))
print(id(x),id(y),id(x[0]),id(y[0]),id(x[1]),id(y[1]))#位置(与电脑有关)
```

输出为:

```
[1, 2] [1, 2] False True True
4378386184 4379193736 4317967776 4317967776 4317967808 4317967808
```

在这种情况下, 改变 y 元素的值就不会影响到 x:

```
x=[1,2];y=x[:]
y[0]=33;print(x,y)
```

输出为:

```
[1, 2] [33, 2]
```

为了加强印象, 可运行下面的代码:

```
x=[1,2,5,2];y=x;y[0]=3;y[3]=99
print(x,y)
x=[1,2,5,2];y=x;x[0]=7;x[3]=88;y[2]='string'
print(x,y)
x=[1,2,5,2];y=x[:];y[0]=3;y[3]=99
print(x,y)
x=[1,2,5,2];y=x[:];x[0]=44;y[3]=77
print(x,y)
```

输出为:

```
[3, 2, 5, 99] [3, 2, 5, 99]
[7, 2, 'string', 88] [7, 2, 'string', 88]
[1, 2, 5, 2] [3, 2, 5, 99]
[44, 2, 5, 2] [1, 2, 5, 77]
```

以上结果说明, 在复制一个 list 对象时, 需要注意它们的位置能否自由改变, 这涉及对一个对象赋值时是否影响到另一个对象.

7.6 数据输入输出

数据科学家及有关的工作者最先考虑的是如何存取数据内容, 无论这些数据包含的是数值还是文字 (都称为数据), 但这些操作在基本模块有可能不如在一些其他模块 (比如 numpy

和 pandas) 方便, 由于输入输出的方式多种多样, 这里先介绍基本模块的终端及文件数据存取功能.

7.6.1 终端输入输出

下面用例子来说明从终端输入字符的函数 input() 和输入数字 (无论是整数还是浮点数) 的函数 eval(input()) 的语句.

```
x=eval(input('Enter a number\n'))
print(x,type(x))

y=input('Enter a word\n')
print(y,type(y))
```

在分别输入 23, 'I am OK' 之后得到:

```
Enter a number
23
23 <class 'int'>
Enter a word
I am OK
I am OK <class 'str'>
```

7.6.2 文件开启、关闭和简单读写

函数 open() 打开一个文件, 其中包含文件名和访问模式, 这里是只读 ('r'), 也是默认值, 其他模式还有十多种. 其他语句包括打开文件、文件性质及阅读等函数. 由于这里 p 代表打开了的文件, 因此也就有很多可用它表示的参数和可对它实施的函数, 诸如用 p.mode、p.name、p.closed 来显示与 p 相关的一些信息, 用 p.tell(),p.close(),p.seek() 对它施行函数运算. 这种符号系统是面向对象的 Python 程序中常见的, 比如, 这里的 p 就是对象, 后面加了字符之后 (比如 p.mode) 则表示可对该对象实施的运算或该对象的各种信息 (这里的 .mode 是对象的读取模式). 下面看相关的代码:

- 读取文件及打印文件名 (这里的 'r' 是只能读取的意思):

```
p=open('PYGMALION.txt','r') #打开文件
print('file name=',p.name)#打印文件名
```

得到文件名:

```
file name= PYGMALION.txt
```

- 文件状态、可访问权限 (这里输出为只读) 及对象指针位置:

```
print('Is file closed? ', p.closed) #是否关闭了
print('Access mode=',p.mode) #可访问的权限
```

```
print('position=', p.tell()) #指针位置
```

输出为:

```
Is file closed?  False
Access mode= r
position= 0
```

- 读取并打印头 194 字节 (注意文件中有空格和空行, 也都读入并打印出来):

```
print(p.read(194))              #读取并打印头194字节(byte)
print('position=', p.tell())    #显示指针(读到哪里了)
```

输出如下 (注意: 标题之后的行全部是空白行):

```
PYGMALION

BERNARD SHAW

1912

PREFACE TO PYGMALION.

A Professor of Phonetics.

As will be seen later on, Pygmalion needs, not a preface, but a
sequel, which I have supplied in its due place.
position= 206
```

显示读到指针 206 的位置. 注意: 在 Notebook 中的输出作为一个字符产生而且根据设置的页面宽度自动换行, 但复制过来就要用手工转行才能在上面显示全部.

- 为了转行可以用下面的代码, 先使用 `seek(0,0)` 使得指针变回到 0, 这里限制输出宽度为 70 个字节.

```
import textwrap
p.seek(0,0)                    #指针位置归零
print('Position=',p.tell())
print("\n".join(textwrap.wrap(p.read(194),70)))
print('Position=',p.tell())
```

输出为:

```
Position= 0
PYGMALION  BERNARD SHAW  1912  PREFACE TO PYGMALION.  A Professor of
Phonetics.  As will be seen later on, Pygmalion needs, not a preface,
```

```
but a sequel, which I have supplied in its due place.
Position= 206
```

- 关闭文件 (不能再读):

```
p.close()                    #关闭
print('Is file closed? ', p.closed)
```

输出为:

```
Is file closed?  True
```

- 也可以打开一个存在或者不存在的文件, 往里面输入内容, 比如:

```
a=open('fool.txt','w')
a.write('A message ')
a.write('and more.')
a.close()
```

这里的模式 ('w') 是只可写入模式, 如果文件不存在, 则生成一个新文件, 如果原来文件有内容, 则完全覆盖原先内容. 另一个模式是 'a', 就是往文件里面写入内容, 如果原先有内容则不会覆盖, 从文件尾开始写入. 例如:

```
b=open('fool.txt','a')
b.write(' OK?')
b.close()
```

上面也可以改成双重模式 'r+' (既可读, 又可增加内容):

```
b=open('fool.txt','r+')
print(b.read(100))
b.write(' OK?')
b.seek(0,0) #回到指针0, 再读取, 看有没有加入的内容
print(b.read(100))
b.close()
```

输出为:

```
A message and more.
A message and more. OK?
```

7.6.3 文字文件内容的读取

全部文件的读取及打印

前面介绍了按字节读取的命令 `read`, 下面介绍更加详细的文字文件内容的读取. 先读取一个名为 `UN.txt` 的文件, 看该文件的性质 (文件名、字码及文件读取模式):

```
O=open("UN.txt")
print(O.name)
print(O.encoding)
print(O.mode)
```

输出为:

```
UN.txt
UTF-8
r
```

显示出文件名、文字是 UTF-8 码及只读模式 (“r”). 使用下面的代码之一可以打印出所有文件内容 (我们不展示打印结果):

- 直接读及打印代码: `O=open("UN.txt");print(O.read())`.
- 分行打印:

```
O=open("UN.txt")
for line in O:  #按序提取O中的元素(line)
    print(line)
```

- 使用下面的代码:

```
with open("UN.txt", "rt") as O:
    text = O.read()
print(text)
```

对文件内容做一些初等统计及选择性打印例子

- 下面的代码计算并打印文件 UN.txt 中所有以 “lity” 结尾的词 (个数及输出):

```
x=[]                              #建立空list
O=open("UN.txt")                  #Open file
for line in O:                    #按序提取O中的元素(line)
    for word in line.split():     #按序提取每个line中的元素(word)
        if word.endswith('lity'): #条件
            x.append(word)        #把满足条件的词逐个放入x中
print('There are', len(x), 'words ended with "lity", they are:\n',x)
```

这里的 `line.split()` 是以词为元素的 list, 输出为:

```
There are 5 words ended with "lity", they are:
 ['equality', 'nationality', 'nationality', 'personality',
  'personality']
```

- 可以得到 UN.TXT 文件一共有多少行 (不包括空行)、多少个词及多少个字符:

```
b=0;c=0;d=0;e=0
for line in open("UN.txt"):
    b+=1                        #行计数
    if len(line.split())>0: #不算空行
        c+=1                    #对非空行计数
    for word in line.split():
        d+=1                    #对词计数
        for char in word:
            e+=1                #对字符计数
print('Total {} lines with {} no-empty lines, {} words and {} characters'\
      .format(b,c,d,e))
```

输出为:

```
Total 158 lines with 89 no-empty lines, 1778 words and 9013 characters
```

注意, 上面 `print` 代码中的若干 `{}` 位置在打印中被依次放入 `.format()` 中的元素值 (本例是 `(b,c,d,e)`). 下面是一些打印例子, 相信读者会在网上找到各种语法细节.

```
print('Integer: {:2d}, float: {:1.2f}, \
anything: {} and: {}'.format(234,21.5, 2.718, 'Hi!'))
```

输出为:

```
Integer: 234, float: 21.50, anything: 2.718 and: Hi!
```

代码中的反斜杠 (\) 意味着程序没有结束, 紧接在下一行. 注意, 该反斜杠后不能加空格. 上面的输出也可以使用下面的代码:

```
print('Integer: %s, float: %s, anything: %s and: %s' %(234,21.5, 2.718, 'Hi!'))
```

- 还可得到 UN.TXT 文件中某个词 (这里的词是 “`Whereas`”) 的词频:

```
b=0
for line in open("UN.txt"):
    if len(line.split())>0:
        for word in line.split():
            if word=='Whereas':
                b+=1
print('The count of word "Whereas" is %s' %b)
```

输出为:

```
The count of word "Whereas" is 7
```

- 下面是把文件 OW.TXT 前 3 个非空行 (及该行词的计数) 打印出来的代码:

```
import textwrap
c=0
for line in open("OW.txt"):
    if c<3:
        if len(line.split())>0:
            c+=1
            print('The line {} has {} words:'.format(c,len(line.split())))
            print("\n".join(textwrap.wrap(line,70)))
```

输出为:

```
The line 1 has 2 words:
THE PREFACE
The line 2 has 37 words:
The artist is the creator of beautiful things. To reveal art and
conceal the artist is art's aim. The critic is he who can translate
into another manner or a new material his impression of beautiful
things.
The line 3 has 30 words:
The highest as the lowest form of criticism is a mode of
autobiography. Those who find ugly meanings in beautiful things are
corrupt without being charming. This is a fault.
```

- 利用另一个命令 `readlines` 也可得到文件 OW.TXT 每行词的计数, 但其长度 (`len()`) 是包括空格的字符计数而不是词的计数, 下面是打印前 3 行的一个例子:

```
import textwrap
c=0
g=open('OW.txt')
for line in g.readlines():
    if len(line)>1:
        if c<3:
            c+=1
            print('Line {} has {} characters'.format(c,len(i)),'\n',"\n".\
                  join(textwrap.wrap(line,70)))
g.close()
```

输出为:

```
Line 1 has 1 characters
 THE PREFACE
Line 2 has 1 characters
 The artist is the creator of beautiful things. To reveal art and
conceal the artist is art's aim. The critic is he who can translate
```

```
into another manner or a new material his impression of beautiful
things.
Line 3 has 1 characters
 The highest as the lowest form of criticism is a mode of
autobiography. Those who find ugly meanings in beautiful things are
corrupt without being charming. This is a fault.
```

• 打印文件 OW.TXT 第 9 行 `g.readlines()[8]`(包括空行下标是 8, 这是因为第 1 行的下标为 0) 及其第 8 个词 `g.readlines()[8].split()[7]zhi'jie'du`(下标为 7) 的代码为:

```
import textwrap
g=open('OW.txt')
print('The 9th line:\n', "\n".join(textwrap.wrap(g.readlines()[8],60)) )
g.seek(0,0)
print('The 8th words of the 9th line:\n',\
      "\n".join(textwrap.wrap(g.readlines()[8].split()[7],70)))
g.close()
```

输出为:

```
The 9th line:
 There is no such thing as a moral or an immoral book. Books
are well written, or badly written. That is all.
The 8th words of the 9th line:
 moral
```

第 8 章 类和子类简介

Python 是一种很强大的面向对象编程的语言, 各个模块大都是基于 class (类) 和 subclass (子类) 编写的. 表面上, 把一两种统计方法直接应用到某个数据, 似乎只要编写几个函数就可以了. 实际上, 在编程中所引用的 Python 函数可能就属于某个 class. 学会或者至少了解 class 的概念是有意义的, 也不复杂. 这里仅仅通过例子进行简单介绍. 后面我们用英文 class 而不用中文 "类", 以免引起歧义.

8.1 class

下面给出一个面向对象编程的例子, 用的 class 和函数有些类似. 该例描写了一个存钱给予奖励, 过量取钱给予惩罚的简单模型. 代码为:

```
class Customer(object):
    """A customer of XXX Bank with an account have the
    following properties:

    Attributes:
    name: The customer's name.
    balance: The current balance.
    penalty: Penalty for overwithdraw (%)
    reward: reward for deposit (%)
    """

    def __init__(self, name, balance=0.0, penalty=0.3, reward=0.1):
        """Return a Customer object whose name is *name*, starting
        balance is *balance*, the penalty rate is *penalty* and
        the reward rate is *reward*."""
        self.name = name
        self.balance = balance
        self.p = penalty
        self.r = reward

    def withdraw(self, amount):
        """Return the balance after withdrawing *amount*."""
        self.withd=amount
        self.balance=self.balance-self.withd
        if self.balance < 0:
```

```
            self.balance=self.balance*(1+self.p)
        return self.balance

    def deposit(self, amount):
        """Return the balance after depositing *amount*."""
        self.depos=amount
        self.balance=self.balance+self.depos
        if self.balance > 0:
            self.balance=self.balance*(1+self.r)
        return self.balance
```

这个 class 包括两个函数和 "`__init__`" 的定义. 两个函数与一般函数的定义一样, 但引用了 class 的总体变量 (以 `self` 开头的变量), 而 `__init__` 则是这个 class 的 "代表", 包括输入的变元. 这里有 5 个变元, 在变元 `name` (名字), `balance` (存款余额), `penalty` (惩罚), `reward` (奖励) 之外有一个 `self`, 这是留给 "对象" 的, 我们将通过例子来解释. 三重引号里面的内容是说明, 不参与编程, 但可以显示.

下面我们用例子来解释该 class. 在执行上面的代码之后, 输入下面语句:

```
print(Customer.__doc__)
print(Customer.withdraw.__doc__)
print(Customer.deposit.__doc__)
```

就可以得到该 class 和所附两个函数的说明 (三重引号内的文字):

```
A customer of XXX Bank with an account have the
    following properties:

    Attributes:
    name: The customer's name.
    balance: The current balance.
    penalty: Penalty for overwithdraw (%)
    reward: reward for deposit (%)

Return the balance after withdrawing *amount*.
Return the balance after depositing *amount*.
```

下面假定有两个顾客, 一个叫 Jack, 一个叫 June Smith, 他们做了一些存钱和取钱交易. 下面是 Jack 的活动:

```
Jack=Customer('Jack',1000, 0.7, 0.25)
print('Name=', Jack.name)
print('Original balance=', Jack.balance)
Jack.withdraw(1500)
print('Withdraw {}, balance={}'.format(Jack.withd,Jack.balance))
```

```
print('Penalty rate={}, Reward rate={}'.format(Jack.p, Jack.r))
Jack.deposit(3700)
print('Deposite {}, balance={}'.format(Jack.depos,Jack.balance))
print('Penalty rate={}, Reward rate={}'.format(Jack.p, Jack.r))
```

输出为:

```
Name= Jack
Original balance= 1000
Withdraw 1500, balance=-850.0
Penalty rate=0.7, Reward rate=0.25
Deposite 3700, balance=3562.5
Penalty rate=0.7, Reward rate=0.25
```

类似地, 下面是 June 的活动:

```
June=Customer('Smith',30, 0.44, 0.13)
print('Name=', June.name)
print('Original balance=', June.balance)
June.withdraw(20)
print('Withdraw {}, balance={}'.format(June.withd,June.balance))
print('Penalty rate={}, Reward rate={}'.format(June.p, June.r))
June.deposit(125)
print('Deposite {}, balance={}'.format(June.depos,June.balance))
print('Penalty rate={}, Reward rate={}'.format(June.p, June.r))
```

输出为:

```
Name= Smith
Original balance= 30
Withdraw 20, balance=10
Penalty rate=0.44, Reward rate=0.13
Deposite 125, balance=152.55
Penalty rate=0.44, Reward rate=0.13
```

从这个例子可以看出, 无论对象是 Jack 还是 June, 都独立地执行类的代码, 结果都是个性化的, 互不干扰. 如果使用下面的语句 (把其中的`Jack` 换成`June` 也一样), 则会得到和用`Customer` 开头的语句同样的结果 (这里不重复输出结果).

```
print(Jack.__doc__)
print(Jack.withdraw.__doc__)
print(Jack.deposit.__doc__)
```

8.2 subclass

除了可以包含函数, class 还可以有 subclass, 后辈 class 可以继承前辈 class 的一些性质, 也可以改变前辈的一些性质. 下面的类 (命名为 "Son") 就是上面 Customer 的 subclass 的例子, 定义的时候注明 Son 是由 Customer 衍生出来的 subclass (在名称后的括号中注明前辈名称: class Son(Customer):), 这个 subclass 改变了奖惩的规矩 (显示银行恶劣的高利贷).

```
class Son(Customer):
    def withdraw(self, amount):
        """Return the balance after withdrawing *amount*."""
        self.withd=amount
        self.r0=self.r
        self.p0=self.p
        self.balance=self.balance-self.withd
        if self.balance < -30:
            self.p0=self.p0*10
            self.balance=self.balance*(1+self.p0)
        else:
            self.p0=self.p
        return self.balance, self.p0

    def deposit(self, amount):
        """Return the balance after depositing *amount*."""
        self.depos=amount
        self.r0=self.r
        self.p0=self.p
        self.balance=self.balance+self.depos
        if self.balance > 0:
            self.r0=self.r0*3
            self.balance=self.balance*(1+self.r0)
        else:
            self.p0=self.p0
            self.r0=self.r0
        return self.balance, self.r0
```

下面假定有一个顾客 Jackson 按照 subclass 定义的规则做了一些存钱和取钱交易:

```
Jackson=Son('Jackson',30, 0.44, 0.13)
print('Name=', Jackson.name)
print('Original balance=', Jackson.balance)
print('Original Penalty rate={}, Reward rate={}'.format(Jackson.p,\
      Jackson.r))
Jackson.withdraw(250)
```

```
print('Withdraw {}, balance={}'.format(Jackson.withd,Jackson.balance))
print('Penalty rate={}, Reward rate={}'.format(Jackson.p0, Jackson.r0))
Jackson.deposit(5000)
print('Deposite {}, balance={}'.format(Jackson.depos,Jackson.balance))
print('Penalty rate={}, Reward rate={}'.format(Jackson.p0, Jackson.r0))
Jackson.deposit(50)
print('Deposite {}, balance={}'.format(Jackson.depos,Jackson.balance))
print('Penalty rate={}, Reward rate={}'.format(Jackson.p0, Jackson.r0))
```

输出为:

```
Name= Jackson
Original balance= 30
Original Penalty rate=0.44, Reward rate=0.13
Withdraw 250, balance=-1188.0
Penalty rate=4.4, Reward rate=0.13
Deposite 5000, balance=5298.68
Penalty rate=0.44, Reward rate=0.39
Deposite 50, balance=7434.665200000001
Penalty rate=0.44, Reward rate=0.39
```

这个 subclass 继承了前辈的一些内容, 如输入的原始变量, 也改变了奖惩规则.

第 9 章　numpy 模块

numpy 是使用最广泛的数据分析模块之一. 对数量型数据的分析, numpy 模块的数量型数组 array 和 R 中的数量型数组 array (或二维的 matrix 及一维的向量) 非常相似. 很多 Python 模块都需要 numpy 模块.

首先要输入模块 (通常简记为 np):

```
import numpy as np
```

9.1　numpy 数组的产生

在应用中, 最常见的数组来自数据文件, 但是在教学中, 特别是编程的过程中, 需要随时产生所需要的数组. 本节介绍产生各种 numpy 数组的方法.

9.1.1 在 numpy 模块中生成各种分布的伪随机数

在 numpy 模块中有个子模块 random, 其中包括产生 30 多种分布的随机数的函数. 下面是一些例子, 这里不显示输出, 请读者自己逐条实践, 相信很容易看明白.

```
np.random.seed(1010) #随机种子
np.random.rand(2,5,3) #产生30个[0.0,1.0)中的随机数并形成2乘5乘3的三维数组
np.random.randn(3,5) #产生15个标准正态分布随机数并形成3乘5的二维数组
np.random.normal(3,5,100) #产生100个均值为3, 标准差为5的N(3,5)随机数
np.random.uniform(3,7,100) #产生100个上下界分别为3和7的均匀分布随机数
np.random.randint(3,30,34) #产生34个[3,30)中的随机整数
np.random.random_integers(3,30,34) #产生34个[3,30)中的随机整数
x=[2,5,-7.6]
#下面是从数组x中按照给定概率p随机(放回)抽取20个样本
np.random.choice(x,20,replace=True,p=[0.1,0.3,0.6])
#下面是从数组x中完全随机(不放回)抽取2个样本
np.random.choice(x,2,replace=False)
np.random.permutation(range(10)) #把0到9的自然数随机排列
```

注意: 使用 random 模块所设定的随机种子 (比如 `random.seed(.)`) 对于 numpy 模块的产生随机数的函数不起作用, 这时需要用诸如 `np.random.seed(.)` 的 numpy 模块的随机种子设定.

9.1.2 从 Python 基本数组产生

从 list, tuple 等通过 np.array 可直接产生

(1) 不规律的数组, 转换成 np.array 和原先的数组区别不大:

```
x0=[[1,3,-5],[3,4],'It is a word',(2,6),{3:51,'I':(2,1)}]
x=np.array([[1,3,-5],[3,4],'It is a word',(2,6),{3:51,'I':(2,1)}])

print(x0,'\n', x)
print(x0[0][:2], x0[4][3],x0[2][3:5],x0[4]['I'],len(x0))
print(x[0][:2], x[4][3],x[2][3:5],x[4]['I'],x.shape,x.size)
```

输出为:

```
[[1, 3, -5], [3, 4], 'It is a word', (2, 6), {3: 51, 'I': (2, 1)}]
 [list([1, 3, -5]) list([3, 4]) 'It is a word' (2, 6) {3: 51, 'I': (2, 1)}]
[1, 3] 51 is (2, 1) 5
[1, 3] 51 is (2, 1) (5,) 5
```

(2) 如果是规则的, 即原先数组各个元素的子元素数目相同, 则形成矩阵或高维数组, 下面的代码产生了一个 3×3 矩阵和 $2 \times 3 \times 2$ 数组:

```
y=np.array(((2,1,-7),[5.5,21,32],(3,8.,1)))
z=np.array((((2,3),(1,43),[2,8]),[[2,3],[3,1],(9,5)]))
print(y,'\n',z,'\nshape of y ={}, shape of z ={}, \
\ndim of y={}, dim of z={}, size of y={}, size of z={}'.format(y.shape,\
    z.shape,y.ndim,z.ndim,y.size,z.size))
```

输出为:

```
[[ 2.   1.  -7. ]
 [ 5.5 21.  32. ]
 [ 3.   8.   1. ]]
 [[[ 2  3]
  [ 1 43]
  [ 2  8]]

 [[ 2  3]
  [ 3  1]
  [ 9  5]]]
shape of y =(3, 3), shape of z =(2, 3, 2),
dim of y=2, dim of z=3, size of y=9, size of z=12
```

在上面的代码中, ndim 给出几维, shape 给出各维的尺度, size 给出了所有元素的总个数, 这几个都是 np.array 所特有的.

(3) 即使是规则的数组, 也不一定能够参与代数运算, 因为 array 的数据类型 (用 .dtype 显示) 不一定对, 比如下面两个数组都是同样维度的数组, 但一个数组是可以参与代数运算

的 (dtype('float64')), 而另一个不行 (dtype('<U21')).

```
x=np.array([[1,3,-5],['it','does','work']])
y=np.array([[2,4.2,1.5],[7.4,-20,11]])
x.dtype,x.shape,y.dtype,y.shape
```

输出为:

```
(dtype('<U21'), (2, 3), dtype('float64'), (2, 3))
```

9.1.3 直接产生需要的数组

(1) 和 range 类似的函数是 np.arange, 该函数可以有 1 个变元, 输出是从 0 开始步长为 1 的小于该数的所有整数的升序列; 如果有 2 个数字变元, 输出为从第一个数字开始到小于该数的步长为 1 的升序列; 如果有 3 个数字变元, 则为从第一个变元开始, 逐次增加第三个变元 (步长) 的距离, 直到不超过第二个数的绝对值为止:

```
np.arange(3.2),np.arange(3.2,7.8),np.arange(2.2,5.8,.5),np.arange(2.3,-9,-1.5)
```

输出为:

```
(array([0., 1., 2., 3.]),
 array([3.2, 4.2, 5.2, 6.2, 7.2]),
 array([2.2, 2.7, 3.2, 3.7, 4.2, 4.7, 5.2, 5.7]),
 array([ 2.3,  0.8, -0.7, -2.2, -3.7, -5.2, -6.7, -8.2]))
```

(2) 和 np.arange 有些相似但又不同的一个函数是 np.linspace (实际上和 R 产生序列的函数 seq 的部分功能 seq(a,b,length=50) 相同), np.linspace 有三个变元, 第一个是初始点, 第二个为终点, 第三个是序列长度 (默认 50), 产生包括起点和终点在内的等间隔数列, 长度为第三个变元 (如果是浮点数则取整):

```
np.linspace(-2.1,6,3),np.linspace(-2.5,-16,4)
```

输出为:

```
(array([-2.1 ,  1.95,  6.  ]), array([ -2.5,  -7. , -11.5, -16. ]))
```

产生空数组或有同样值的数组

(1) 产生全部为零、全部为 1、全部为某一指定数目的指定维数的数组、某现有数组维数的全零数组或者单位矩阵:

```
a=np.array([[2,5,-1,2,10],(3,1,4.,6,34)])
print(np.zeros([2,3]),'\n',np.ones((2,4)),'\n',
      np.full((2,5),-np.inf),'\n',np.zeros_like(a),'\n',np.eye(3),
      '\n',np.identity(2))
```

上面的代码中, np.zeros([2,3]) 生成全为 0 的 2×3 矩阵, np.ones([2,4]) 生成全为 1 的 2×4 矩阵, 先标明维度后标明填充内容的代码 np.full((2,5),-np.inf) 生成全为 $-\infty$ 的 2×5 矩阵, np.zeros_like(a) 生成全为 0 的维数和对象 a 相同的矩阵, np.eye(3) 生成 3×3 单位矩阵 (等同 np.identity(3)). 上面的代码输出为:

```
[[0. 0. 0.]
 [0. 0. 0.]]
 [[1. 1. 1. 1.]
 [1. 1. 1. 1.]]
 [[-inf -inf -inf -inf -inf]
 [-inf -inf -inf -inf -inf]]
 [[0. 0. 0. 0. 0.]
 [0. 0. 0. 0. 0.]]
 [[1. 0. 0.]
 [0. 1. 0.]
 [0. 0. 1.]]
 [[1. 0.]
 [0. 1.]]
```

(2) 产生具有 "任意值" 的空数组及产生具有某数组维数的任意值数组, 所有这些 "任意值" 没有任何规律:

```
a=np.array([[2,5,-1,2],(3,1,4.,6)])
print(np.empty((2,3)),'\n',np.empty_like(a))
```

输出为:

```
[[9.9e-324 2.5e-323       nan]
 [1.5e-323 4.9e-324 2.0e-323]]
 [[9.9e-324 2.5e-323       nan 9.9e-324]
 [1.5e-323 4.9e-324 2.0e-323 3.0e-323]]
```

通过函数来构造矩阵

(1) 下面是产生元素为行指标 (i) 和列指标 (j) 函数 (这里是 $i^2+i\times j$) 的矩阵:

```
np.fromfunction(lambda i, j: i**2 + i*j, (3, 4))
```

输出为:

```
array([[ 0.,  0.,  0.,  0.],
       [ 1.,  2.,  3.,  4.],
       [ 4.,  6.,  8., 10.]])
```

(2) 函数也可以是逻辑表达式, 下面是用此取得一个矩阵对角线元素的练习:

```
np.random.seed(1010);a=np.random.rand(3,4)
id=np.fromfunction(lambda i, j: i==j, (3, 4))
id,a,a[id]
```

输出为:

```
(array([[ True, False, False, False],
        [False,  True, False, False],
        [False, False,  True, False]]),
 array([[0.39425649, 0.17559247, 0.07270586, 0.19188087],
        [0.39980431, 0.41812333, 0.7625821 , 0.5214099 ],
        [0.41088322, 0.53744427, 0.27056231, 0.43332662]]),
 array([0.39425649, 0.41812333, 0.27056231]))
```

9.2 数据文件的存取

下面随机产生一个数据矩阵并把它存入具有不同分隔符格式的文件中, 再把数据从文件中提取出来:

```
x = np.random.randn(5,3) #产生标准正态随机数组成的5乘3矩阵
np.savetxt('tabs1.txt',x) #存成以制表符分隔的文件
np.savetxt('commas1.csv',x,delimiter=',') #存成以逗号分隔的文件(如csv)
u = np.loadtxt('commas1.csv',delimiter=',') #读取以逗号分隔的文件
v = np.loadtxt('tabs1.txt') #读取以制表符分隔的文件
```

可以核对上面变量 (`x,u,v`) 的维数 (用诸如 `x.shape` 的语句来显示各个维的形状, 而用 `x.ndim` 显示是几维的) 及它们是否相等 (用逻辑符号 == 或 != 进行逐个元素比较):

```
print('Shape of x, u and v are: [%s, %s ,%s]'%(x.shape,u.shape,v.shape))
print('x has', x.ndim, 'dimensions')
print('x and u are identical? %s' %(np.sum(x!=u)==0))
print('x and v are identical? %s' %(np.sum(x!=v)==0))
```

得到:

```
Shape of x, u and v are: [(5, 3), (5, 3) ,(5, 3)]
x has 2 dimensions
x and u are identical? True
x and v are identical? True
```

9.3 数组 (包括矩阵) 及有关的运算

9.3.1 数组的维数、形状及类型

numpy 数组的特征包括维数和形状, 比如下面的语句把一个复合的 list 转换成一个 $2 \times 2 \times 3$ 的 numpy 数组 (array) 形式:

```
y = np.array([[[1,4,7],[2,5,8]],[[3,6,9],[10,100,1000]]])
# list 为二维时, np.array() 等价于  np.asmatrix()
print('y=\n',y)
print('y[0,:,:]=\n',y[0,:,:])
print('y[1,:,:]=\n',y[1,:,:])
print('y[:,0,:]=\n',y[:,0,:])
print('y[:,1,:]=\n',y[:,1,:])
print('y[:,:,0]=\n',y[:,:,0])
print('y[:,:,1]=\n',y[:,:,1])
print('y[1,0,0]={}, y[0,1,:]={}'.format(y[1,0,0],y[0,1,:]))
```

输出为:

```
y=
 [[[   1    4    7]
  [   2    5    8]]

 [[   3    6    9]
  [  10  100 1000]]]
y[0,:,:]=
 [[1 4 7]
 [2 5 8]]
y[1,:,:]=
 [[   3    6    9]
 [  10  100 1000]]
y[:,0,:]=
 [[1 4 7]
 [3 6 9]]
y[:,1,:]=
 [[   2    5    8]
 [  10  100 1000]]
y[:,:,0]=
 [[ 1  2]
 [ 3 10]]
y[:,:,1]=
 [[  4   5]
 [  6 100]]
y[1,0,0]=3, y[0,1,:]=[2 5 8]
```

下面的代码显示数组 y 的维数是 3 维 (用 .ndim 显示), 而每一维的元素个数 (2, 2, 3) 则是形状 (用 .shape 显示).

```
print('shape of y=', np.shape(y),'\ndimension of y=', y.ndim)
print('"type(y)"=%s, "y.dtype"=%s' %(type(y),y.dtype))
```

输出为:

```
shape of y= (2, 2, 3)
dimension of y= 3
"type(y)"=<class 'numpy.ndarray'>, "y.dtype"=int64
```

9.3.2 数组形状的改变

改变数组形状有很多方法, 下面列举其中一些, 当然, 成功的前提是数目匹配.

(1) 利用 reshape:

```
x=np.arange(16).reshape(2,8);x
```

输出为:

```
array([[ 0,  1,  2,  3,  4,  5,  6,  7],
       [ 8,  9, 10, 11, 12, 13, 14, 15]])
```

(2) 重新改变形状:

```
x.reshape(4,4),x.reshape(1,-1)
```

输出为:

```
(array([[ 0,  1,  2,  3],
        [ 4,  5,  6,  7],
        [ 8,  9, 10, 11],
        [12, 13, 14, 15]]),
 array([[ 0,  1,  2,  3,  4,  5,  6,  7,  8,  9, 10, 11, 12, 13, 14, 15]]))
```

(3) 上面 reshape 中的 −1 实际上起到自动填补缺失维数的作用:

```
x.reshape(2,-1,4),x.reshape(4,-1,2).shape #shape (4,2,2)
```

输出为:

```
(array([[[ 0,  1,  2,  3],
         [ 4,  5,  6,  7]],

        [[ 8,  9, 10, 11],
         [12, 13, 14, 15]]]), (4, 2, 2))
```

(4) 函数 np.newaxis 和使用 −1 的 reshape 有类似之处:

```
x=np.arange(4)
print(x[np.newaxis,:],x.reshape(1,-1)) #行向量 1x8 矩阵
print(x[:,np.newaxis]==x.reshape(-1,1)) #列向量 8x1 矩阵
```

输出为:

```
[[0 1 2 3]] [[0 1 2 3]]
[[ True]
 [ True]
 [ True]
 [ True]]
```

(5) 不考虑轴的 resize 函数大家要慎用:

```
x=np.arange(5)
print(np.resize(x,(2,8)),'\n',np.resize(x,(1,3)))
```

输出为:

```
[[0 1 2 3 4 0 1 2]
 [3 4 0 1 2 3 4 0]]
 [[0 1 2]]
```

9.3.3 同维数数组间元素对元素的计算

对于 numpy 数组中的 array 类型的同维数数组, 可以做元素对元素的加、减、乘、除、乘方等运算, 但要注意数据类型的变化, 这些计算都比较简单.

(1) 整型数组的运算及数据类型变化. 下面是整型和浮点型数组 (向量) 运算的例子. 如果两个数组都是整型的, 则运算结果对于加、减、乘及乘方 (不允许整数的负整数指数运算, 但两者有一个浮点数即可) 是整型的, 对于除法则是浮点型的, 但只要有一个是浮点型的, 运算结果就是浮点型的:

```
import numpy as np
u=np.array([0, 1, 2]);v=np.array([5,2,7]) #整型list转换成np.array
print('shape of u=%s; shape of v=%s' %(u.shape,v.shape)) #形状
print('type of u=%s, type of v=%s' %(u.dtype,v.dtype)) #输出u和v类型
print('type of (u+v) is %s, type of (u*v) is %s, \ntype of (u/v)is %s,\
type of (u**v)is %s' %((u+v).dtype,(u*v).dtype,(u/v).dtype,(u**v).dtype))
print("u+v,u*v,u/v:u**v:\n",u+v,u*v,u/v,u**v)
```

输出为:

```
shape of u=(3,); shape of v=(3,)
type of u=int64, type of v=int64
type of (u+v) is int64, type of (u*v) is int64,
```

```
type of (u/v)is float64,type of (u**v)is int64
u+v,u*v,u/v:u**v:
 [5 3 9] [ 0  2 14] [0.         0.5        0.28571429] [  0   1 128]
```

(2) 包含浮点型数组的元素对元素运算. 这和整型一样, 只不过没有数据类型问题 (结果都是浮点型), 例如:

```
x=np.array([1,3,2.7]);y=np.array([2,-2.5,-1])
print(x+y,'\n',x-y,'\n',x/y,'\n',x**y)
```

输出为:

```
[3.  0.5 1.7]
 [-1.   5.5  3.7]
 [ 0.5 -1.2 -2.7]
 [1.         0.06415003 0.37037037]
```

9.3.4 不同维数数组间元素对元素的运算

(1) 数组对标量数做运算得到与数组维数一样的数组, 以指数运算为例:

```
x=np.array([[1,3,2],[2,3,1]])
#上式等价于 x=np.asmatrix([[1,3,2],[2,3,1]])
print('x=\n',x)
print('x**3=\n',x**3,'\n3**x=\n',3**x)
```

输出为:

```
x=
 [[1 3 2]
 [2 3 1]]
x**3=
 [[ 1 27  8]
 [ 8 27  1]]
3**x=
 [[ 3 27  9]
 [ 9 27  3]]
```

(2) 如果想要两个不同维向量做运算, 结果为相应维数的矩阵, 则一个向量需要是行向量, 另一个是列向量 (矩阵形式). 我们仍以指数运算为例:

```
x=np.array([1,3,2]) #行矩阵
y=np.array((2.,-2)).reshape(-1,1) #变成列矩阵
print('x=\n',x)
print('y=\n',y)
```

```
print('y**x=\n',y**x)
print('shape of y**x=',(y**x).shape, 'type of y**x=',(y**x).dtype)
print('x**y=\n',x**y)
print('shape of x**y=',(x**y).shape, 'type of x**y=',(x**y).dtype)
```

输出为:

```
x=
 [1 3 2]
y=
 [[ 2.]
 [-2.]]
y**x=
 [[ 2.  8.  4.]
 [-2. -8.  4.]]
shape of y**x= (2, 3) type of y**x= float64
x**y=
 [[1.         9.         4.        ]
 [1.         0.11111111 0.25      ]]
shape of x**y= (2, 3) type of x**y= float64
```

(3) 对于矩阵和与其一个维数匹配的向量计算, 则需要把向量转换成相应的 (行或列) 矩阵形式, 这有些类似于 R 中的 sweep 函数的作用:

```
x=np.ones((3,4))
y=np.arange(4)
z=np.arange(3)
print(x*y[np.newaxis,:])#等价于 x*y.reshape(1,-1), y*x 和 x*y
print(x*z[:,np.newaxis]) #等价于 x*z.reshape(-1,1))
```

输出为:

```
[[0. 1. 2. 3.]
 [0. 1. 2. 3.]
 [0. 1. 2. 3.]]
[[0. 0. 0. 0.]
 [1. 1. 1. 1.]
 [2. 2. 2. 2.]]
```

9.3.5 舍入及取整运算

舍入运算主要是四舍五入 (numpy 模块的函数 round)、取大于对象的最小整数 (numpy 模块的函数 ceil)、取小于对象的最大整数 (numpy 模块的函数 floor). 一些简单舍入运算例子的代码如下:

```
x = np.array([ 123.858, 112.9652, -16.4278])
print(np.round(x,3),np.round(x, -2)) #四舍五入位数(负数为小数点前位数)
print(np.around(x,3),np.around(x,-2)) #同上
print(np.floor(x),np.ceil(x)) #比x小的最大整数及比x大的最小整数
```

输出为:

```
[ 123.858  112.965  -16.428] [ 100.   100.    -0.]
[ 123.858  112.965  -16.428] [ 100.   100.    -0.]
[ 123.   112.   -17.] [ 124.   113.   -16.]
```

9.3.6 一些常用的数组 (矩阵) 计算

向量的极大极小值、和、累积和、乘积、累积乘积及差分

(1) 对一个矩阵 (x) 求全局最大值 (`n.max(x)`) 及最大值位置 (`n.argmax(x)`), 该位置是该最大值按行排列的总位置.

```
x=np.array([-2,7,-1,9,6,-5]).reshape(2,3)
print('x=','\n', x)
print('np.max(x)=', np.max(x))
print('np.argmax(x)=', np.argmax(x))
```

输出为:

```
x=
 [[-2  7 -1]
 [ 9  6 -5]]
np.max(x)= 9
np.argmax(x)= 3
```

表明最大值是 9, 位置是逐行排序的第 3 个 (注意: 位置是从 0 开始).

(2) 求逐列比较行中 (`axis=0`) 的最大值及其位置和逐行比较列中 (`axis=1`) 的最小值及其位置.

```
print('x=','\n', x)
print('x.max(0)=' ,x.max(axis=0),'x.argmax(0)=' ,x.argmax(axis=0))
print('x.min(1)=' ,x.min(axis=1),'x.argmin(1)=', x.argmin(axis=1))
```

输出为:

```
x=
 [[-2  7 -1]
 [ 9  6 -5]]
x.max(0)= [ 9  7 -1] x.argmax(0)= [1 0 0]
x.min(1)= [-2 -5] x.argmin(1)= [0 2]
```

输出表明, 行 (axis=0) 中的最大值在 3 列中分别为 (9, 7, −1), 而最大的在 3 列中分别在第 1 行 (数值 9)、第 0 行 (数值为 7)、第 0 行 (数值为 −1). 列 (axis=1) 中的最小值在 2 行中分别为 (−2, −5), 而最小的在 2 行中分别为第 0 列 (数值为 −2)、第 2 列 (数值为 −5). **注意: 这和 R 软件相反, 这里是比较行元素大小用行 (axis=0), 而在 R 中则相应于函数 apply(.,MARGIN,max) 中的 MARGIN=2 (列), 这体现了结果是按照第 2 维 (列, 即MARGIN=2) 出现的. 也就是说, Python 是按照操作函数的维度 (axis), 而 R 按照结果展示的维度 (MARGIN) 来在函数中注明的.**

(3) 向量各个元素的和、累积和、乘积、累积乘积及差分的数学运算例子如下:

```
x = np.array([123.858, -23.6, 112.9652, -16.4278])
print('sum=', np.sum(x),'\ncumsum=', np.cumsum(x)) #和及累积和
print('prod=',np.prod(x),'\ncumprod=', np.cumprod(x)) #乘积及累积乘积
print('diff(x)=',np.diff(x)) #差分
```

输出为:

```
sum= 196.79540000000003
cumsum= [123.858  100.258  213.2232 196.7954]
prod= 5424505.431374854
cumprod= [ 1.23858000e+02 -2.92304880e+03 -3.30202792e+05  5.42450543e+06]
diff(x)= [-147.458   136.5652 -129.393 ]
```

(4) 上述计算对于矩阵是类似的, 但要标明对哪一维实施计算:

```
x.shape=2,2 #把x转换成2乘2矩阵
print('x=\n',x)
print('diff by column =',np.diff(x,axis=0)) #按列(对不同的行元素)差分
print('diff by row =\n',np.diff(x,axis=1)) #按行(对不同的列元素)差分
```

输出为:

```
x=
 [[123.858   -23.6    ]
 [112.9652 -16.4278]]
diff by column= [[-10.8928    7.1722]]
diff by row=
 [[-147.458]
 [-129.393]]
```

注意: 这里的计算的维数标记 axis 和 R 的 MARGIN 相反, 前者涉及运算哪一维数据, 后者为结果是哪些维. 我们可以如此考虑:

- **axis=0 意味着对于第 0 维元素做运算, 结果的维数和剩下的维数相同, 比如代码 np.diff(x,axis=0) 为对第 0 维元素 (按照列的方向) 运算, 得到和列同样维数的结果. 这对于高于两维的数组也一样, 而 R 中的 MARGIN 是目标的维数.**
- **类似地, axis=1 意味着对于第 1 维元素做运算, 结果的维数和剩下的维数相同.**

(5) 关于上面的说明, 我们看下面 3 维数组的例子:

- 构造一个 $2 \times 2 \times 8$ 维数组, 对第 0 维元素求和, 得到 2×8 维矩阵 (如果在 R 中有同样数据, 则相应的 R 代码为 `apply(x,2:3,sum))`):

```
y=np.arange(32).reshape(2,2,8)
y.sum(axis=0) # 2x8
```

输出为:

```
array([[16, 18, 20, 22, 24, 26, 28, 30],
       [32, 34, 36, 38, 40, 42, 44, 46]])
```

- 对第 (0, 1) 维元素求和, 得到 8 维向量 (如果在 R 中有同样数据, 则相应的 R 代码为 `apply(x,3,sum))`):

```
y.sum(axis=(0,1))
```

输出为:

```
array([48, 52, 56, 60, 64, 68, 72, 76])
```

对数组的指数、对数、符号函数、绝对值等运算

指数、对数、符号函数、绝对值等各种对向量和数组的数学运算通过一个矩阵例子说明如下, 请慢慢体会.

```
print('sign(x)=\n' ,np.sign(x),'\nexp(x)=\n', np.exp(x))
print('log(abs(x))=\n', np.log(np.abs(x)),'\nx**2=\n', x**2)
```

输出为:

```
sign(x)=
 [[-1  1 -1]
 [ 1  1 -1]]
exp(x)=
 [[1.35335283e-01 1.09663316e+03 3.67879441e-01]
 [8.10308393e+03 4.03428793e+02 6.73794700e-03]]
log(abs(x))=
 [[0.69314718 1.94591015 0.        ]
 [2.19722458 1.79175947 1.60943791]]
x**2=
 [[ 4 49  1]
 [81 36 25]]
```

这些结果比较容易理解.

数组的内积运算

(1) **向量之间的内积.** 下面产生两个向量, 然后对它们用两种代码做内积 (同样结果):

```
x=np.arange(3,5,.5) #从3到5(不包含5)等间隔为0.5的数列
y=np.arange(4)
print(x,y,x.shape,y.shape)
print('np.dot(x,y)={}, np.sum(x*y)={}'.format(np.dot(x,y),np.sum(x*y)))
```

输出为:

```
[ 3.   3.5  4.   4.5] [0 1 2 3] (4,) (4,)
np.dot(x,y)=25.0, np.sum(x*y)=25.0
```

(2) **数组的内积 (包括矩阵乘法)**. 下面利用函数 `x.dot(y)` 做矩阵乘法 (这里的符号 `.T` 是矩阵转置):

```
np.random.seed(1010)
x=np.random.randn(3,5)
y=np.random.randn(3,5)
print(x.dot(y.T)) #x 和 y 的转置做矩阵乘法
print(x.T.dot(y)) # x 转置和 y做矩阵乘法
```

输出为:

```
[[-1.0318153  -1.88907149  2.54028701]
 [-2.10771194  2.22238228  2.37930213]
 [-1.86625255 -8.75536729 -2.73495693]]
[[ 0.89345574  0.98214421  1.61265664 -0.59913331 -3.54700972]
 [ 1.37663989 -1.85204347  0.25711013 -1.19133256 -2.75623621]
 [-2.07437918  5.26984201 -2.52133639  0.16740563  6.75661742]
 [-0.01525961  2.43814635 -1.35260294 -1.2205933   1.6785248 ]
 [ 0.7780646  -3.33191557 -3.72672114 -1.99627082  3.15612748]]
```

数组的外积运算

两个向量 $\boldsymbol{x}$ 和 $\boldsymbol{y}$ 的外积等于一个行列维数分别等于这两个向量长度的矩阵, 其第 (ij) 元素等于 x_iy_j, 下面是对数值和字符的两个例子.

(1) 两个数量向量的外积:

```
x=np.arange(3);y=np.linspace(1,10,5)
x,y,np.outer(x,y)
```

输出为:

```
(array([0, 1, 2]),
 array([ 1.  ,  3.25,  5.5 ,  7.75, 10.  ]),
 array([[ 0.  ,  0.  ,  0.  ,  0.  ,  0.  ],
        [ 1.  ,  3.25,  5.5 ,  7.75, 10.  ],
        [ 2.  ,  6.5 , 11.  , 15.5 , 20.  ]]))
```

(2) 一个是字符向量 (必须确定数据类型为 object), 一个是数量 (必须是整数):

```
x=np.array(['I', 'am', 'OK'], dtype=object);y=np.arange(5)
x,y,np.outer(x,y)
```

输出为:

```
(array(['I', 'am', 'OK'], dtype=object),
 array([0, 1, 2, 3, 4]),
 array([['', 'I', 'II', 'III', 'IIII'],
        ['', 'am', 'amam', 'amamam', 'amamamam'],
        ['', 'OK', 'OKOK', 'OKOKOK', 'OKOKOKOK']], dtype=object))
```

9.3.7 合并及拆分矩阵

(1) 分别按照列 (行元素的叠加方向) (选项 axis=0: 竖直方向) 或按照行 (列的叠加方向) (axis=1: 水平方向) 合并矩阵, 使用 vstack (或 concatenate 及选项 axis=0) 及 hstack (或 concatenate 及选项 axis=1), 这分别和 R 的 cbind 及 rbind 类似:

```
x = np.array([[1.0,2.0,4],[3.0,4.0,-1]])
y = np.array([[5.0,6.0,-2],[7.0,8.0,9]])
print('x.shape=',x.shape,'y.shape=',y.shape) #都是2乘3矩阵
print('x=\n',x,'\ny=\n',y)
z = np.vstack((x,y)) #x,y纵向叠加合并成4乘3矩阵
z1 = np.hstack((x,y)) #x,y横向叠加合并成2乘6矩阵
print('z=\n',z,'\nz1=\n',z1, '\nz.shape=',z.shape,
  'z1.shape=', z1.shape)
z = np.concatenate((x,y),axis=0)#等同于 np.vstack((x,y))
z1 = np.concatenate((x,y),axis=1) #等同于 np.hstack((x,y))
```

输出为 (只输出等价的两组中的一组):

```
x.shape= (2, 3) y.shape= (2, 3)
x=
 [[ 1.  2.  4.]
 [ 3.  4. -1.]]
y=
 [[ 5.  6. -2.]
 [ 7.  8.  9.]]
```

```
z=
 [[ 1.  2.  4.]
 [ 3.  4. -1.]
 [ 5.  6. -2.]
 [ 7.  8.  9.]]
z1=
 [[ 1.  2.  4.  5.  6. -2.]
 [ 3.  4. -1.  7.  8.  9.]]
z.shape= (4, 3) z1.shape= (2, 6)
```

(2) 如果要拆分矩阵和合并矩阵类似, 但都是等分, 下面例子的 `hsplit(x,2)` 为水平拆分矩阵 x 为 2 等分 (因此, 如果矩阵不是偶数列还不行):

```
x = np.arange(24).reshape(4, 6)
print('x= %s \n hsplit=\n%s'%(x,np.hsplit(x,2)))
```

上面的拆分等价于 `np.split(x,2,axis=1)`, 输出为:

```
x= [[ 0  1  2  3  4  5]
 [ 6  7  8  9 10 11]
 [12 13 14 15 16 17]
 [18 19 20 21 22 23]]
 hsplit=
[array([[ 0,  1,  2],
       [ 6,  7,  8],
       [12, 13, 14],
       [18, 19, 20]]), array([[ 3,  4,  5],
       [ 9, 10, 11],
       [15, 16, 17],
       [21, 22, 23]])]
```

(3) 类似地, 按竖直方向拆分上面的 x 为 4 份的代码 (等价于 `np.split(x,4,axis=0)`) 为:

```
np.vsplit(x,4)
```

输出为:

```
[array([[0, 1, 2, 3, 4, 5]]),
 array([[ 6,  7,  8,  9, 10, 11]]),
 array([[12, 13, 14, 15, 16, 17]]),
 array([[18, 19, 20, 21, 22, 23]])]
```

(4) 对于多于 2 维的情况, 拆分发生在中间维, 这里不演示. 对于 1 维的序列, 可以按照下标来拆分:

```
x=np.arange(9)
np.split(x,(2,5,7,12))
```

输出为:

```
[array([0, 1]),
 array([2, 3, 4]),
 array([5, 6]),
 array([7, 8]),
 array([], dtype=int64)]
```

9.3.8 使用 insert 往数组中插入值

构造一个数组:

```
u=np.array([[11,32,26],[47,54,89],[92,64,95]]);u
```

输出为:

```
array([[11, 32, 26],
       [47, 54, 89],
       [92, 64, 95]])
```

插入一个值的情况

(1) 不加选项 axis, 则把原数组当成一维序列, 下面是在下标 1 的位置插入 0:

```
np.insert(u,1,0) #相当于np.insert(u.flatten(),1,0)
```

输出为:

```
array([11,  0, 32, 26, 47, 54, 89, 92, 64, 95])
```

(2) axis=1 时, 则在第 1 列加入一列 0:

```
np.insert(u,1,0,axis=1)
```

输出为:

```
array([[11,  0, 32, 26],
       [47,  0, 54, 89],
       [92,  0, 64, 95]])
```

(3) axis=0 时, 则在第 1 行加入一行 0:

```
np.insert(u,1,0,axis=0)
```

输出为:

```
array([[11, 32, 26],
       [ 0,  0,  0],
       [47, 54, 89],
       [92, 64, 95]])
```

插入匹配的数组

(1) axis=0 时, 则在第 1 列加入一个维数匹配的数组:

```
np.insert(u,1,[[1,2,3],[4,5,6]],axis=0)
```

输出为:

```
array([[11, 32, 26],
       [ 1,  2,  3],
       [ 4,  5,  6],
       [47, 54, 89],
       [92, 64, 95]])
```

(2) axis=1 时, 则在第 1 列加入一个维数匹配的数组:

```
np.insert(u,1,np.array([[1,2,3],[4,5,6]]),axis=1)
```

输出为:

```
array([[11,  1,  4, 32, 26],
       [47,  2,  5, 54, 89],
       [92,  3,  6, 64, 95]])
```

9.3.9 部分数组的赋值

(1) 注意等价数组的互相影响, 下面的 x 和 y 等价 (当然等值):

```
np.random.seed(1010)
x=np.arange(12).reshape(2,6)
y=x;z=x.copy()
print(y is x,'\n',y==x,'\n',z is x,'\n',z==x)
```

输出为:

```
True
 [[ True  True  True  True  True  True]
 [ True  True  True  True  True  True]]
 False
 [[ True  True  True  True  True  True]
```

```
[ True  True  True  True  True  True]]
```

(2) 对于上面的数组 y 如果对某部分赋值, 则 x 也会改变, 但对 z 的部分赋值不会改变 x(如果对 y 整体赋值, 则 x 不会改变):

```
print(x)
y[0,0]=99;z[0,:]=-777
print(x,'\n',y,'\n',z)
```

输出为:

```
[[ 0  1  2  3  4  5]
 [ 6  7  8  9 10 11]]
[[99  1  2  3  4  5]
 [ 6  7  8  9 10 11]]
 [[99  1  2  3  4  5]
 [ 6  7  8  9 10 11]]
 [[-777 -777 -777 -777 -777 -777]
 [   6    7    8    9   10   11]]
```

(3) 上面已经看到对多维数组的部分赋值, 或按照切片 (低维子数组) 来赋值. 下面给出更多的例子. 对于数组可以按照某一维 (比如矩阵的行或列) 或者某一块来赋值, 下面是关于数组元素赋值的例子:

```
x=np.zeros((4,5))+999 #产生全部元素为999的4乘5矩阵
print('x=\n',x)
x[0,:]=np.pi #第0行全部赋值为圆周率pi
print('x=\n',x)
x[0:2,0:2]=0 #0到1行及0到1列赋值为0
print('\nx=\n',x)
x[:,4]=np.arange(4) #第4列赋值为0,1,2,3
print('\nx=\n',x)
x[1:3,2:4]=np.array([[1,2],[3,4]]) #1到2行及2到3列用2乘2矩阵赋值
print('\nx=\n',x)
```

输出为:

```
x=
 [[999. 999. 999. 999. 999.]
 [999. 999. 999. 999. 999.]
 [999. 999. 999. 999. 999.]
 [999. 999. 999. 999. 999.]]
x=
 [[  3.14159265   3.14159265   3.14159265   3.14159265   3.14159265]
 [999.         999.         999.         999.         999.        ]
```

```
 [999.        999.        999.        999.        999.        ]
 [999.        999.        999.        999.        999.        ]]

x=
 [[  0.          0.          3.14159265   3.14159265   3.14159265]
 [  0.          0.        999.        999.        999.        ]
 [999.        999.        999.        999.        999.        ]
 [999.        999.        999.        999.        999.        ]]

x=
 [[  0.          0.          3.14159265   3.14159265   0.        ]
 [  0.          0.        999.        999.          1.        ]
 [999.        999.        999.        999.          2.        ]
 [999.        999.        999.        999.          3.        ]]

x=
 [[  0.          0.          3.14159265   3.14159265   0.        ]
 [  0.          0.          1.           2.           1.        ]
 [999.        999.          3.           4.           2.        ]
 [999.        999.        999.        999.          3.        ]]
```

一些 "快捷" 定义行列序列语句

下面是一些行序列和列序列的 "快捷方式" 的定义语句, 通过例子说明如下:

(1) 语句 np.c_[0:12:4] 产生由 0 开始, 间隔为 4, 直到 (但不包含)12 为止的列向量:

```
x=np.c_[0:12:4] #从0开始, 间隔4, 直到(但不包含)12为止的列向量
y=np.arange(0,12,4).reshape(-1,1) #等价语句
print('x=\n',x)
print('y=\n',y)
print('Is x and y identical? ',np.sum(x-y)==0)
```

输出为:

```
x=
 [[0]
 [4]
 [8]]
y=
 [[0]
 [4]
 [8]]
Is x and y identical?  True
```

(2) 语句 x=np.c_[0:10:3j] (注意最后多了个字母 j) 产生从 0 开始, 等距 3 个元素, 直到

(包含)10 为止的列向量:

```
x=np.c_[0:10:3j] #从0开始, 3个元素, 直到(包含)10为止的列向量
y=np.arange(0,11,10/(3-1)).reshape(-1,1) #等价语句
print('x=\n',x)
print('y=\n',y)
print('Is x and y identical? ',np.sum(x-y)==0)
```

输出为:

```
x=
 [[ 0.]
 [ 5.]
 [10.]]
y=
 [[ 0.]
 [ 5.]
 [10.]]
Is x and y identical?  True
```

(3) 语句 `x=np.r_[0:10:4]` 产生由 0 开始, 间隔为 4, 直到 (但不包含)10 为止的行向量:

```
x=np.r_[0:10:4] #从0开始, 间隔4, 直到(但不包含)10为止的行向量
y=np.arange(0,10,4) #等价语句
print('x=\n',x)
print('y=\n',y)
print('Is x and y equal? ',np.sum(x-y)==0)
```

输出为:

```
x=
 [0 4 8]
y=
 [0 4 8]
Is x and y equal?  True
```

(4) 语句 `np.c_[0:10:5j]` 产生由 0 开始, 有等距 5 个元素, 直到 (包含)10 为止的列向量:

```
x=np.c_[0:10:5j] #从0开始, 5个元素, 直到(包含)10为止的列向量
y=np.arange(0,12,10/(5-1))[:,np.newaxis] #等价语句
print('x=\n',x)
print('y=\n',y)
```

输出为:

```
x=
 [[ 0. ]
 [ 2.5]
 [ 5. ]
 [ 7.5]
 [10. ]]
y=
 [[ 0. ]
 [ 2.5]
 [ 5. ]
 [ 7.5]
 [10. ]]
```

上面结果虽然都有通过 `np.arange` 的类似语句, 但对于产生包含结尾点并确定元素个数的向量不那么方便.

第三维网格的生成

为了产生三维图形的 X 和 Y 数组的网格, 需要用 numpy 模块中的 `meshgrid` 命令. 比如, 希望画出一个三维图 $z = x^2 + y^2$, 其中 x 和 y 的范围是从 -10 到 10, 这时候的 z 可以用下面的代码算出:

```
x = np.arange(-10,10,.2)
y = np.arange(-10,10,.2)
X, Y = np.meshgrid(x, y)
Z = X**2 + Y**2
print(X.shape,Y.shape,Z.shape)
```

这里最后输出的 3 个量都是 100×100 的矩阵, 为了看出图形, 可以用下面的代码 (后面会更详细地介绍换图) 来产生, 图形出现在另外单独的窗口中 (见图 9.3.1).

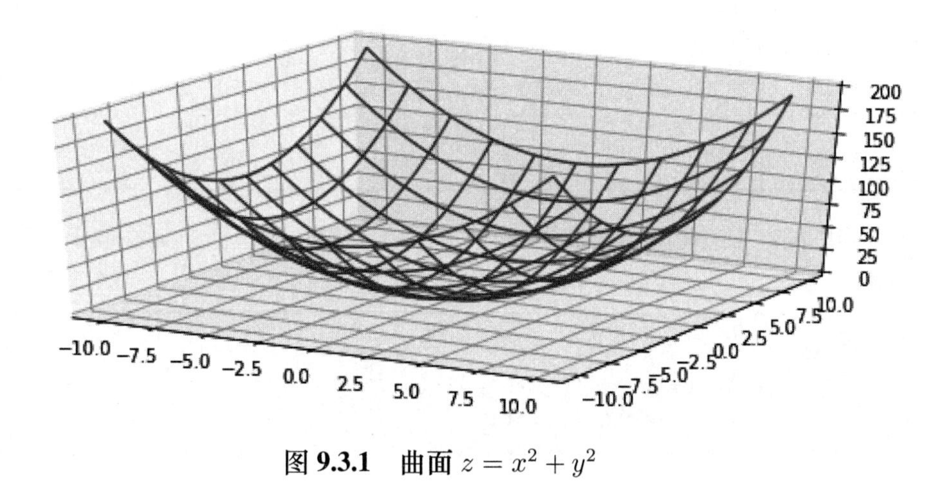

图 9.3.1 曲面 $z = x^2 + y^2$

```
from mpl_toolkits.mplot3d import axes3d
import matplotlib.pyplot as plt

fig = plt.figure(figsize=(10,4))
ax = fig.add_subplot(111, projection='3d')
ax.plot_wireframe(X, Y, Z, rstride=10, cstride=10)
plt.show()
```

画图代码中 fig.add_subplot() 里面的 "111" 意味着图形是 1×1 的排列中的第一个图 (只有一个图), "111" 等同于 "1,1,1". 假如要画多个图, 排成 2×3 的图形阵, 那么 "234" 则指该 2×3 图形阵中的 (按行从左到右排列) 第 4 个图 (第二行的第一个图).

9.3.10 对角矩阵和上下三角阵

(1) 关于从矩阵抽取对角线元素向量和用向量元素产生对角型矩阵的例子如下 (这里的函数 diag 与 R 中的同名函数类似):

```
x = np.array([[10,2,7],[3,5,4],[45,76,100],[30,2,0]])
y=np.diag(x) #对角线元素
z=np.diag(y) #x的对角线元素组成的对角型方阵(非对角型元素为0)
print('x=\n{}\ny=diag(x)=\n{}\nz=diag(y)=\n{}'.format(x,y,z))
```

输出为:

```
x=
[[ 10   2   7]
 [  3   5   4]
 [ 45  76 100]
 [ 30   2   0]]
y=diag(x)=
[ 10   5 100]
z=diag(y)=
[[ 10   0   0]
 [  0   5   0]
 [  0   0 100]]
```

(2) 提取矩阵的上下三角阵的函数分别为 triu 和 tril, 对上面的 x 提取上下三角阵的代码为:

```
x = np.array([[10,2,7],[3,5,4],[45,76,100],[30,2,0]])
print('np.triu(x)=\n' ,np.triu(x)) #x上三角阵
print('np.tril(x)=\n',np.tril(x)) #x下三角阵
```

输出为:

```
np.triu(x)=
 [[ 10   2   7]
 [  0   5   4]
 [  0   0 100]
 [  0   0   0]]
np.tril(x)=
 [[ 10   0   0]
 [  3   5   0]
 [ 45  76 100]
 [ 30   2   0]]
```

9.4 一些线性代数运算

9.4.1 特征值问题的解

对于 $n \times n$ 矩阵 $\boldsymbol{A}$, 满足 $\boldsymbol{A}\boldsymbol{x} = \lambda\boldsymbol{x}$ 的数值 λ 和 $n \times 1$ 向量 $\boldsymbol{x}$ 分别称为矩阵 $\boldsymbol{A}$ 的特征值和特征向量.

数值 λ 是矩阵 $\boldsymbol{A}$ 的特征值的充分必要条件为 $\boldsymbol{A} - \lambda\boldsymbol{I}$ 是奇异的, 即 $|\boldsymbol{A} - \lambda\boldsymbol{I}| = 0$. 对于每个 λ, 通过方程 $|\boldsymbol{A} - \lambda\boldsymbol{I}| = 0$ (或方程 $\boldsymbol{A}\boldsymbol{x} = \lambda\boldsymbol{x}$) 的解可得到特征向量 $\boldsymbol{x}$.

下面是得到一个 50×5 矩阵 (想象成有 5 个变量, 50 个观测值) 的相关阵的 5 个特征值和相应的 5 个特征向量 (5×5 矩阵, 每一列是一个特征向量) 的代码:

```
np.random.seed(1010)
x = np.random.randn(50,5)
va,ve=np.linalg.eig(np.corrcoef(x.T))
print('eigen values=\n{}\neigen vectors=\n{}'.format(va,ve))
```

上面代码中的 `np.linalg.eig` 为解特征值问题的函数, 产生特征值和特征向量矩阵, 该函数的变元为 `np.corrcoef(x.T)` 为矩阵 x 的 5×5 相关矩阵. 上面代码的输出为:

```
eigen values=
[0.63641067 0.81754193 1.31736007 1.05752698 1.17116034]
eigen vectors=
[[-0.64381161  0.10681907  0.65281196 -0.26166349  0.28189547]
 [ 0.4239385   0.45983634 -0.01421431 -0.05224721  0.7783925 ]
 [ 0.42215196 -0.56412751  0.5941136   0.36247625  0.13852028]
 [ 0.12880178  0.67523084  0.38056249  0.44235037 -0.4324023 ]
 [-0.45932623 -0.0544398  -0.27538284  0.77571874  0.3293637 ]]
```

上面求特征值的代码类似于 R 的代码 `eigen(cor(x))`, 但要注意的是, **R 相关函数中的数据阵每行代表一个观测值, 每列代表一个变量, 而 Python 相关函数中的数据阵则每列代表一个观测值, 每行代表一个变量, 因此根据自己对数据的理解 (行和列哪个代表变量, 哪个代表观测值) 可能需要进行转置.**

由特征值问题可以得到特征值分解. 如果 $n\times n$ 方阵 $\boldsymbol{A}$ 有相应于其特征值 $\lambda_1,\lambda_2,\ldots,\lambda_n$ 的 n 个线性独立特征向量 $\boldsymbol{q}_1,\boldsymbol{q}_2,\ldots,\boldsymbol{q}_n$, 那么, $\boldsymbol{A}$ 可以分解为:

$$\boldsymbol{A}=\boldsymbol{Q}\boldsymbol{\Lambda}\boldsymbol{Q}^{-1},$$

这里的 $\boldsymbol{Q}$ 是 $n\times n$ 方阵, 其第 j 列等于 $\boldsymbol{A}$ 的第 j 个特征向量 $\boldsymbol{q}_j$, 而 $\boldsymbol{\Lambda}$ 是以 $\boldsymbol{A}$ 的特征值 $\lambda_1,\lambda_2,\ldots,\lambda_n$ 为对角线元素的对角矩阵.

9.4.2 奇异值分解

奇异值分解 (SVD) 是特征值分解的推广: 每个具有秩 r 的矩阵 $\boldsymbol{A}(n\times p)$ 能够分解成

$$\boldsymbol{A}=\boldsymbol{U}\boldsymbol{D}\boldsymbol{V}^\top,$$

这里矩阵 $\boldsymbol{U}_{n\times r}$ 和 $\boldsymbol{V}_{p\times r}$ 都是列正交的, 即 $\boldsymbol{U}^\top\boldsymbol{U}=\boldsymbol{V}^\top\boldsymbol{V}=\boldsymbol{I}_r$, 而且 $\boldsymbol{D}$ 为 $\boldsymbol{A}\boldsymbol{A}^\top$ 及 $\boldsymbol{A}^\top\boldsymbol{A}$ 的 r 个共同非零特征值 (称为奇异值)[1]$(\lambda_1,\lambda_2,\ldots,\lambda_r)$ 的平方根[2]所组成的对角矩阵: $\boldsymbol{D}=\mathrm{diag}(\lambda_1^{1/2},\lambda_2^{1/2},\ldots,\lambda_r^{1/2})$ $(\lambda_j>0)$. 而 $\boldsymbol{U}$ 的列包含了 $\boldsymbol{A}\boldsymbol{A}^\top$ 的特征向量, $\boldsymbol{V}$ 的列包含 $\boldsymbol{A}^\top\boldsymbol{A}$ 的特征向量.

一个矩阵的最大奇异值和最小奇异值之比为条件数. 条件数是回归自变量中存在多重共线性的一个度量.

下面的代码就是程序所生成的矩阵 x 的奇异值分解, 而其中的 u,d,v 则为上面公式中的矩阵 $\boldsymbol{U}$, $\boldsymbol{D}$ 的对角线元素及矩阵 $\boldsymbol{V}$.

```
import numpy as np
np.random.seed(1010)
x=np.random.randn(3,4)
print('x=\n',x)
u,d,v= np.linalg.svd(x) #奇异值分解
print('u=\n',u)
print('D=\n',np.diag(d))
print('v=\n',v)
print('condition number=',np.linalg.cond(x)) #条件数
#验证: 条件数等于最大和最小奇异值之比
print('Are they equal?',np.max(d)/np.min(d)-np.linalg.cond(x)<10**15)
```

输出为:

```
x=
 [[-1.1754479  -0.38314768 -1.47136618 -1.80056852]
 [ 0.13010042  1.59561863  0.99316068 -2.3637072 ]
 [-0.47959227 -1.65038194 -0.54348966  0.77961145]]
u=
 [[-0.25323654  0.9377484  -0.23769558]
 [-0.84374552 -0.09389843  0.52846625]
 [ 0.47324914  0.33438155  0.81499953]]
```

[1]一般来说, $\boldsymbol{A}\boldsymbol{A}^\top$ 及 $\boldsymbol{A}^\top\boldsymbol{A}$ 的非零特征值相同.

[2]注意: 方阵 $\boldsymbol{A}$ 的特征值分解 $\boldsymbol{A}=\boldsymbol{Q}\boldsymbol{\Lambda}\boldsymbol{Q}^{-1}$ 中的对角矩阵 $\boldsymbol{\Lambda}$ 是由 $\boldsymbol{A}$ 的特征值组成的对角矩阵, 而不是特征值的平方根.

```
D=
 [[3.54882927 0.         0.        ]
 [0.         2.63500116 0.        ]
 [0.         0.         0.62559903]]
v=
 [[-0.01100981 -0.57210724 -0.20361002  0.7944275 ]
 [-0.48381664 -0.40264858 -0.62799229 -0.45762568]
 [-0.06827859 -0.65658256  0.68997121 -0.29694631]
 [-0.87243239  0.28189852  0.29683053  0.26699548]]
condition number= 5.672689868944751
Are they equal? True
```

9.4.3 Cholesky 分解

如果 $\boldsymbol{A}$ 为实对称正定矩阵, 或者更一般的 Hermitian 正定矩阵, Cholesky 分解为:

$$\boldsymbol{A} = \boldsymbol{L}\boldsymbol{L}^*,$$

这里 $\boldsymbol{L}$ 是一个下三角矩阵, 而 $\boldsymbol{L}^*$ 是 $\boldsymbol{L}$ 的共轭转置矩阵. 对于实对称正定矩阵 (及更一般的 Hermitian 正定矩阵), 都有一个唯一的 Cholesky 分解.

下面的代码是求一个 Hermitian 正定矩阵

$$\boldsymbol{Z} = \begin{bmatrix} 1 & -2i \\ 2i & 5 \end{bmatrix}$$

的 Cholesky 分解:

$$\boldsymbol{Z} = \begin{bmatrix} 1 & -2i \\ 2i & 5 \end{bmatrix} = \begin{bmatrix} 1 & 0 \\ 2i & 1 \end{bmatrix} \begin{bmatrix} 1 & -2i \\ 0 & 1 \end{bmatrix}.$$

注意代码中的 j 就是数学公式中的虚部 i.

```
Z=np.array([[1,-2j],[2j,5]])
print('Z=\n',Z)
L=np.linalg.cholesky(Z) #Cholsky分解
print('L=\n',L)            #L
L1=L.T.conj()
print('L.T.conj()=\n',L1) #L的共轭转置
print(np.sum(np.dot(L,L1)-Z)) #验证其等于Z (差的元素总和为0)
```

输出为:

```
Z=
 [[ 1.+0.j -0.-2.j]
 [ 0.+2.j  5.+0.j]]
L=
 [[1.+0.j 0.+0.j]
 [0.+2.j 1.+0.j]]
```

```
L.T.conj()=
 [[1.-0.j 0.-2.j]
 [0.-0.j 1.-0.j]]
0j
```

输出中数字后面的字母 "j" 表示复数的虚部 (没有用常用的 "i").

9.4.4 矩阵的逆、行列式及联立方程

下面的代码用于求矩阵 $\boldsymbol{A}$ 的行列式 $|\boldsymbol{A}|$ 及解联立方程 $\boldsymbol{A}\boldsymbol{x}=\boldsymbol{b}$(打印出逆矩阵 $\boldsymbol{A}^{-1}$、行列式 $|\boldsymbol{A}|$ 的值和联立方程的解):

```
np.random.seed(1010)
A=np.random.randn(3,3)#产生一个标准正态随机数的矩阵A
print('inverse of A=\n',np.linalg.inv(A)) #A的逆
print('determinant of A=\n',np.linalg.det(A)) #行列式|A|
b=np.random.randn(3)
print('solution of Ax=b:\n',np.linalg.solve(A,b)) #解联立方程Ax=b
```

输出为:

```
inverse of A=
 [[-0.34638351 -0.30762332  0.03921557]
 [-0.06734651 -0.18910919 -0.42255637]
 [-0.38538372  0.29499926  0.0787062 ]]
determinant of A=
 -10.708304381386759
solution of Ax=b:
 [ 0.76942809 -0.11550343  0.53706153]
```

9.4.5 简单的最小二乘线性回归

下面的代码是对随机产生的自变量和因变量数据做关于 $\boldsymbol{y}=\boldsymbol{X}\beta+\epsilon$ 的最小二乘回归 (这里做了两次, 一次的 $\boldsymbol{X}$ 没有包含全是 1 的列 (没有截距项的回归), 而另一次包含了截距项, 输出有估计的系数、残差平方和、矩阵的秩以及奇异值).

首先模拟产生自变量和因变量, 令真实系数 $\boldsymbol{\beta}=(1,2,3)$:

```
np.random.seed(1010)
X = np.random.randn(100,3)           #无截距项的自变量
X1=np.hstack((np.ones((100,1)),X)) #有截距项的自变量
y = X.dot(np.array([1,2,3]))+np.random.randn(100)
```

无截距项的最小二乘回归

首先, 利用 numpy 模块的现成函数 `np.linalg.lstsq` 做无截距项的最小二乘回归:

```
print('OLS without intercept:')
beta, SSR, rank, sv= np.linalg.lstsq(X,y,rcond=None)#无截距最小二乘回归
print('beta={}\nSSR={}\nrank={}\nsv={}'.format(beta, SSR, rank, sv))
```

输出为:

```
OLS without intercept:
beta=[0.96510944 2.12069775 2.91086023]
SSR=[91.41649638]
rank=3
sv=[10.65153101  9.70254024  9.42077666]
```

有截距项的最小二乘回归

其次, 做有截距项的最小二乘回归:

```
print('OLS with intercept:')
beta, SSR, rank, sv= np.linalg.lstsq(X1,y,rcond=None)#有截距最小二乘回归
print('beta={}\nSSR={}\nrank={}\nsv={}'.format(beta, SSR, rank, sv))
```

输出为:

```
OLS with intercept:
beta=[0.06577294 0.98312114 2.11312727 2.9022737 ]
SSR=[91.02864512]
rank=4
sv=[11.59661684 10.19119645  9.56670304  8.15362611]
```

9.4.6 Kronecker 积

如果矩阵 $\boldsymbol{A}=\{a_{ij}\}$ 为一个 $m\times n$ 矩阵, 而 $\{\boldsymbol{B}=b_{ij}\}$ 为一个 $p\times q$ 矩阵, Kronecker 积定义为 $mp\times nq$ 矩阵

$$\boldsymbol{A}\otimes\boldsymbol{B}=\begin{bmatrix} a_{11}\boldsymbol{B} & \cdots & a_{1n}\boldsymbol{B} \\ \vdots & & \vdots \\ a_{m1}\boldsymbol{B} & \cdots & a_{mn}\boldsymbol{B} \end{bmatrix}.$$

计算 3×3 单位矩阵 $\boldsymbol{A}$ 和一个 2×2 矩阵 $\boldsymbol{B}$ 的 Kronecker 积 $\boldsymbol{A}\otimes\boldsymbol{B}$ 的代码为:

```
A=np.eye(3)
B=np.array([[1,2],[3,4]])
print('A=\n{}\n B=\n{}'.format(A,B))
Z = np.kron(A,B) #A和B矩阵的Kronecker积
print('Z=np.kron(A,B)=\n{}\nz.shape={}'.format(Z,Z.shape))
print('trace(Z)={}, rank(Z)={}'.format(np.trace(Z),
  np.linalg.matrix_rank(Z)))
```

输出为:

```
A=
[[1. 0. 0.]
 [0. 1. 0.]
 [0. 0. 1.]]
 B=
[[1 2]
 [3 4]]
Z=np.kron(A,B)=
[[1. 2. 0. 0. 0. 0.]
 [3. 4. 0. 0. 0. 0.]
 [0. 0. 1. 2. 0. 0.]
 [0. 0. 3. 4. 0. 0.]
 [0. 0. 0. 0. 1. 2.]
 [0. 0. 0. 0. 3. 4.]]
z.shape=(6, 6)
trace(Z)=15.0, rank(Z)=6
```

9.5 关于日期和时间

下面介绍 datetime 模块中的一些与日期和时间有关的语句, 仅供需要时查阅.

首先输入模块和目标年、月、日、时、分、秒、毫秒:

```
import datetime as dt
yr, mo, dd = 2016, 8, 30
hr, mm, ss, ms= 10, 32, 10, 11
```

- 各种标准日期、时间及日期时间的混合输出:

```
print('dt.date(yr, mo, dd)=',dt.date(yr, mo, dd)) #标准输出年月日
print('dt.time(hr, mm, ss, ms)=',dt.time(hr, mm, ss, ms))#最小至毫秒
d1=dt.datetime(yr, mo, dd, hr, mm, ss, ms)#年月日及时间全部
print(d1)
```

输出为:

```
dt.date(yr, mo, dd)= 2016-08-30
dt.time(hr, mm, ss, ms)= 10:32:10.000011
2016-08-30 10:32:10.000011
```

- 两个时间之间的差值:

```
d2 = dt.datetime(yr + 1, mo+2, dd+1, hr-1, mm, ss, ms)
print('time difference d2-d1=', d2-d1)
```

结果输出仍然是时间表示:

```
time difference d2-d1= 426 days, 23:00:00
```

- numpy 模块的 datetime64 数据类型:

```
dates = np.array(['2016-09-01','2017-09-02'],dtype='datetime64')
print('dates=\n',dates,'\ntype of dates=',dates.dtype)
print('dates[0]=',dates[0],'dates[1]=',dates[1])
```

输出为:

```
dates=
 ['2016-09-01' '2017-09-02']
type of dates= datetime64[D]
dates[0]= 2016-09-01 dates[1]= 2017-09-02
```

9.6 多项式运算

9.6.1 复数的四则运算

在 numpy 模块中, 复数的四则运算和一般数目一样, 这里虚部不用字母 “i” 而用字母 “j”. 下面举一个简单的例子:

```
x=np.array([2+3j])
y=np.array([4-13j])
z=np.array(-20-4j)
print(x/z*y+x**2*z/y)
```

输出为:

```
[16.53445946+6.76824324j]
```

9.6.2 多项式的根

如果多项式的系数**按照降幂排列**为数组 p, 即多项式形式 (用代码表示) 为:

```
p[0] * x**n + p[1] * x**(n-1) + ... + p[n-1]*x + p[n]
```

我们可以用函数 np.root(p) 得到多项式的根, 假定多项式为:

$$3.2x^5 + 12x^4 + x^3 + 4x^2 - 15x + 38.$$

也就是说系数的降幂排列为 $\boldsymbol{p} = (3.2, 12, 1, 4, -15, 28)$. 于是有下面的代码:

```
coef = [3.2, 12, 1, 4, -15, 28]
np.roots(coef)
```

得到 5 个复数根:

```
array([-3.87230674+0.j        , -0.74348068+1.24635251j,
       -0.74348068-1.24635251j,  0.80463405+0.65225349j,
        0.80463405-0.65225349j])
```

注意: R 求多项式的函数 polyroot(coef) 中的系数 coef 是升幂排列的, 和这里的相反.

9.6.3 多项式的积分和微分

下面的代码产生两个多项式 (p 和 p1):

$$p(x) = 3x^3 - 4x^2 + 6x + 2 \text{ 和 } p_1(x) = 2x + 4.$$

```
p=np.poly1d([3,-4,6,2])
p1=np.poly1d([2,4])
print ('p=\n',p) #打印p
print ('p1=\n',p1) #打印p1
```

由于指数在上面一行, 输出就不那么漂亮整齐:

```
p=
   3     2
3 x - 4 x + 6 x + 2
p1=

2 x + 4
```

对 $x = 1, 2, \ldots, 9$ 计算 $p(x)$, 然后做多项式乘法:

$$p(x)p_1(x) = 6x^4 + 4x^3 - 4x^2 + 28x + 8.$$

这两个计算的代码为:

```
print ('p(1:9)=',p(np.arange(1,10,1)))#计算x取1,2,. . .,9时p的值
print ('p*p1=\n',p*p1) #打印p*p1
```

输出为:

```
p(1:9)= [   7   22   65  154  307  542  877 1330 1919]
p*p1=
   4     3     2
6 x + 4 x - 4 x + 28 x + 8
```

再对 $p(x)$ 做 2 重积分 (积分常数为 7):

$$\iint p(x)\mathrm{d}x\mathrm{d}x = 0.15x^5 - 0.3333x^4 + x^3 + x^2 + 7x + 7.$$

最后对 $p(x)$ 求一阶导数:

$$\frac{\mathrm{d}p(x)}{\mathrm{d}x} = 9x^2 - 8x + 6.$$

下面是求积分和导数的代码, 其中 `p.integ(m=2,k=7)` 的 `m` 是积分阶数 (默认为 `m=1`), `m` 是积分阶数 (默认为 `m=1`), `k` 是积分常数 (默认为 `k=0`); 而`p.deriv(m=1)` 的 `k` 是微分阶数 (默认为 `m=1`).

```
pi27=p.integ(m=2,k=7)
print ('p.integ(m=2,k=7)=\n',pi27)
pd1=p.deriv(m=1)
print ('p.deriv(m=1)=\n',pd1)
```

输出为:

```
p.integ(m=2,k=7)=
      5          4      3      2
0.15 x - 0.3333 x + 1 x + 1 x + 7 x + 7
p.deriv(m=1)=
    2
9 x - 8 x + 6
```

9.7 向量化函数

有些函数本来不是为了进行向量运算的, 比如

$$f(a,b,c) = \begin{cases} c\ln(a-2b), & a > 2b; \\ c^2\ln(2b-a), & a < 2b; \\ \pi, & a = 2b. \end{cases}$$

该函数可以用下面的代码定义:

```
def mine(a, b, c):
    if a > 2*b:
        return np.log(a-2*b)*c
    elif a< 2*b:
        return np.log(2*b-a)*c**2
    else:
        return np.pi
```

于是可以代入数字计算, 诸如:

```
mine(3,7,8)
```

得到结果 (153.46529745909572). 但是, 如果用下面的向量变元代码:

```
mine([3,5,9,0],[7,-5,7,8],8)
```

则会出现错误信息.

这时就需要用向量化函数 vectorize 来进行嵌套:

```
vmine = np.vectorize(mine)
```

于是可以用下面的代码重复上面出错的运算, 第 1 行为每个变元分别用 4 个值代入计算, 得到 4 个结果, 第 2 行和第 1 行类似, 只不过最后一个变元仅有的一个值用了 4 次. 这两行结果当然相同.

```
print (vmine([3,5,9,0],[7,-5,7,8],[8,8,8,8]))
print (vmine([3,5,9,0],[7,-5,7,8],8))
```

输出为:

```
[153.46529746  21.66440161 103.0040264  177.44567822]
[153.46529746  21.66440161 103.0040264  177.44567822]
```

第 10 章　pandas 模块

pandas 模块在数据结构和数据的存取等方面有些功能类似于 R, 因此受到 R 使用者的欢迎. pandas 模块本身主要的数据形式为数据框 (data frame) 及序列 (series), 其中的数据框和 R 中的数据框类似. 不仅如此, pandas 的很多功能对于被烦琐的 Excel 文件操作所困扰的人是很方便的. 人们根本不用打开任何 Excel 文件本身 (或者根本没有 office 软件) 就可以做非常复杂的 (包括存储) 文件内容操作.

当然, 使用 pandas 必须首先输入该模块:

```
import pandas as pd
```

10.1　数据框的生成和基本性质

10.1.1 数据框的生成

数据框有很多构造方法, 下面举例说明.

从 dict 产生

从 dict 产生数据框的示例代码如下:

```
d0={'x':5,'y':989}
d1={'y':np.arange(3), 'x':([4.5,9],8),'z': (2,4,2)}
d2={'y': {'a':4,'b': 90}, 'x':([4.5],[9,8])}
z=pd.DataFrame([d0,d1,d2])
print(z)
```

输出为:

```
                  x                    y          z
0                 5                  989        NaN
1     ([4.5, 9], 8)            [0, 1, 2]  (2, 4, 2)
2  ([4.5], [9, 8])  {'a': 4, 'b': 90}        NaN
```

这里生成了 3×3 维的数据框, 每个元素的类型不受限制, 这比 R 的数据框要广义得多. 此外, 由多个 dict 元素组成的数组 (这里是 `[d0,d1,d2]`, 用 `(d0,d1,d2)` 也可以) 所得到的数据框中, 同样名字的叠放在一起, 行数为名字下最多的数目个数, 缺失的标记为 `NaN`.

下面代码是取对象 `z` 中的某些元素的 4 种不同方法的例子, 提取是通过元素位置或者 (及) 变量名字实现的, 很灵活, 具体细节将在后面介绍.

```
print('Use "iloc" with indices:\n' ,z.iloc[2,0][1])
print('Use "loc" with indices and names:\n',z.loc[2,'y']['b'])
print('Use column names and indices:\n',z['z'][:1])
print('Use column names and indices:\n',z.y[1])
```

输出为:

```
Use "iloc" with indices:
 [9, 8]
Use "loc" with indices and names:
 90
Use column names and indices:
 0    NaN
Name: z, dtype: object
Use column names and indices:
 [0 1 2]
```

从 dict 及 numpy 的 array 产生的数量型数据框

下面是从 dict 及 numpy 的 array 产生同样的数量型数据框的例子:

```
d3={'x':[-5,7,9,-2.5],'y':[1,-2,9.8,6.4]}
u=pd.DataFrame(d3)
print('u=\n',u)
d4=np.array([[-5,7,9,-2.5],[1,-2,9.8,6.4]]).T
v=pd.DataFrame(d4,columns=['x','y'])
print('v=\n',v)
```

输出为:

```
u=
      x    y
0 -5.0  1.0
1  7.0 -2.0
2  9.0  9.8
3 -2.5  6.4
v=
      x    y
0 -5.0  1.0
1  7.0 -2.0
2  9.0  9.8
3 -2.5  6.4
```

显然, 从 dict 得到的数据框已经继承了 dict 的名字, 而从 numpy 数组得到的数据框必须再命名.

10.1.2 数据框的初等描述

首先随机产生一个数据框:

```
import numpy as np
np.random.seed(1010)
name1=['X1','X2','X3','Y']
w=pd.DataFrame(np.random.randn(7,4),columns=name1)
w['sex']=['Female']*3+['Male']*4
print(w)
```

得到全部数据:

```
         X1        X2        X3         Y     sex
0 -1.175448 -0.383148 -1.471366 -1.800569  Female
1  0.130100  1.595619  0.993161 -2.363707  Female
2 -0.479592 -1.650382 -0.543490  0.779611  Female
3 -0.502609  0.285890  2.703237 -0.074517    Male
4 -1.370103  0.358587  0.598050 -0.306799    Male
5  0.762969 -0.998878  1.009264 -0.247785    Male
6 -2.583517  0.757221 -1.776461 -0.779696    Male
```

可以得到对这个数据的很多描述的结果, 下面是一些例子:

- 前几行和后几行 (R 有类似函数):

  ```
  print(w.head(2)) #前2行(默认值是5行)
  print(w.tail(3)) #最后3行(默认值是5行)
  ```

  输出为:

  ```
           X1        X2        X3         Y     sex
  0 -1.175448 -0.383148 -1.471366 -1.800569  Female
  1  0.130100  1.595619  0.993161 -2.363707  Female
           X1        X2        X3         Y   sex
  4 -1.370103  0.358587  0.598050 -0.306799  Male
  5  0.762969 -0.998878  1.009264 -0.247785  Male
  6 -2.583517  0.757221 -1.776461 -0.779696  Male
  ```

- 对各个数量变量的描述 (不理睬定性变量 sex), 包括了若干简单汇总统计量: 计数、均值、标准差、最小值、下四分位点、中位数、上四分位点、最大值等:

  ```
  print(w.describe())
  ```

  输出为:

```
             X1        X2        X3         Y
count  7.000000  7.000000  7.000000  7.000000
mean  -0.745457 -0.005013  0.216057 -0.684780
std    1.089736  1.095281  1.579002  1.074204
min   -2.583517 -1.650382 -1.776461 -2.363707
25%   -1.272775 -0.691013 -1.007428 -1.290132
50%   -0.502609  0.285890  0.598050 -0.306799
75%   -0.174746  0.557904  1.001212 -0.161151
max    0.762969  1.595619  2.703237  0.779611
```

• 得到变量的名字 (columns) 和行名 (index):

```
print(w.columns)
print(w.index)
```

输出为:

```
Index(['X1', 'X2', 'X3', 'Y', 'sex'], dtype='object')
RangeIndex(start=0, stop=7, step=1)
```

该数据的行名是默认的 0 到 6 等 7 个数字, 也可以自己给 index 起名字:

```
w.index=['A','B','C','D','E','F','G']
print(w[w.columns[2:]][:2]) #输出最后3个变量的头2行
```

输出为:

```
         X3         Y     sex
A -1.471366 -1.800569  Female
B  0.993161 -2.363707  Female
```

• 得到数据框的元素总个数 (size) 和形状 (shape):

```
print('size of w=',w.size)
print('shape of w=',w.shape)
```

输出为:

```
size of w= 35
shape of w= (7, 5)
```

10.1.3 数据框变量名 columns 和 index 的修改

columns 的修改

数据框的变量名可以修改, 用下面的例子简单说明. 首先构造一个数据框:

```
df=pd.DataFrame({'price': [12,34,10],'tax': [0.12,0.4,0.5]})
df.columns
```

输出的变量名为:

```
Index(['price', 'tax'], dtype='object')
```

然后修改名字:

```
df.rename(columns={'price':'P','tax':'T'},inplace=True)
df.columns
```

输出修改后的变量名:

```
Index(['P', 'T'], dtype='object')
```

数据框 index 的修改

先产生一个有两个变量的数据框:

```
np.random.seed(1010)
w={'X':np.random.randn(7),'Y':np.random.randn(7),
   'Year':np.arange(2014,2021,1)}
df=pd.DataFrame(w)
print(df)
```

输出为:

```
          X         Y  Year
0 -1.175448 -2.363707  2014
1 -0.383148 -0.479592  2015
2 -1.471366 -1.650382  2016
3 -1.800569 -0.543490  2017
4  0.130100  0.779611  2018
5  1.595619 -0.502609  2019
6  0.993161  0.285890  2020
```

(1) 直接改变数据框的 index.

```
df.index=np.arange(10,17)
print(df)
```

输出为:

```
           X         Y  Year
10 -1.175448 -2.363707  2014
```

```
11 -0.383148 -0.479592  2015
12 -1.471366 -1.650382  2016
13 -1.800569 -0.543490  2017
14  0.130100  0.779611  2018
15  1.595619 -0.502609  2019
16  0.993161  0.285890  2020
```

(2) 使用 `.set_index` 把一列变量作为 index. 下面把变量 Year 转换成 index:

```
df1=df.set_index('Year')
print(df1)
```

输出为:

```
             X         Y
Year
2014 -1.175448 -2.363707
2015 -0.383148 -0.479592
2016 -1.471366 -1.650382
2017 -1.800569 -0.543490
2018  0.130100  0.779611
2019  1.595619 -0.502609
2020  0.993161  0.285890
```

(3) 上面的 `df1` 的 index 有名字, 这有时会带来不便, 可以把它删除:

```
del df1.index.name
print(df1)
```

输出为:

```
             X         Y
2014 -1.175448 -2.363707
2015 -0.383148 -0.479592
2016 -1.471366 -1.650382
2017 -1.800569 -0.543490
2018  0.130100  0.779611
2019  1.595619 -0.502609
2020  0.993161  0.285890
```

(4) 使用 `.reindex`. 下面把刚才改过 index 的数据框 `df` 的 index 的反向作为新的 index, 使得所有的行都反向, 如果新的 index 中有过去没有的, 则会出现 NaN.

```
new_index = df.index[::-1]
print(df.reindex(new_index))
```

输出为:

```
           X         Y  Year
16  0.993161  0.285890  2020
15  1.595619 -0.502609  2019
14  0.130100  0.779611  2018
13 -1.800569 -0.543490  2017
12 -1.471366 -1.650382  2016
11 -0.383148 -0.479592  2015
10 -1.175448 -2.363707  2014
```

(5) 使用 reset_index 会使用默认的行指标作为 index:

- 仅仅使用 reset_index 会把原来的 index 变成一个变量:

```
print(df1.reset_index())
```

输出为:

```
   index         X         Y
0   2014 -1.175448 -2.363707
1   2015 -0.383148 -0.479592
2   2016 -1.471366 -1.650382
3   2017 -1.800569 -0.543490
4   2018  0.130100  0.779611
5   2019  1.595619 -0.502609
6   2020  0.993161  0.285890
```

- 使用 reset_index(drop=True) 会把原来的 index 完全去掉:

```
print(df1.reset_index(drop=True))
```

输出为:

```
          X         Y
0 -1.175448 -2.363707
1 -0.383148 -0.479592
2 -1.471366 -1.650382
3 -1.800569 -0.543490
4  0.130100  0.779611
5  1.595619 -0.502609
6  0.993161  0.285890
```

10.2 数据框文件的存取

先产生 2 个数据框:

```
         X1        X2        X3         Y     sex
A -1.175448 -0.383148 -1.471366 -1.800569  Female
B  0.130100  1.595619  0.993161 -2.363707  Female
C -0.479592 -1.650382 -0.543490  0.779611  Female
D -0.502609  0.285890  2.703237 -0.074517    Male
E -1.370103  0.358587  0.598050 -0.306799    Male
F  0.762969 -0.998878  1.009264 -0.247785    Male
G -2.583517  0.757221 -1.776461 -0.779696    Male
         X1        X2         Y
0 -0.918535 -0.394989  0.248006
1  0.298038  0.283817 -0.471223
2  0.952028 -0.638603 -1.260901
3 -0.558495  0.172743 -0.055948
4 -1.432228 -0.302672 -0.584554
```

10.2.1 简单 csv 文本文件的存取

以 .csv 为扩展名的文本文件是最常用的文本文件 (通常是以逗号或分号分隔符来分隔数值), 其地位和以 .txt 等为扩展名的其他文本文件一样, 只不过以 .csv 为扩展名的文件可以在 Excel 软件中直接打开.

把上面产生的数据框存入及读取的各种文本文件的代码如下:

(1) 存储文本文件可用 .to_csv(文件扩展名不一定是 .csv):

```
w.to_csv('Test.csv',index=False) #index=False意味着文件不置行名字
w.to_csv('Test2.txt',index=True) #index=True在文件中增加了一列
```

(2) 读入时用 pd.read_csv 或 pd.read_table(要加注分隔符类型):

```
w1=pd.read_csv('Test.csv')
w2=pd.read_table('Test.csv',sep=',')
w3=pd.read_table('Test2.txt',sep=',')
print('w1:\n',w1,'\nw2==w1:\n',w2==w1,'\nw3:\n',w3)
```

输出表明文件名字和读入函数不同的 w1 与 w2 完全一样, 但 w3 由于所存的有 index, 多出一列:

```
w1:
         X1        X2        X3         Y     sex
0 -1.175448 -0.383148 -1.471366 -1.800569  Female
1  0.130100  1.595619  0.993161 -2.363707  Female
2 -0.479592 -1.650382 -0.543490  0.779611  Female
3 -0.502609  0.285890  2.703237 -0.074517    Male
4 -1.370103  0.358587  0.598050 -0.306799    Male
5  0.762969 -0.998878  1.009264 -0.247785    Male
```

```
6 -2.583517  0.757221 -1.776461 -0.779696    Male
w2==w1:
     X1    X2    X3     Y   sex
0  True  True  True  True  True
1  True  True  True  True  True
2  True  True  True  True  True
3  True  True  True  True  True
4  True  True  True  True  True
5  True  True  True  True  True
6  True  True  True  True  True
w3:
  Unnamed: 0        X1        X2        X3         Y     sex
0          A -1.175448 -0.383148 -1.471366 -1.800569  Female
1          B  0.130100  1.595619  0.993161 -2.363707  Female
2          C -0.479592 -1.650382 -0.543490  0.779611  Female
3          D -0.502609  0.285890  2.703237 -0.074517    Male
4          E -1.370103  0.358587  0.598050 -0.306799    Male
5          F  0.762969 -0.998878  1.009264 -0.247785    Male
6          G -2.583517  0.757221 -1.776461 -0.779696    Male
```

(3) 还可不存入文件而以一个字符串形式存入某个对象, 如:

```
df=w.to_csv(sep=';',index=True)
print(df)
```

输出为:

```
;X1;X2;X3;Y;sex
A;-1.1754479006016798;-0.38314767891859286;-1.4713661789901356;-1.800568524568264;Female
B;0.13010041787113205;1.5956186264518406;0.9931606750423553;-2.3637071964553824;Female
C;-0.4795922661264603;-1.6503819436845395;-0.5434896617659012;0.7796114520941225;Female
D;-0.502608781602392;0.28588951046144256;2.7032373806645262;-0.07451681919951597;Male
E;-1.37010265826354 4;0.35858721669907134;0.5980498760772667;-0.30679919313515497;Male
F;0.7629687020302267;-0.9988777945123732;1.0092642188797254;-0.24778545496532384;Male
G;-2.5835173965690386;0.7572213414276628;-1.7764605324468274;-0.779695506724696;Male
```

10.2.2 Excel 文件数据的指定位置的存取

(1) 把上面产生的数据框存入 csv 及 Excel 文件 (指定 sheet) 中的代码为:

```
writer=pd.ExcelWriter('Test1.xlsx')
w.to_excel(writer,'Sheet1',index=True)
# 数据v存入指定工作表左上角位置: 从第2行第3列开始(从第0行列算起)
v.to_excel(writer,'Sheet2',startrow=2,startcol=3,index=False)
writer.save()
```

注意: `w` 存入 `Test1.xlsx` 文件的 `Sheet1` 的默认左上角位置 (包含 index), 而 `v` 存入

Test1.xlsx 文件的 Sheet2 的 (2,3) 位置 (不包含 index).

(2) 从上面 Excel 文件 Test1.xlsx 的 Sheet1 中读入数据并展示数据的语句 (包含 index 在第 0 列):

```
W=pd.read_excel('Test1.xlsx','Sheet1',index_col=0)
print(W)
```

得到:

```
         X1        X2        X3         Y     sex
A -1.175448 -0.383148 -1.471366 -1.800569  Female
B  0.130100  1.595619  0.993161 -2.363707  Female
C -0.479592 -1.650382 -0.543490  0.779611  Female
D -0.502609  0.285890  2.703237 -0.074517    Male
E -1.370103  0.358587  0.598050 -0.306799    Male
F  0.762969 -0.998878  1.009264 -0.247785    Male
G -2.583517  0.757221 -1.776461 -0.779696    Male
```

(3) 从上面 Excel 文件 Test1.xlsx 的 Sheet2 的指定位置 (第 3,4,5 列, 或 'D:F' (或等价的 'D,E,F') 列及 (包括第 0 行的) 第 2 行开始) 读入数据并展示数据的语句 (包含 index 在第 0 列):

```
V=pd.read_excel('Test1.xlsx','Sheet2',usecols=range(3,6),skiprows=2)
# 下式和上式等价
#V=pd.read_excel('Test1.xlsx','Sheet2',usecols='D:F',skiprows=2)
print(V)
```

得到:

```
         X1        X2         Y
0 -0.918535 -0.394989  0.248006
1  0.298038  0.283817 -0.471223
2  0.952028 -0.638603 -1.260901
3 -0.558495  0.172743 -0.055948
4 -1.432228 -0.302672 -0.584554
```

10.2.3 对其他文件类型的存取

除了对 csv 和 Excel 文件进行输入输出, 还可以对其他格式的文件进行输入输出, 比如 Pickle, Parquet, Feather, Json, HDF5 等许多类型的快速存盘格式等. 在上面 read_ 和 to_ 之后, 有些可以加上 hdf, parquet, sql, json, msgpack, html, gbq, stata, clipboad, pickle 等, 表示对相应的各种格式或软件文件进行输入输出. 比如要输入 sas 文件数据, 用代码 read_stata, 要输出数据到 dta 文件, 用代码 to_stata. 下面是一些例子:

(1) Pickle 是 Python 序列化的格式文件.

```
w.to_pickle("test.pkl")
w_pkl=pd.read_pickle('test.pkl')
print(w_pkl.head(2))
```

输出为:

```
         X1        X2        X3         Y    sex
A -1.175448 -0.383148 -1.471366 -1.800569  Female
B  0.130100  1.595619  0.993161 -2.363707  Female
```

(2) Json 是一种开放标准文件和数据交换格式. Json 类型文件存取有几种格式:

- `orient='index'`(转置):

```
w.to_json('test_index.json',orient='index')
w_index_json=pd.read_json('test_index.json')
print(w_index_json)
```

输出为:

```
            A         B         C         D         E         F         G
X1  -1.175448    0.1301 -0.479592 -0.502609 -1.370103  0.762969 -2.583517
X2  -0.383148  1.595619 -1.650382   0.28589  0.358587 -0.998878  0.757221
X3  -1.471366  0.993161  -0.54349  2.703237   0.59805  1.009264 -1.776461
Y   -1.800569 -2.363707  0.779611 -0.074517 -0.306799 -0.247785 -0.779696
sex    Female    Female    Female      Male      Male      Male      Male
```

- `orient='records'`:

```
w.to_json('test_records.json',orient='records')
w_records_json=pd.read_json('test_records.json')
print(w_records_json.head(2))
```

输出为:

```
         X1        X2        X3         Y    sex
0 -1.175448 -0.383148 -1.471366 -1.800569  Female
1  0.130100  1.595619  0.993161 -2.363707  Female
```

- `orient='table'`:

```
w.to_json('test_table.json',orient='table')
w_table_json=pd.read_json('test_table.json',orient='table')
print(w_table_json.tail(2))
```

输出为:

```
          X1         X2         X3          Y  sex
F   0.762969 -0.998878  1.009264 -0.247785  Male
G  -2.583517  0.757221 -1.776461 -0.779696  Male
```

(3) HDF5 是一种存储和组织大量数据的文件格式. 以下是存取这类文件的一个例子:

```
w.to_hdf('data.h5', key='w', mode='w')
w_h5=pd.read_hdf('data.h5', key='w')
print(w_h5.tail(3))
```

输出为:

```
         X1         X2         X3          Y  sex
E -1.370103  0.358587  0.598050 -0.306799  Male
F  0.762969 -0.998878  1.009264 -0.247785  Male
G -2.583517  0.757221 -1.776461 -0.779696  Male
```

(4) Parquet 是 Apache-Hadoop 的列式存储格式. 下面代码有一个选项 engin, 该选项默认值为 engin='auto', 是自动从选项 engin='pyarrow' 和 engin='fastparquet' 中选择一个, 但这都需要事先下载程序包 pyarrow 和 fastparquet.

```
w.to_parquet('w.parquet.gzip', compression='gzip')
w_parq=pd.read_parquet('w.parquet.gzip')
print(w_parq.head(3))
```

输出为:

```
         X1         X2         X3          Y     sex
A -1.175448 -0.383148 -1.471366 -1.800569  Female
B  0.130100  1.595619  0.993161 -2.363707  Female
C -0.479592 -1.650382 -0.543490  0.779611  Female
```

(5) Stata 文件的读取:

```
w.to_stata('test.dta')
w_dta=pd.read_stata('test.dta')
print(w_dta.head(3))
```

输出为:

```
  index        X1         X2         X3          Y     sex
0     A -1.175448 -0.383148 -1.471366 -1.800569  Female
1     B  0.130100  1.595619  0.993161 -2.363707  Female
2     C -0.479592 -1.650382 -0.543490  0.779611  Female
```

10.3 对数据框元素 (行列) 的选择

10.3.1 直接使用变量名字 (columns) 及行名 (index)

变量 (列) 可以引用变量名字 (columns), 行的提取则是按照行号. 下面就上面生成的数据 w 来说明:

```
print(w[['X1','Y']][:2]) #X1和Y的前2行
print(w[:2]) #所有变量的前两行
print(w[w.columns[3:]][-3:]) #第3个变量及后面变量的最后3行
```

得到:

```
         X1         Y
A -1.175448 -1.800569
B  0.130100 -2.363707
         X1        X2        X3         Y     sex
A -1.175448 -0.383148 -1.471366 -1.800569  Female
B  0.130100  1.595619  0.993161 -2.363707  Female
          Y    sex
E -0.306799   Male
F -0.247785   Male
G -0.779696   Male
```

当然, 如果选择某一个变量, 还可以使用下面引用变量名字的方法:

```
print(w.sex[:4]) #sex变量的前4个元素
```

得到:

```
A    Female
B    Female
C    Female
D      Male
Name: sex, dtype: object
```

10.3.2 通过 “.loc” 使用变量名字 (columns) 及行名 (index)

还可以通过 “.loc” 使用下面方法选择行和列, 这有些像 R 了, 但还是需要用 index 及 columns 的名字.

```
print(w.loc['A':'C','X3':'sex']) #index'A'到'C', 变量'X3'到'sex'
print(w.loc[['G','A','F'],['sex','Y','X1']]) # 随意选择的行名和变量名
```

得到:

```
           X3          Y     sex
A -1.471366 -1.800569  Female
B  0.993161 -2.363707  Female
C -0.543490  0.779611  Female
        sex          Y        X1
G     Male -0.779696 -2.583517
A   Female -1.800569 -1.175448
F     Male -0.247785  0.762969
```

10.3.3 使用“.iloc”

使用“.iloc”使得可以用行列号码更方便地选择行和列, 例如:

```
print(w.iloc[[1,0,3],[0,4,2]])
print(w.iloc[[3,2,0],-3:])
print(w.iloc[:2,-3:])
```

得到:

```
           X1     sex        X3
B  0.130100  Female  0.993161
A -1.175448  Female -1.471366
D -0.502609    Male  2.703237
           X3          Y     sex
D  2.703237 -0.074517    Male
C -0.543490  0.779611  Female
A -1.471366 -1.800569  Female
           X3          Y     sex
A -1.471366 -1.800569  Female
B  0.993161 -2.363707  Female
```

10.4 数据框的一些简单计算

可以对数据框做各种运算, 也可以使用 numpy 模块中的一些函数做转置、加、减、乘、除等各种运算. panda 和 numpy 关系密切, 有很多函数代码都是相同的.

产生数据

产生若干数据框 (u、v、x、s 以及重新产生前面的 w) 如下:

```
import pandas as pd
np.random.seed(8888)
name1=['X1','X2','X3','Y']
u=pd.DataFrame(np.random.randn(7,4),columns=name1)
print('u.head(2)=\n',u.head(2))
print('u.shape=',u.shape)
```

```
v=pd.DataFrame(np.random.randn(5,3),columns=['X1','X2','Y'])
print('v.head(2)=\n',v.head(2))
print('v.shape=',v.shape)
x=pd.DataFrame(np.random.randn(3,4),index=['s','u','t'])
x.columns=['w','u','v','x']
print('x.head(2)=\n',x.head(2))
print('v.shape=',x.shape)
s=pd.DataFrame({'sex':['Male','Female','Male','Female','Male'],'X1': range(5)})
print('s.head(2)=\n',s.head(2))
print('s.shape=',s.shape)
np.random.seed(1010)
name1=['X1','X2','X3','Y']
w=pd.DataFrame(np.random.randn(7,4),columns=name1)
w['sex']=['Female']*3+['Male']*4
```

输出为:

```
u.head(2)=
          X1        X2        X3         Y
0 -0.411220 -0.049928  0.182603  2.487474
1  0.173458 -1.105969 -0.606592  0.094524
u.shape= (7, 4)
v.head(2)=
          X1        X2         Y
0 -0.753735  0.137487  0.651552
1 -0.419250 -0.775389  0.564145
v.shape= (5, 3)
x.head(2)=
           w         u         v         x
s -1.379720  0.412541 -0.482893  1.043093
u  1.203472 -0.887804  0.829432 -1.035427
v.shape= (3, 4)
s.head(2)=
      sex  X1
0    Male   0
1  Female   1
s.shape= (5, 2)
```

数据框转置

先产生一个数据框 df, 并且用和 numpy 模块一样的代码 .T (等同于 .transpose) 进行转置:

```
np.random.seed(1010)
df=pd.DataFrame(np.random.randn(7,2),columns=('X1','X2'))
df['sex']=['Female']*4+['Male']*3
```

```
print(df,'\n',df.T) #或 df.transpose()
```

输出为:

```
          X1        X2     sex
0 -1.175448 -0.383148  Female
1 -1.471366 -1.800569  Female
2  0.130100  1.595619  Female
3  0.993161 -2.363707  Female
4 -0.479592 -1.650382    Male
5 -0.543490  0.779611    Male
6 -0.502609  0.285890    Male
              0         1         2         3         4         5         6
X1     -1.17545  -1.47137    0.1301  0.993161 -0.479592  -0.54349 -0.502609
X2    -0.383148  -1.80057   1.59562  -2.36371  -1.65038  0.779611   0.28589
sex      Female    Female    Female    Female      Male      Male      Male
```

转置后还是数据框, 其行名 (index) 和变量名 (columns) 与原先的对调了.

两个数据框之间的运算

如果两个数据框相加, 只有 columns 和 index 相同的部分才能真正相加, 比如使用下面的代码:

```
print(s+w)
```

会得到:

```
          X1  X2  X3   Y           sex
0 -1.175448 NaN NaN NaN    MaleFemale
1  1.130100 NaN NaN NaN  FemaleFemale
2  1.520408 NaN NaN NaN    MaleFemale
3  2.497391 NaN NaN NaN    FemaleMale
4  2.629897 NaN NaN NaN      MaleMale
5        NaN NaN NaN NaN           NaN
6        NaN NaN NaN NaN           NaN
```

这说明, 只有变量名和行名都对得上的元素才能相加, 而且同变量名的元素性质也要一样, 不匹配的元素之间操作会得到 NaN. 比如字符只能和字符相加, 其他减、乘、除等都不能有字符型变量参与.

下面是两三个数据框之间的运算:

```
print('w*v/u=\n',w*v/u,'\nw**u=\n',w**u)
```

输出为:

```
w*v/u=
         X1        X2  X3         Y  sex
0 -2.154504  1.055078 NaN  -0.471628  NaN
1 -0.314455  1.118680 NaN -14.107292  NaN
2  0.295794  7.662724 NaN  -0.250711  NaN
3  0.233772  0.124684 NaN  -0.118712  NaN
4 -2.010267 -2.037139 NaN   1.013789  NaN
5       NaN       NaN NaN        NaN  NaN
6       NaN       NaN NaN        NaN  NaN
w**u=
         X1        X2        X3         Y  sex
0       NaN       NaN       NaN       NaN  NaN
1  0.702045  0.596440  1.004172       NaN  NaN
2       NaN       NaN       NaN  0.828298  NaN
3       NaN  0.732232  2.810841       NaN  NaN
4       NaN  0.817991  1.763213       NaN  NaN
5  0.637903       NaN  1.000941       NaN  NaN
6       NaN  1.807253       NaN       NaN  NaN
```

这一输出结果表明行列名字必须匹配，不匹配或者负数取指数会得到 NaN.

一个数据框本身的运算

```
print('v**2+v*5+2*np.exp(v)=\n',v**2+v*5+2*np.exp(v)) #简单运算
print('v-v.iloc[0]=\n',v-v.iloc[0]) #v的每一行减去第0行
print('x-x[index=t]=\n',x-x.loc['t']) #x的每一行减去标签为't'的行
print('x.T.dot(x)=\n',x.T.dot(x)) #用numpy的矩阵转置及矩阵乘法函数
```

得到:

```
v**2+v*5+2*np.exp(v)=
         X1        X2          Y
0 -2.259348  3.001113   7.519309
1 -0.605399 -2.354669   6.654876
2 -2.095314 -4.183248   0.410547
3  9.027476  2.783861  14.261060
4 -5.017177 -3.668631  -5.201959
v-v.iloc[0]=
         X1        X2         Y
0  0.000000  0.000000  0.000000
1  0.334485 -0.912877 -0.087406
2  0.036552 -1.410075 -0.894888
3  1.547970 -0.028936  0.561277
4 -0.837670 -1.250354 -4.145161
```

```
x-x[index=t]=
          w         u         v         x
s -0.464725  0.798213 -1.894492  1.710345
u  2.118467 -0.502133 -0.582167 -0.368175
t  0.000000  0.000000  0.000000  0.000000
x.T.dot(x)=
          w         u         v         x
w  4.189186 -1.284751  0.372848 -2.074751
u -1.284751  1.107129 -1.480001  1.606915
v  0.372848 -1.480001  2.913757 -2.304411
x -2.074751  1.606915 -2.304411  2.605377
```

可以对数据框的行列做各种简单运算, 下面的代码是一些例子, 其中 axis=0 意味着对行做运算.

```
print(x.sum(axis=0),"\n",x.sum(axis=1),"\n",x.mean(axis=0))
print(x.std(axis=0),"\n",x.prod(axis=0),"\n",x.count(axis=0),
          "\n",x.cumsum(axis=0))
```

这些运算类似于 R 中的 apply 函数, 这里就不展示输出了.

10.5 以变量的值作条件的数据框操作例子

10.5.1 以变量的值作为条件挑选数据框的行

我们还是用前面产生的数据框 w 作为例子, 为此, 重新产生一次该数据框 (注意 index 的变化):

```
np.random.seed(1010)
w=pd.DataFrame(np.random.randn(7,4),columns=['X1','X2','X3','Y'])
w['sex']=['Female']*3+['Male']*4
w.index=['A','B','C','D','E','F','G']
```

下面的代码选择 X1 小于 0 或者 sex 为 Female 的 'sex','X1','Y','X3' 列:

```
print(w.loc[(w['X1']<0) | (w.sex=='Female'),['sex','X1','Y','X3']])
```

输出为:

```
      sex        X1         Y        X3
A  Female -1.175448 -1.800569 -1.471366
B  Female  0.130100 -2.363707  0.993161
C  Female -0.479592  0.779611 -0.543490
D    Male -0.502609 -0.074517  2.703237
E    Male -1.370103 -0.306799  0.598050
G    Male -2.583517 -0.779696 -1.776461
```

有许多方式可以得到这个结果, 比如:

```
w[(w['X1']<0) | (w.sex=='Female')][['sex','X1','Y','X3']]
```

10.5.2 按变量的值把整个数据框排序

按照一个变量排序

以上面的数据框 w 为例, 把整个数据框按照某一变量 (这里按照 X1 的降序排列) 排序:

```
print(w.sort_values(by='X1', ascending=False))
```

输出为:

```
         X1        X2        X3         Y     sex
F  0.762969 -0.998878  1.009264 -0.247785    Male
B  0.130100  1.595619  0.993161 -2.363707  Female
C -0.479592 -1.650382 -0.543490  0.779611  Female
D -0.502609  0.285890  2.703237 -0.074517    Male
A -1.175448 -0.383148 -1.471366 -1.800569  Female
E -1.370103  0.358587  0.598050 -0.306799    Male
G -2.583517  0.757221 -1.776461 -0.779696    Male
```

按照多个变量排序

下面把 w 先按照 sex 降序排序, 再在每个性别中按照 Y 变量升序排序:

```
print(w.sort_values(by=['sex','Y'], ascending=[False,True]))
```

输出为:

```
         X1        X2        X3         Y     sex
G -2.583517  0.757221 -1.776461 -0.779696    Male
E -1.370103  0.358587  0.598050 -0.306799    Male
F  0.762969 -0.998878  1.009264 -0.247785    Male
D -0.502609  0.285890  2.703237 -0.074517    Male
B  0.130100  1.595619  0.993161 -2.363707  Female
A -1.175448 -0.383148 -1.471366 -1.800569  Female
C -0.479592 -1.650382 -0.543490  0.779611  Female
```

10.6 添加新变量, 删除变量、观测值或改变 index

10.6.1 以变量的值为条件设定新变量

下面先制造一个分数数据框 (并打印其转置):

```
np.random.seed(1010)
Grade = {'score': np.random.choice(range(30,100),size=6)}
df = pd.DataFrame(Grade)
print(df.T)
```

输出为:

```
        0   1   2   3   4   5
score  66  48  97  52  72  83
```

现在增加一个新变量, 以 60 以上为及格:

```
df.loc[df.score<60,'result']='fail'
df.loc[df.score>=60,'result']='pass'
print(df)
```

输出为:

```
   score result
0     66   pass
1     48   fail
2     97   pass
3     52   fail
4     72   pass
5     83   pass
```

注意: 如果没有第二句的 `df.loc[df.score>=60,'result']='pass'`, 则输出的 score 变量不小于 60 的 result 的位置为 `NaN`.

10.6.2 在已有数据框中插入新变量到预定位置

加入新变量

在上面的数据框 `df` 加入一个变量到第 0 列:

```
df.insert(loc=0,column='name', value=['Tom','John','Jane','Ted',"Bob",'Lee'])
print(df)
```

输出为:

```
   name  score result
0   Tom     66   pass
1  John     48   fail
2  Jane     97   pass
3   Ted     52   fail
4   Bob     72   pass
5   Lee     83   pass
```

重复的情况

(1) 在上面最后生成的数据框 df 再加入一个全部是 0 的变量到第 3 列:

```
df.insert(3,'extra',0)
print(df)
```

输出为:

```
   name  score result  extra
0   Tom     66   pass      0
1  John     48   fail      0
2  Jane     97   pass      0
3   Ted     52   fail      0
4   Bob     72   pass      0
5   Lee     83   pass      0
```

(2) 再加一列同名的 (即使不同值) 的变量, 必须加入 allow_duplicates=True 的选项, 否则会报错:

```
df.insert(3,'extra',np.arange(6)[::-1],allow_duplicates=True)
print(df)
```

输出为:

```
   name  score result  extra  extra
0   Tom     66   pass      5      0
1  John     48   fail      4      0
2  Jane     97   pass      3      0
3   Ted     52   fail      2      0
4   Bob     72   pass      1      0
5   Lee     83   pass      0      0
```

10.6.3 删除数据框的变量和观测值

构造一个数据的两种形式的数据框:

```
v=np.random.choice(np.arange(60,100),(12,3))
name=np.repeat(['Tom','Bob','June'],4).reshape(-1,1)
year=np.array([2014,2015,2016,2017]*3).reshape(-1,1)
dd=np.hstack((name,year,v))
u=pd.DataFrame(data=dd,columns=['name','year','Math','Pys','Lit'])
u3=u.set_index(['name','year'])

print('u=\n',u,'\nu3=\n',u3)
```

输出为:

```
u=
     name  year Math Pys Lit
0     Tom  2014   70  62  76
1     Tom  2015   87  94  92
2     Tom  2016   81  80  68
3     Tom  2017   75  98  71
4     Bob  2014   64  89  78
5     Bob  2015   61  92  78
6     Bob  2016   90  88  73
7     Bob  2017   86  98  95
8    June  2014   99  67  62
9    June  2015   80  86  86
10   June  2016   93  64  70
11   June  2017   90  64  95
u3=
           Math Pys Lit
name year
Tom  2014    70  62  76
     2015    87  94  92
     2016    81  80  68
     2017    75  98  71
Bob  2014    64  89  78
     2015    61  92  78
     2016    90  88  73
     2017    86  98  95
June 2014    99  67  62
     2015    80  86  86
     2016    93  64  70
     2017    90  64  95
```

用 drop 删除变量

删除两个变量:

```
u3.drop(['Lit','Math'],axis=1) #等价于 u3.drop(columns=['Lit','Math'])
```

输出为:

```
          Pys
name year
Tom  2014  62
     2015  90
     2016  68
     2017  82
Bob  2014  90
```

```
     2015  73
     2016  67
     2017  83
June 2014  76
     2015  87
     2016  77
     2017  92
```

用 drop 删除行

(1) 删除 u 的 0,4,8 三行:

```
print(u.drop([0,4,3]))
```

输出为:

```
    name  year Math Pys Lit
1    Tom  2015   87  94  92
2    Tom  2016   81  80  68
5    Bob  2015   61  92  78
6    Bob  2016   90  88  73
7    Bob  2017   86  98  95
8   June  2014   99  67  62
9   June  2015   80  86  86
10  June  2016   93  64  70
11  June  2017   90  64  95
```

(2) 删除 u3 等同于 u 的 0,4,8 三行, 但 u3 没有数字 index, 必须标明 index:

```
u3.drop(index='2014',level=1) #这里level=1标明'2014'是第1列index
```

输出为:

```
           Math Pys Lit
name year
Tom  2015    87  94  92
     2016    81  80  68
     2017    75  98  71
Bob  2015    61  92  78
     2016    90  88  73
     2017    86  98  95
June 2015    80  86  86
     2016    93  64  70
     2017    90  64  95
```

(3) 删除 u3 等同于 u 的最后 3 行:

```
u3.drop(index='June',level=0)
```

输出为:

```
          Math Pys Lit
name year
Tom  2014   70  62  76
     2015   87  94  92
     2016   81  80  68
     2017   75  98  71
Bob  2014   64  89  78
     2015   61  92  78
     2016   90  88  73
     2017   86  98  95
```

(4) 删除 u 的某些行列:

```
print(u.drop(index=[0,4,3],columns='Math'))
```

输出为:

```
    name  year Pys Lit
1    Tom  2015  94  92
2    Tom  2016  80  68
5    Bob  2015  92  78
6    Bob  2016  88  73
7    Bob  2017  98  95
8   June  2014  67  62
9   June  2015  86  86
10  June  2016  64  70
11  June  2017  64  95
```

(5) 删除 u3 的某些行列:

```
u3.rename_axis([None,None],axis=0).drop(index='June',columns='Math')
```

输出为:

```
         Pys Lit
Tom 2014  62  76
    2015  94  92
    2016  80  68
    2017  98  71
Bob 2014  89  78
    2015  92  78
    2016  88  73
```

```
    2017  98  95
```

用 reindex 改变行列

这里产生一个数据框:

```
Df=pd.DataFrame({'Math':[67,83,98],'Pys': [98,25,37]},
  index=['Tom','Bob','June'])
Df
```

输出为:

```
      Math  Pys
Tom     67   98
Bob     83   25
June    98   37
```

(1) 使用 reindex 重新安排行次序, 并可增减行数值, 增加的, 如果没有注明, 则标为 NaN:

```
new_index=['Tom', 'June', 'John']
Df.reindex(new_index)
```

输出为:

```
      Math   Pys
Tom   67.0  98.0
June  98.0  37.0
John   NaN   NaN
```

(2) 也可以同时增减 columns, 而且指定统一的缺失值:

```
Df.reindex(index=new_index,columns=['Math','Hist'],fill_value=999)
```

输出为:

```
      Math  Hist
Tom     67   999
June    98   999
John   999   999
```

10.7 数据框文件结构的改变

10.7.1 把若干列变量叠加成一列: .stack

我们构造一个三个人三门学科的数据:

```
Gd=np.array([[87,79,80],[98,65,72],[69,88,86]])
w=pd.DataFrame(data=Gd,index=['Tom','Bob','June'],
  columns=['Math','Phy','Lit'])
print(w)
```

输出为:

```
      Math  Phy  Lit
Tom     87   79   80
Bob     98   65   72
June    69   88   86
```

可以把它的列竖直叠加, 而把下面 9 个数目形成一列:

```
w1=w.stack() #等同于w.stack(0)
print(w1)
```

输出为:

```
Tom    Math     87
       Phy      79
       Lit      80
Bob    Math     98
       Phy      65
       Lit      72
June   Math     69
       Phy      88
       Lit      86
```

这是个有两重 index 的 `pd.Series` 而不是数据框, 把它变为数据框, 必须重新设定 index 并且改变变量名字 (读者可以打印中间结果看在这个过程中的每一步发生了什么):

```
w2=pd.DataFrame(w1)
w2.reset_index(inplace=True)
w2.columns=('name','class','grade')
w2
```

输出为:

```
   name class  grade
0   Tom  Math     87
1   Tom   Phy     79
2   Tom   Lit     80
3   Bob  Math     98
4   Bob   Phy     65
```

```
5   Bob   Lit     72
6  June  Math     69
7  June   Phy     88
8  June   Lit     86
```

上面从 w 到 w2 的转换也可用如下方法进行 (使用 melt 函数):

```
w3=w.copy()
w3.reset_index(level=0, inplace=True) #把 index 变成变量
w3=w3.rename({'index': 'name'}, axis=1)
w4=pd.melt(w3,id_vars='name',var_name='course',
           value_vars=['Math', 'Phy', 'Lit'],value_name='grade')
print(w4)
```

输出为 (次序和 w2 有所不同):

```
   name course  grade
0   Tom   Math     87
1   Bob   Math     98
2  June   Math     69
3   Tom    Phy     79
4   Bob    Phy     65
5  June    Phy     88
6   Tom    Lit     80
7   Bob    Lit     72
8  June    Lit     86
```

10.7.2 把前面叠加的部分拆开: .unstack

利用前面的 w1=w.stack() 来拆分:

(1) level=-1:

```
w1.unstack() #等同于w1.unstack(level=-1)
```

输出为:

```
      Math  Phy  Lit
Tom     87   79   80
Bob     98   65   72
June    69   88   86
```

(2) level=0:

```
w1.unstack(0)
```

输出为:

```
       Tom  Bob  June
Math    87   98    69
Phy     79   65    88
Lit     80   72    86
```

10.7.3 改变表的结构: .pivot

先构造一个数据框:

```
v=np.random.choice(np.arange(60,100),(12,3))
name=np.repeat(['Tom','Bob','June'],4).reshape(-1,1)
year=np.array([2014,2015,2016,2017]*3).reshape(-1,1)
dd=np.hstack((name,year,v))
u=pd.DataFrame(data=dd,columns=['name','year','Math','Pys','Lit'])
print(u)
```

输出为:

```
    name  year Math Pys Lit
0    Tom  2014   99  67  62
1    Tom  2015   80  86  86
2    Tom  2016   93  64  70
3    Tom  2017   90  64  95
4    Bob  2014   70  66  91
5    Bob  2015   74  91  62
6    Bob  2016   73  72  84
7    Bob  2017   67  78  89
8   June  2014   79  80  77
9   June  2015   94  73  91
10  June  2016   65  66  62
11  June  2017   70  89  99
```

形成多维表格

把数据框中的 year 作为 index, 用 name 当列变量, 而分数为 values 在中间:

```
u.pivot(index ='year',columns ='name',values =['Math','Pys','Lit'])
```

输出为:

```
     Math          Pys          Lit
name  Bob June Tom Bob June Tom Bob June Tom
year
2014   70   79  99  66   80  67  91   77  62
2015   74   94  80  91   73  86  62   91  86
```

```
2016    73   65  93  72   66  64  84   62  70
2017    67   70  90  78   89  64  89   99  95
```

一列数值的多变量表格信息的提取

前面的数据 u 是一个标准的每个变量一列的数据，但我们遇到的很多数据的各列都用不同的变量名字，只有一列是数值，这种数据在诸如联合国等机构发布的数据中尤为普遍，下面根据前面关于 stack 的方法把这里的数据 u 化成常见的形式:

```
u1=pd.DataFrame(u.set_index(['name','year']).stack())
u1.reset_index(inplace=True)
u1.columns=['name','year','class','grade']
print(u1)
```

输出为:

```
    name  year class grade
0    Tom  2014  Math    84
1    Tom  2014   Pys    68
2    Tom  2014   Lit    83
3    Tom  2015  Math    66
4    Tom  2015   Pys    78
5    Tom  2015   Lit    80
6    Tom  2016  Math    66
7    Tom  2016   Pys    69
8    Tom  2016   Lit    73
9    Tom  2017  Math    87
10   Tom  2017   Pys    92
11   Tom  2017   Lit    64
12   Bob  2014  Math    62
13   Bob  2014   Pys    89
14   Bob  2014   Lit    64
15   Bob  2015  Math    77
16   Bob  2015   Pys    61
17   Bob  2015   Lit    90
18   Bob  2016  Math    84
19   Bob  2016   Pys    99
20   Bob  2016   Lit    71
21   Bob  2017  Math    74
22   Bob  2017   Pys    93
23   Bob  2017   Lit    62
24  June  2014  Math    88
25  June  2014   Pys    71
26  June  2014   Lit    87
```

```
27  June  2015  Math   77
28  June  2015   Pys   99
29  June  2015   Lit   67
30  June  2016  Math   64
31  June  2016   Pys   65
32  June  2016   Lit   71
33  June  2017  Math   95
34  June  2017   Pys   88
35  June  2017   Lit   89
```

现在, 利用 pivot 把需要的信息提取出来.

(1) 某人的记录:

```
Tom=u1[u1['name']=='Tom'].pivot(index='year', columns='class',
    values='grade')
print(Tom)
```

输出为:

```
class Lit Math Pys
year
2014   83   84  68
2015   80   66  78
2016   73   66  69
2017   64   87  92
```

上面的记录中还有多余的 index 名字 year, 及列的总称 class, 可以去掉 (下面 axis=1 去掉 class, axis=0 去掉 year):

```
Tom.rename_axis(None,axis=1).rename_axis(None,axis=0)
```

输出为:

```
      Lit Math  Pys
2014   83   84  68
2015   80   66  78
2016   73   66  69
2017   64   87  92
```

如果要把年从 index 移动到 columns 中, 则可使用下面的代码 (如果 index 没有名字, 则下面用 reset_index()):

```
Tom.rename_axis(None,axis=1).reset_index('year')
```

输出为:

```
   year Lit Math Pys
0  2014  83   84  68
1  2015  80   66  78
2  2016  73   66  69
3  2017  64   87  92
```

(2) 通过类似于前面的操作, 得到某年的记录:

```
y2014=u1[u1['year']=='2014'].pivot(index='name',columns='class',values='grade')
y2014.reset_index(level="name").rename_axis(None,axis=1)
```

输出为:

```
   name Lit Math Pys
0   Bob  64   62  89
1  June  87   88  71
2   Tom  83   84  68
```

(3) 通过类似于前面的操作, 得到某科的记录:

```
Math=u1[u1['class']=='Math'].pivot(index='year',columns='name',values='grade')
Math.reset_index(level='year').rename_axis(None,axis=1)
```

输出为:

```
   year Bob June Tom
0  2014  62   88  84
1  2015  77   77  66
2  2016  84   64  66
3  2017  74   95  87
```

10.8 数据框文件的合并

首先建立两个数据框:

```
df1=pd.DataFrame({'X1': [1, 3., 2],'X2': [-2., -1, 9]},index=[0, 1, 2])
df2=pd.DataFrame({'X1': [1/2, 3.5, 12, 43],'X2': [6., -5, 4, 7]},index=[0, 1, 2, 3])
print(df1,'\n',df2)
```

输出为:

```
    X1   X2
0  1.0 -2.0
1  3.0 -1.0
2  2.0  9.0
      X1   X2
0    0.5  6.0
```

```
1   3.5 -5.0
2  12.0  4.0
3  43.0  7.0
```

10.8.1 使用 pd.concat 合并

纵向合并

(1) 保持原来数据框的 index:

```
print(pd.concat((df1,df2))) #相当于 pd.concat((df1,df2),axis=0)
```

输出为:

```
     X1   X2
0   1.0 -2.0
1   3.0 -1.0
2   2.0  9.0
0   0.5  6.0
1   3.5 -5.0
2  12.0  4.0
3  43.0  7.0
```

(2) 重新设定默认 index:

```
print(pd.concat((df1,df2),ignore_index=True))
```

输出为:

```
     X1   X2
0   1.0 -2.0
1   3.0 -1.0
2   2.0  9.0
3   0.5  6.0
4   3.5 -5.0
5  12.0  4.0
6  43.0  7.0
```

横向合并

再生成一个数据框:

```
df3=pd.DataFrame({'X3': ['Male', 'Female', 'Female', 'Male'],
                  'X4': ['H','P','G', 'H']},index=[5, 6, 7, 8])
print(df3)
```

输出为:

```
       X3 X4
0    Male  H
1  Female  P
2  Female  G
3    Male  H
```

(1) 横向合并, 保持原来的名字和 index (如果 index 不相同, 则会出现 NaN):

```
print(pd.concat((df1,df2,df3),axis=1))
```

输出为:

```
    X1   X2    X1   X2      X3 X4
0  1.0 -2.0   0.5  6.0    Male  H
1  3.0 -1.0   3.5 -5.0  Female  P
2  2.0  9.0  12.0  4.0  Female  G
3  NaN  NaN  43.0  7.0    Male  H
```

(2) 横向合并, 不再保持原来的名字和 index:

```
print(pd.concat((df1,df2,df3),ignore_index=True,axis=1))
```

输出为:

```
     0    1     2    3       4  5
0  1.0 -2.0   0.5  6.0    Male  H
1  3.0 -1.0   3.5 -5.0  Female  P
2  2.0  9.0  12.0  4.0  Female  G
3  NaN  NaN  43.0  7.0    Male  H
```

(3) 使用 `concat` 把 `pd.Series` 横向组合成数据框 (`keys` 覆盖原来的名字):

```
s1=pd.Series([1, 2, 3], name='H')
s2=pd.Series([6, 5, 4], name='A')
s3=pd.Series([8, 9, 7], name='C')
pd.concat([s1, s2, s3], axis=1, keys=['one', 'two', 'three'])
```

输出为:

```
   one  two  three
0    1    6      8
1    2    5      9
2    3    4      7
```

10.8.2 使用 pd.merge 和 .join 水平合并

先产生一些数据框:

```
df1=pd.DataFrame({'id': [1,3,5,2],'m_grade': [98,60,81,70]})
df2=pd.DataFrame({'id':[1,2,5,6],'s_grade':[50,90,78,60],'m_grade':[99,75,60,78]})
df3=pd.DataFrame({'xid': [6,1,2,4],'c_grade': [20,65,83,98]})
print(df1,'\n',df2,'\n',df3,'\n',df4)
```

输出为:

```
   id  m_grade
0   1       98
1   3       60
2   5       81
3   2       70
   id  s_grade  m_grade
0   1       50       99
1   2       90       75
2   5       78       60
3   6       60       78
   xid  c_grade
0    6       20
1    1       65
2    2       83
3    4       98
```

(1) 如果两个数据框有一个变量同名,则按照该变量合并(不符合的不会出现):

```
pd.merge(df1,df2[['id','s_grade']])#默认 how='inner'
```

输出为:

```
   id  m_grade  s_grade
0   1       98       50
1   5       81       78
2   2       70       90
```

(2) 如果两个数据框有一个变量同名,则按照该变量合并(使用 how='outer' 出现所有的,不匹配的显示 NaN):

```
pd.merge(df1,df2[['id','s_grade']],how='outer')#默认 how='inner'
```

输出为:

```
   id  m_grade  s_grade
0   1     98.0     50.0
1   3     60.0      NaN
2   5     81.0     78.0
3   2     70.0     90.0
4   6      NaN     60.0
```

(3) 如果两个数据框有多于一个变量同名, 则必须说明按照哪个同名变量合并, 而另一个同名变量加上默认 (为 _x 及 _y) 或指定的扩展名:

```
pd.merge(df1,df2,left_on='id', right_on='id',suffixes=('_first', '_second'))
```

输出为:

```
   id  m_grade_first  s_grade  m_grade_second
0   1             98       50              99
1   5             81       78              60
2   2             70       90              75
```

(4) 如果两个数据框没有同名变量, 则必须指定用哪两个变量匹配 (这里的 `how='inner'` 是默认值):

```
pd.merge(left=df2,right=df3,left_on='id',right_on='xid',how='outer')
```

输出为:

```
    id  s_grade  m_grade  xid  c_grade
0  1.0     50.0     99.0  1.0     65.0
1  2.0     90.0     75.0  2.0     83.0
2  5.0     78.0     60.0  NaN      NaN
3  6.0     60.0     78.0  6.0     20.0
4  NaN      NaN      NaN  4.0     98.0
```

(5) 在上一种情况下, 如果设 `how='left'`, 则保持左边数据框匹配变量的所有值 (右边相应缺失的为 NaN), 设 `how='right'` 时则是对称的:

```
pd.merge(left=df2,right=df3,left_on='id',right_on='xid',how='left')
```

输出为:

```
   id  s_grade  m_grade  xid  c_grade
0   1       50       99  1.0     65.0
1   2       90       75  2.0     83.0
2   5       78       60  NaN      NaN
3   6       60       78  6.0     20.0
```

(6) 使用 `.join` 没有共同变量的合并 (只合并共同 index `outer='inner'`):

```
df2.join(df3,how='inner')
```

输出为:

```
   id  s_grade  m_grade  xid  c_grade
0   1       50       99    6       20
1   2       90       75    1       65
2   5       78       60    2       83
3   6       60       78    4       98
```

(7) 使用 `.join` 有共同变量的合并 (只合并共同 index, 必须标明同名变量的扩展名):

```
df1.join(df2,lsuffix='_l', rsuffix='_r',how='inner')
```

输出为:

```
   id_l  m_grade_l  id_r  s_grade  m_grade_r
0     1         98     1       50         99
1     3         60     2       90         75
2     5         81     5       78         60
3     2         70     6       60         78
```

(8) 使用 `.join` 根据某变量的合并, 必须标明同名变量的扩展名 (`how='inner'` 情况):

```
df1.join(df2,on='id', lsuffix='_l', rsuffix='_r',how='inner')
```

输出为:

```
   id  id_l  m_grade_l  id_r  s_grade  m_grade_r
0   1     1         98     2       90         75
1   3     3         60     6       60         78
3   2     2         70     5       78         60
```

(9) 使用 `.join` 根据某变量的合并, 必须标明同名变量的扩展名 (`how='outer'` 情况):

```
df1.join(df2,on='id', lsuffix='_l', rsuffix='_r',how='outer')
```

输出为:

```
     id  id_l  m_grade_l  id_r  s_grade  m_grade_r
0.0   1   1.0       98.0   2.0     90.0       75.0
1.0   3   3.0       60.0   6.0     60.0       78.0
2.0   5   5.0       81.0   NaN      NaN        NaN
3.0   2   2.0       70.0   5.0     78.0       60.0
NaN   0   NaN        NaN   1.0     50.0       99.0
```

10.8.3 使用.append 竖直合并

这里使用前面小节的数据框:

```
df1=pd.DataFrame({'id': [1,3,5,2],'m_grade': [98,60,81,70]})
df2=pd.DataFrame({'id':[1,2,5,6],'s_grade':[50,90,78,60],'m_grade':[99,75,60,78]})
```

(1) 保持各自 index (这里的 sort=True, ignore_index=False 是默认值):

```
df1.append(df2,sort=True,ignore_index=False)
```

输出为:

```
   id  m_grade  s_grade
0   1       98      NaN
1   3       60      NaN
2   5       81      NaN
3   2       70      NaN
0   1       99     50.0
1   2       75     90.0
2   5       60     78.0
3   6       78     60.0
```

(2) 用默认的统一 index:

```
df1.append(df2,sort=False,ignore_index=True)
```

输出为:

```
   id  m_grade  s_grade
0   1       98      NaN
1   3       60      NaN
2   5       81      NaN
3   2       70      NaN
4   1       99     50.0
5   2       75     90.0
6   5       60     78.0
7   6       78     60.0
```

(3) 用 dict 增加行:

```
d = [{'id':6,'m_grade':100},{'id':8,'m_grade':50}]
print(df1.append(d,ignore_index=True))
```

输出为:

```
    id  m_grade
0    1       98
1    3       60
2    5       81
3    2       70
4    6      100
5    8       50
```

(4) 用 `pd.series` 增加行:

```
s = pd.Series([6, 100], index=['id', 'm_grade'])
df1.append(s,ignore_index=True)
```

输出为:

```
    id  m_grade
0    1       98
1    3       60
2    5       81
3    2       70
4    6      100
```

注意: 和 list 不同, 这里的 `df1.append` 并不改变 `df1`, 只有赋值 `df1=df1.append` 才能改变 `df1`.

10.9 pandas 序列的产生

10.9.1 直接从数据产生

和数据框类似, 只有一维的 pandas 序列可以用不同方式产生, 下面是两个例子:

```
np.random.seed(1010)
s=pd.Series(np.random.randn(4),index=['a','b','c','d'])
print('s=\n',s)
d=pd.Series({'a':2.7,'b':-3.6})
print('d=\n',d)
```

输出为:

```
s=
a   -1.175448
b   -0.383148
c   -1.471366
d   -1.800569
dtype: float64
d=
```

```
a    2.7
b   -3.6
dtype: float64
```

10.9.2 数据框的一列可为一个 pandas 序列

下面以数据框读入例 1.2 的数据:

```
u=pd.read_csv('autocars.csv')
print(u.head(2))
```

输出为:

```
                        Name  Miles_per_Gallon  Cylinders  Displacement  \
0  chevrolet chevelle malibu              18.0          8         307.0
1          buick skylark 320              15.0          8         350.0

   Horsepower  Weight_in_lbs  Acceleration        Year Origin
0       130.0           3504          12.0  1970-01-01    USA
1       165.0           3693          11.5  1970-01-01    USA
```

如果取一个变量, 则只有一种 (双方括号取列名) 还保留了数据框形式, 其余都是序列形式:

```
type(u['Horsepower']),type(u[['Horsepower']]),type(u.Horsepower),\
type(u.iloc[:,4]),type(u.loc[:,'Horsepower'])
```

输出为:

```
(pandas.core.series.Series,
 pandas.core.frame.DataFrame,
 pandas.core.series.Series,
 pandas.core.series.Series,
 pandas.core.series.Series)
```

10.10 pandas 序列的一些性质和计算

10.10.1 选择子序列

根据下标选择子序列

和 numpy 数组根据下标选择子集一样, 下面是选择子序列的例子:

```
print('s[:3]=\n',s[:3])
print('s[[0,3]]=\n',s[[0,3]])
```

输出为:

```
s[:3]=
 a    -1.175448
b    -0.383148
c    -1.471366
dtype: float64
s[[0,3]]=
 a    -1.175448
d    -1.800569
dtype: float64
```

利用条件语句选择子序列

和数据框类似, 可以利用条件语句挑选序列的子集, 比如:

```
print("s[s.index>'b'=\n",s[s.index>'b'])
print("s[(s>-1.2) & (s<1.5)]=\n",s[(s>-1.2) & (s<1.5)])
```

输出为:

```
s[s.index>'b'=
 c    -1.471366
d    -1.800569
dtype: float64
s[(s>-1.2) & (s<1.5)]=
 a    -1.175448
b    -0.383148
dtype: float64
```

10.10.2 一些简单计算

利用上面产生的序列做简单计算的示例代码如下:

```
print('s*2+np.exp(s)-abs(s**3)=\n',s*2+np.exp(s)-abs(s**3))
print('s[:2]+s[1:]=\n',s[:2]+s[1:])
```

输出为:

```
s*2+np.exp(s)-abs(s**3)=
a    -3.666305
b    -0.140830
c    -5.898509
d    -9.273460
dtype: float64
s[:2]+s[1:]=
a          NaN
```

```
b   -0.766295
c         NaN
d         NaN
dtype: float64
```

这里也体现了同样 index 才能运算的原则 (其他为 NaN).

10.10.3 带有时间的序列

下面产生一个随机序列, 在加上日期后产生图 10.10.1 (后面将会介绍画图模块以及 pandas 的画图函数), 这里的 %matplotlib inline 命令是要在 Notebook 的界面中插入图形. 首先输入必要的模块:

```
import pandas as pd
import numpy as np
import matplotlib
from pandas.plotting import register_matplotlib_converters
register_matplotlib_converters()
import matplotlib.pyplot as plt
%matplotlib inline
```

然后模拟一个随机游走作为时间序列并产生图形:

```
from pandas.plotting import register_matplotlib_converters
register_matplotlib_converters()
np.random.seed(1010)
dates = pd.date_range('1989-01', periods=100, freq='M')
s1=pd.Series(np.random.randn(100).cumsum(), index=dates)
fig=plt.figure(figsize=(15,4))
plt.plot(s1)
```

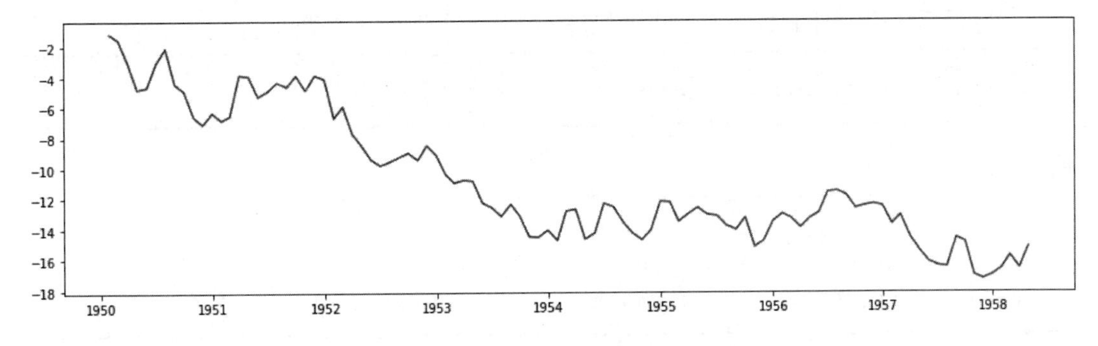

图 10.10.1 随机产生的时间序列图

10.11 一个例子

例 10.1 (diamonds.csv). 这个数据来自 R 程序包 ggplot2[1], 有 53940 个观测值及 10 个变量, 其中有 3 个分类变量 (cut, color, clarity), 其余是数量变量. 这些数量变量为: price (价格, 单位: 美元), carat (重量, 单位: 克拉), cut (加工质量, 5 个水平: Fair, Good, Premium, Ideal, Very Good), color (颜色, 7 个水平: D, E, F, G, H, I, J, 其中最差的是 J, 最好的是 D), clarity(纯净度, 有 8 个水平: I1 (worst), SI1, SI2, VS1, VS2, VVS1, VVS2, IF (best)), x (长度, 单位: 毫米), y (宽度, 单位: 毫米), z (深度, 单位: 毫米), depth (总深度百分比, 计算式为 z/((x + y)/2)), table (相对于最宽处的顶宽度).

下面通过例 10.1 说明 pandas 如何描述该数据某些方面的功能.

打印前几行、变量名字及数据形状

```
import pandas as pd
diamonds=pd.read_csv("diamonds.csv")
print(diamonds.head()) #打印前几行
print('diamonds.columns=\n',diamonds.columns) #变量名字
print('sample shape=', diamonds.shape) #样本形状(行列数目)
```

输出为:

```
   carat      cut color clarity  depth  table  price     x     y     z
0   0.23    Ideal     E     SI2   61.5   55.0    326  3.95  3.98  2.43
1   0.21  Premium     E     SI1   59.8   61.0    326  3.89  3.84  2.31
2   0.23     Good     E     VS1   56.9   65.0    327  4.05  4.07  2.31
3   0.29  Premium     I     VS2   62.4   58.0    334  4.20  4.23  2.63
4   0.31     Good     J     SI2   63.3   58.0    335  4.34  4.35  2.75
diamonds.columns=
 Index(['carat', 'cut', 'color', 'clarity', 'depth', 'table', 'price', 'x', 'y',
       'z'],
      dtype='object')
sample shape= (53940, 10)
```

对数据中数量变量的简单描述

对除最后 3 个之外的数量变量进行描述 (对于字符型变量自动回避):

```
print(diamonds.iloc[:,:7].describe()) #对除最后3个之外的数量变量进行描述
```

输出为:

```
              carat         depth         table         price
count  53940.000000  53940.000000  53940.000000  53940.000000
mean       0.797940     61.749405     57.457184   3932.799722
```

[1]Wickham, H. (2009) *ggplot2: Elegant Graphics for Data Analysis.* Springer-Verlag New York.

```
std        0.474011    1.432621    2.234491   3989.439738
min        0.200000   43.000000   43.000000    326.000000
25%        0.400000   61.000000   56.000000    950.000000
50%        0.700000   61.800000   57.000000   2401.000000
75%        1.040000   62.500000   59.000000   5324.250000
max        5.010000   79.000000   95.000000  18823.000000
```

按照变量 cut 分群, 并显示各个变量相应于 cut 的各个水平的中位数:

```
cut=diamonds.groupby("cut") #按照变量cut的各水平分群
print('cut.median()=\n',cut.median()) #变量相应cut的各个水平的中位数
```

输出为:

```
cut.median()=
           carat  depth  table   price      x     y     z
cut
Fair       1.00   65.0   58.0  3282.0  6.175  6.10  3.97
Good       0.82   63.4   58.0  3050.5  5.980  5.99  3.70
Ideal      0.54   61.8   56.0  1810.0  5.250  5.26  3.23
Premium    0.86   61.4   59.0  3185.0  6.110  6.06  3.72
Very Good  0.71   62.1   58.0  2648.0  5.740  5.77  3.56
```

当然, 除了上面的 `cut.median()` (中位数), 还有 `cut.mean()` (均值)、`cut.std()` (标准差)、`cut.sum()` (和)、`cut.count()` (频数)、`cut.max()` (最大值)、`cut.min()` (最小值) 等类似的汇总函数.

下面的语句可得到分类变量 cut 和 color 的列联表:

```
print('Cross table=\n',pd.crosstab(diamonds.cut,diamonds.color))
```

输出为:

```
Cross table=
 color        D     E     F     G     H     I    J
cut
Fair       163   224   312   314   303   175  119
Good       662   933   909   871   702   522  307
Ideal     2834  3903  3826  4884  3115  2093  896
Premium   1603  2337  2331  2924  2360  1428  808
Very Good 1513  2400  2164  2299  1824  1204  678
```

10.12 pandas 专门的画图命令

pandas 模块有专门针对数据框的画图函数`pandas.DataFrame.plot()`. 如果一个对象属于数据框 (比如下面的`x` 或`x5`), 在画图时只需要输入诸如`x.plot()` 或`x5.plot()`

的命令即可画出图形. 下面对此予以介绍.

10.12.1 安排几张图

下面是在一张图 (见图 10.12.1) 中摆放两张图的示例代码.

```
np.random.seed(1010)
n=1000
x=pd.Series(np.random.randn(n),
index=pd.date_range('1/1/2014',periods=n,freq='D'))
x=x.cumsum()
x5=pd.DataFrame(np.random.randn(n,5),index=x.index,
columns=['One','Two','Three','Four','Five'])
x5=x5.cumsum()
fig,axes=plt.subplots(nrows=1,ncols=2,figsize=(12,4))
x.plot(ax=axes[0])
x5.plot(ax=axes[1])
```

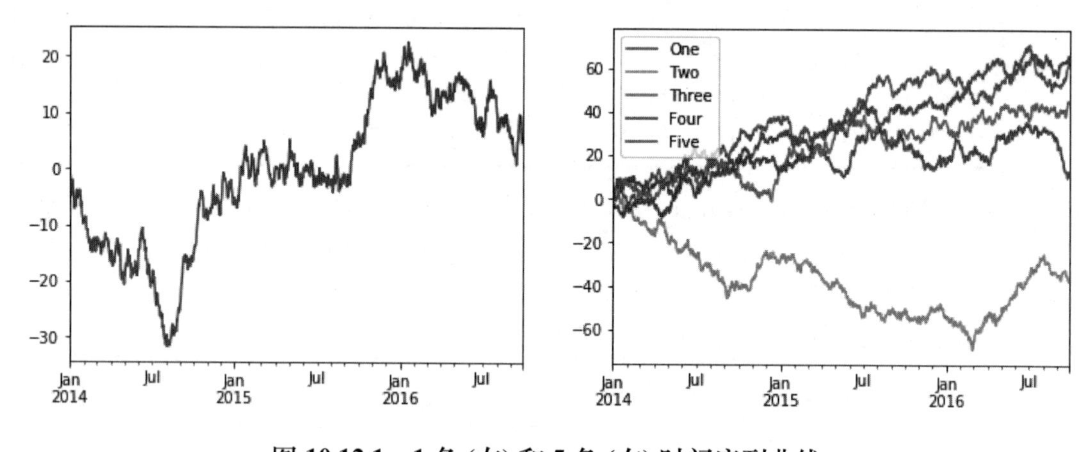

图 10.12.1　1 条 (左) 和 5 条 (右) 时间序列曲线

图 10.12.1 中左侧为随机产生的 1 条时间序列曲线, 而图 10.12.1 中右侧为随机产生的 5 条时间序列曲线. 其中的时间可任意确定, 产生时间范围的`date_range()` 函数中的`periods` 选项输入序列的长度, 而`freq` 选项输入单位 (这里的`'D'` 代表每天一个数目). 代码中设成两个小图的语句和以前有所区别, 这里使用了 1×2 的图形矩阵`axes`(有些类似于 R 中的语句: “`par(mfrow=c(1,2))`”), 然后把图形 (`x` 及`x5`) 分别分配到其中的两个位置`axes[0]` 和`axes[1]`.

10.12.2 转换定性变量成哑元变量以产生条形图和饼图

不像在 R 中可以直接对用字符串表示水平的分类变量做条形图和饼图, 在 pandas 中必须将分类变量转换成哑元做计算 (这方面可参看 2.3 节), 然后求各个水平的频数之后再画图, 下面是对例 1.2 的分类变量`Origin` 作条形图和饼图 (见图 10.12.2) 的代码:

```
u=pd.read_csv('autocars.csv')
xw=pd.get_dummies(u['Origin']).sum(axis=0) #转换成哑元再求和
fig,axes=plt.subplots(nrows=1,ncols=2,figsize=(12,3)) #两个图的排列
xw.plot(kind='barh',ax=axes[0]) #条形图
xw.plot(kind='pie',ax=axes[1]) #饼图
```

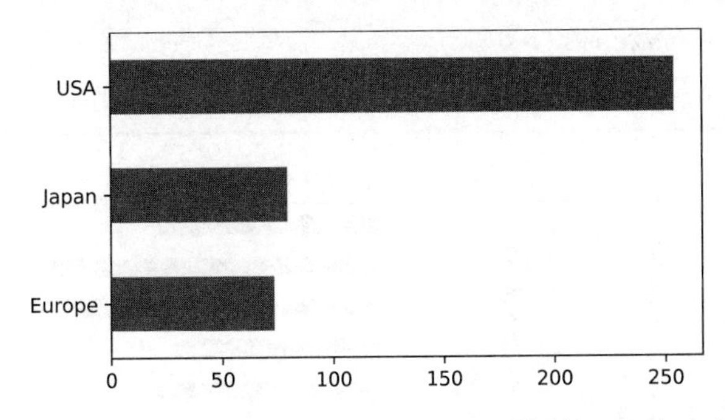

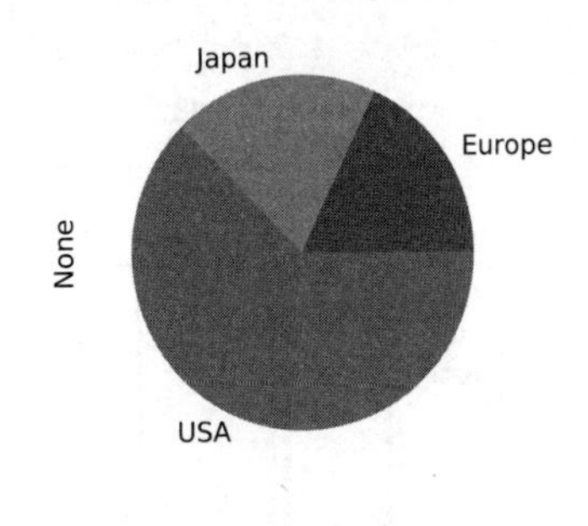

图 10.12.2 例 1.2 的关于分类变量 Origin 的条形图和饼图

10.12.3 不同的直方图

下面对例 1.2 数据的 Horsepower 画出一个横向直方图 (见图 10.12.3 中左图), 再在图 10.12.3 中右图把 Horsepower 按照产地 (Origin) 分成 3 个数据, 并把生成的 3 个直方图重叠在一起以比较不同产地的区别, 生成图 10.12.3 的代码为:

```
u=pd.read_csv('autocars.csv')
fig,axes=plt.subplots(nrows=1,ncols=2,figsize=(12,4))
u[['Horsepower']].plot(kind='hist',orientation='horizontal',
alpha=0.5,ax=axes[0])
for i in np.unique(u['Origin']):
    u['Horsepower'][u['Origin']==i].plot(kind='hist', alpha=0.5,
                                          ax=axes[1],label=i)
plt.legend()
```

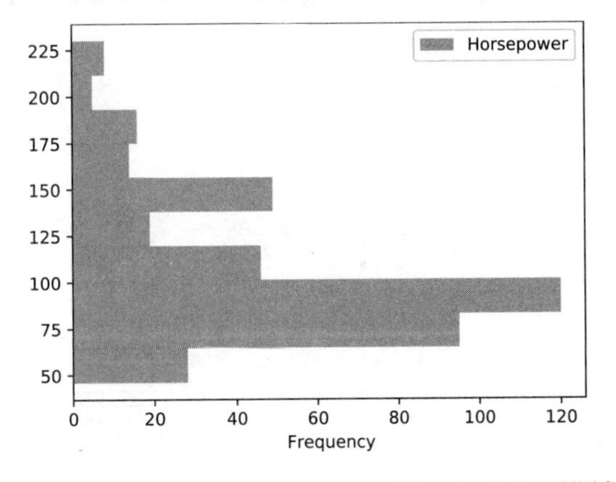

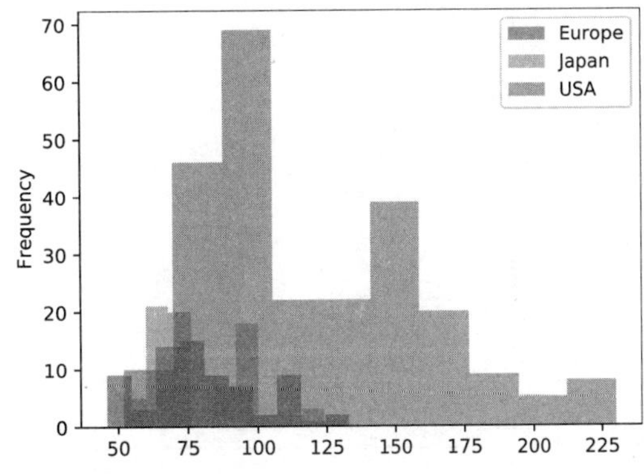

图 10.12.3 横放及重叠的直方图

把多个变量用条形图表示有多种形式, 下面是对随机产生的数据产生并排、叠放及水平叠放条形图 (见图 10.12.4) 的代码:

```
np.random.seed(1010)
fig,axes=plt.subplots(nrows=1,ncols=3,figsize=(12,4))
x3=pd.DataFrame(np.random.rand(10,3),columns=['ABC','NBC','CBS'])
x3.plot(kind='bar',ax=axes[0])
x3.plot(kind='bar',stacked=True,ax=axes[1])
x3.plot(kind='barh',stacked=True,ax=axes[2])#水平叠放条形图
```

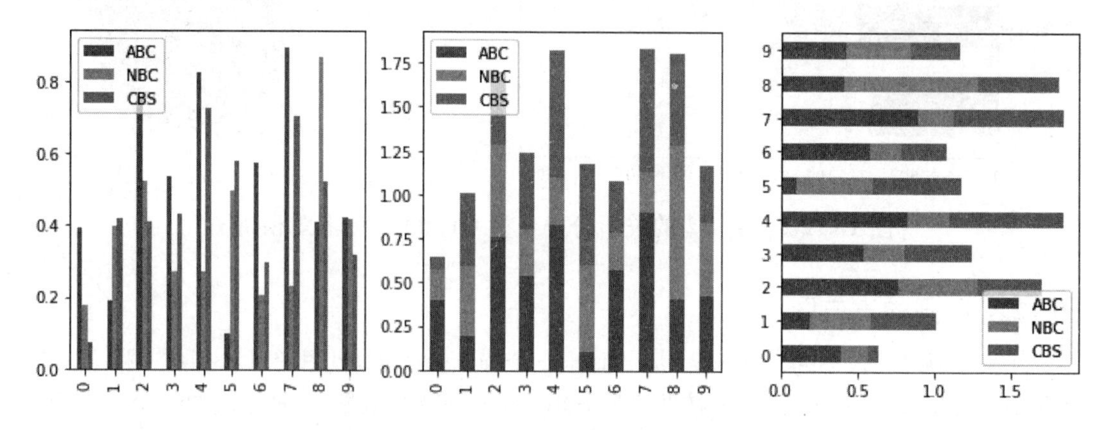

图 10.12.4 并排、叠放和水平叠放条形图

10.12.4 按定性变量各水平画盒形图

接下来利用例 10.1 的数据 (diamonds.csv) 来描述如何根据一个分类变量 (这里是 cut) 的各个水平画出其相应于一个数量变量 (这里是 carat) 的盒形图 (见图 10.12.5). 下面是示例代码:

```
diamonds=pd.read_csv("diamonds.csv")
diamonds.boxplot(column='carat',by='cut',figsize=(21,6))
```

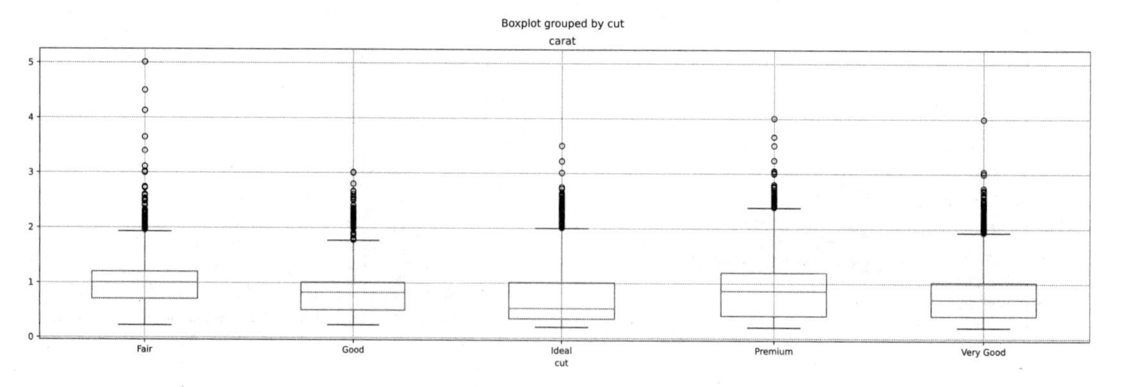

图 10.12.5 按照一个分类变量的各水平分组画一个数量变量的盒形图

也可以对某一数量变量 (这里是 price) 按照不同分类变量的组合 (这里是 color 和 cut 的组合) 来画出盒形图 (见图 10.12.6), 为看得清变量组合名字, 利用选项 `rot=45` 将图下面的标记旋转 45 度. 下面是代码:

```
diamonds.boxplot(column=['price'],by=['color','cut'], figsize=(21,6),
                    rot=45)
```

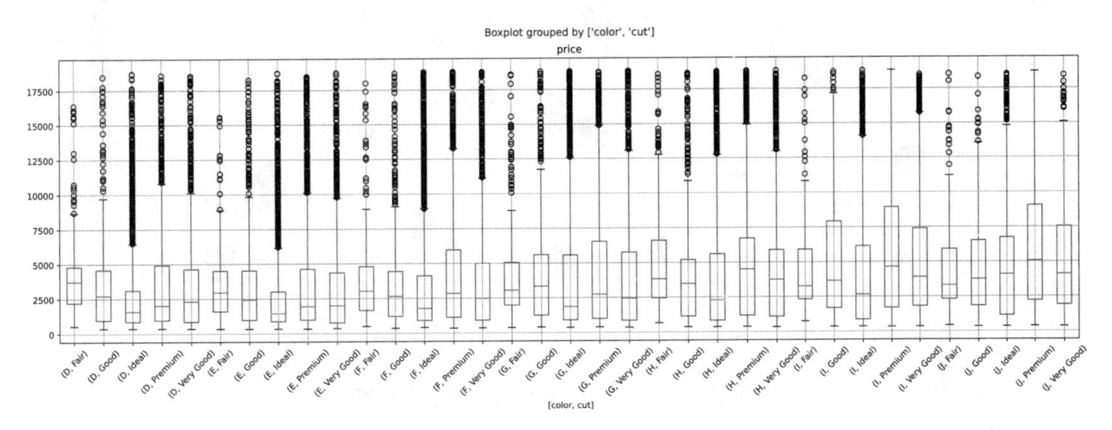

图 10.12.6　按照两个分类变量的各水平组合画一个数量变量的盒形图

10.12.5 面积图

还可以把若干同样符号 (同为正或同为负) 的曲线叠加或者重叠, 画出所谓 "面积图" (area plot), 下面是做出正弦函数和余弦函数面积图 (见图 10.12.7) 的示例代码:

```
x=np.sin(np.arange(0,5,.2))+1
y=np.cos(np.arange(0,5,.2))+1
w=np.stack((x,y),axis=1)
w=pd.DataFrame(w,columns=['sin','cos'])
fig,axes=plt.subplots(nrows=1,ncols=2,figsize=(12,3.5))
w.plot(kind='area',ax=axes[0])
w.plot(kind='area',stacked=False,ax=axes[1])
```

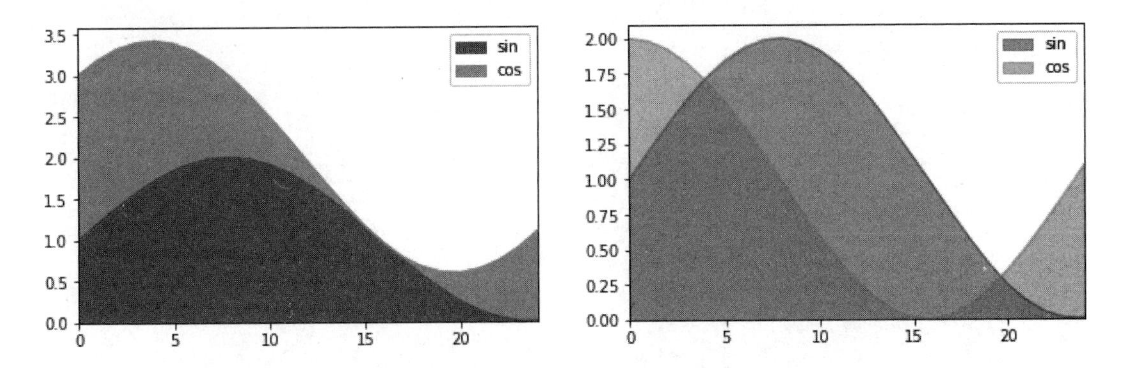

图 10.12.7　曲线叠加的面积图

10.12.6 含有多种信息的散点图

通过数据框画散点图可根据不同变量的值显示点的位置、大小和颜色深浅 (见图 10.12.8). 下面随机生成有 4 个变量 (名为 'One', 'Two', 'Three', 'Four') 的数据框, 其中头两个变量为横轴和纵轴的坐标, 第三个变量用来表示点的大小, 第四个变量显示颜色深浅.

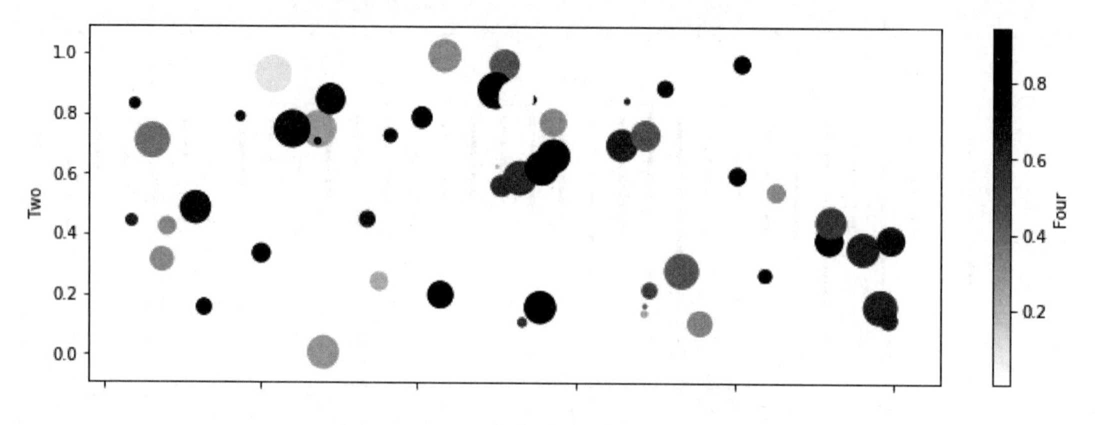

图 10.12.8 含有多种信息的散点图

产生图 10.12.8 的代码如下:

```
X=pd.DataFrame(np.random.rand(60, 4), columns=['One', 'Two', 'Three','Four'])
X.plot(kind='scatter',x='One',y='Two',c='Four', s=X.Three*500,figsize=(12,4))
```

第 11 章　matplotlib 模块

matplotlib 是一个非常强大的画图模块, 它的架构被其他软件画图所采用, 比如 seaborn (sns) 模块就基于 matplotlib. 下面就 matplotlib 的一些功能做简要介绍.

11.1　简单的图

首先输入模块. 注意, 一般在画图语句之后输入命令 `show()`, 则在独立窗口显示图形, 在那里还可以对图形做编辑以及保存等操作. 如果想在输出结果 (比如在 Notebook 的输出) 中看到 "插图", 则可用 `%matplotlib inline` 语句, 但独立图也有其方便的地方.

```
import matplotlib
%matplotlib inline
#如果输入上面一行, 则会产生在输出结果之间的插图(不是独立的图)
import matplotlib.pyplot as plt
```

下面介绍最简单的图, 这里产生曲线 $y = \sin(50x)/x$ (见图 11.1.1).

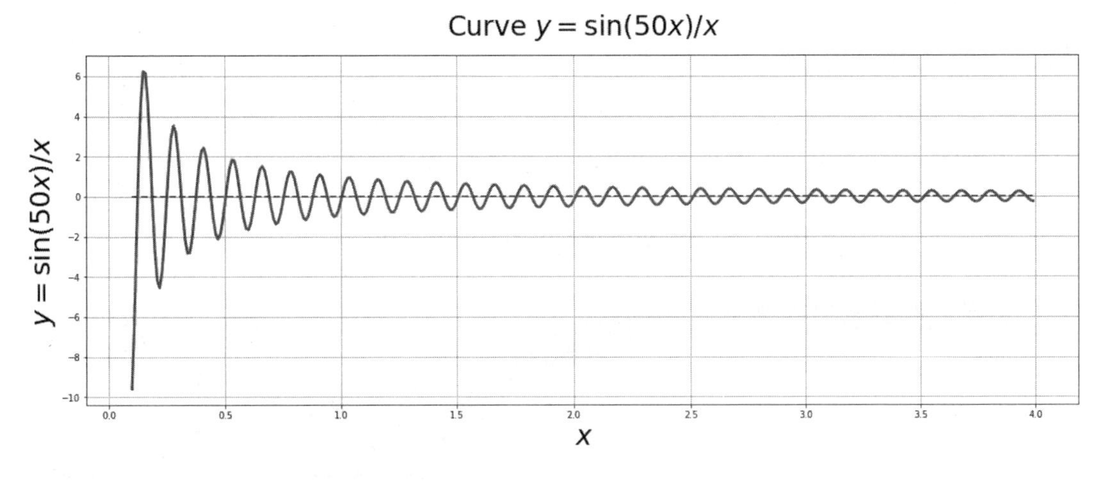

图 11.1.1　一个曲线图

产生图 11.1.1 的代码为:

```
x=np.arange(0.1,4,.01)
plt.figure(figsize=(20,7))
plt.plot(x,np.sin(x*50)/x,linewidth=3) #实线形式的曲线, 默认'b-'
plt.plot(x,np.zeros(len(x)),'g--',linewidth=2) #虚线形式的绿色水平线
```

```
plt.title('Curve $y=\sin(50x)/x$',fontsize=40,y=1.04)
plt.xlabel('$x$',fontsize=30)
plt.ylabel('$y=\sin(50x)/x$',fontsize=30)
plt.grid(True)
plt.savefig('mplsin.pdf') #存入文件
```

在产生图 11.1.1 的代码中, 用 `arange()` 函数产生一个等间隔序列 `x`, 为确定图形长宽比例, 使用代码 `figure(figsize=(20,7))`, 再用 `plot(x,np.sin(x*50)/x)` 画一条实线, 但因默认值是蓝色实线, 所以用不着标明默认的颜色及线条形状选项 (蓝色实线: `'b-'`), 后面命令则用选项 `'g--'` 画绿色 (g:'green') 水平短线虚线, 选项 `linewidth` 确定线的宽度, `fontsize` 确定文字标记的字体大小.

上面的代码都属于模块 `matplotlib.pyplot`, 简写为 `plt`, 因此所有函数前面都有 "`plt.`". 上面的画图代码核心是函数 `plot()`, 一般的语句除了变量 `x` 和 `y`, 还有前面提到过的表示颜色和形状的选项. 一般的颜色代码为: `'b'` 代表蓝色, `'g'` 代表绿色, `'r'` 代表红色, `'c'` 代表蓝绿色, `'m'` 代表洋红色, `'y'` 代表黄色, `'k'` 代表黑色, `'w'` 代表白色. 表示形状的选项也很多: `'-.'` 代表点线虚线, `':'` 代表点虚线, `'.'` 代表点, `'o'` 代表实心圆, `'v'` 代表下三角符号, `'<'` 和 `'>'` 分别代表左右指向的三角符号, 等等, 这里不一一列举.

此外, 读者可能注意到, 在 `plt.title` 和 `plt.ylabel` 中用了类似于 LaTeX 风格的表达式, 这使得在文字中插入一些数学公式十分方便. 在 `plt.title` 的代码选项中有 `y=1.04`, 这定义了标题的竖直空间. 语句 `plt.grid(True)` 要求画出浅虚线格子.

11.2 几条曲线同框

在一张图中同时作几条曲线, 可以用一个 `plot()` 语句, 也可以用几个 `plot()` 语句, 比如可以在一张图中产生若干条曲线 (见图 11.2.1).

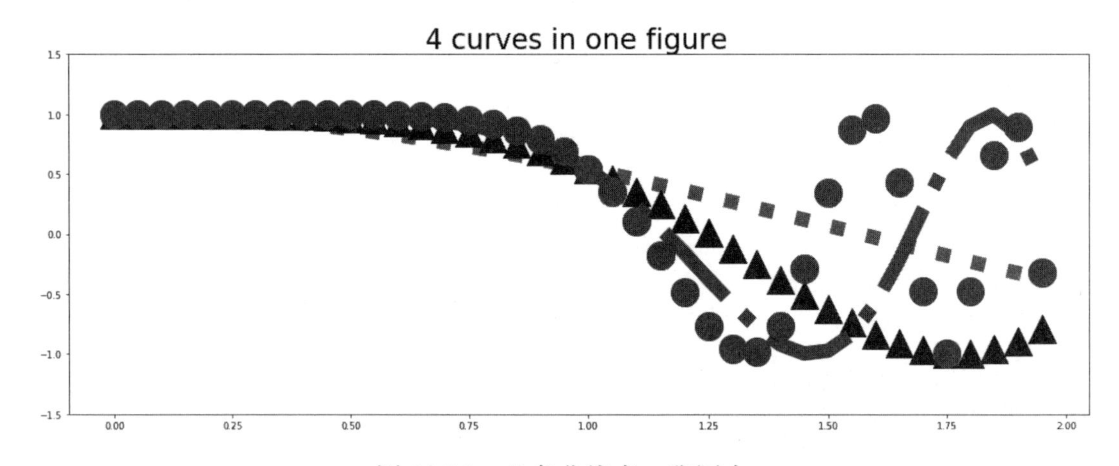

图 11.2.1 几条曲线在一张图中

下面是产生图 11.2.1 的代码:

```
x=np.arange(0.,2.,.05)
plt.figure(figsize=(20,7))
plt.plot(x,np.cos(x),'r:',x,np.cos(x**2),'b^',
x,np.cos(x**3),'g-.',x,np.cos(x**4),'mo',
linewidth=15,markersize=30)
plt.ylim((-1.5,1.5))
plt.title('4 curves in one figure',fontsize=30)
```

上面的代码等价于下面的多重 `plot()` 语句 (产生同样的图):

```
x=np.arange(0.,2.,.05)
plt.figure(figsize=(20,7))
plt.plot(x,np.cos(x),'r:',linewidth=15,markersize=30)
plt.plot(x,np.cos(x**2),'b^',markersize=30)
plt.plot(x,np.cos(x**3),'g-.',linewidth=15)
plt.plot(x,np.cos(x**4),'mo',markersize=30)
plt.ylim((-1.5,1.5)) #确定图形的纵向空间范围
plt.title('4 curves in one figure',fontsize=30)
```

11.3 排列几张图

上面只涉及一张图, 如果需要同时展示几张图 (见图 11.3.1) 则可以用下面的语句.

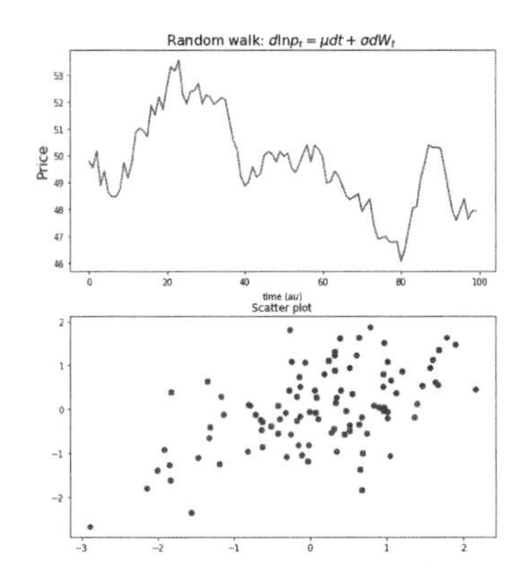

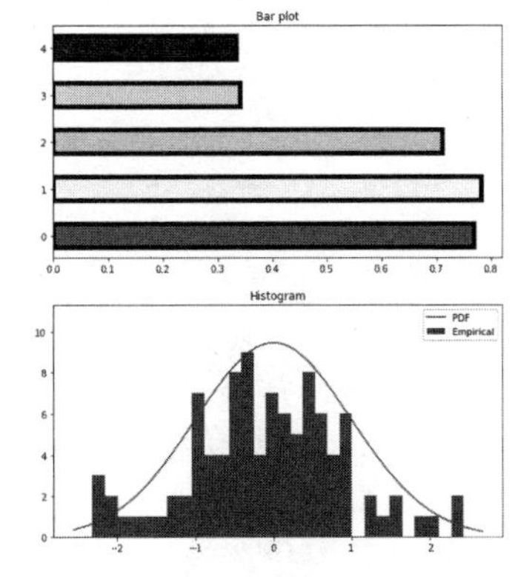

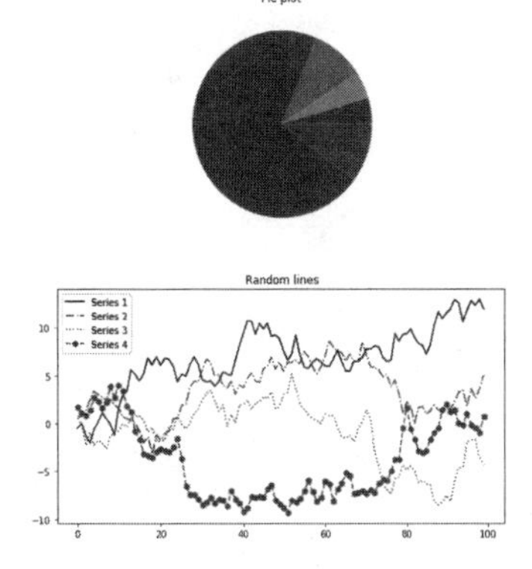

图 11.3.1 几张图在一起

```
import scipy.stats as stats
plt.figure(figsize=(27,9))
plt.subplot(2, 3, 1) #2x3图形阵的第1个
y = 50*np.exp(.0004 + np.cumsum(.01*np.random.randn(100)))
plt.plot(y) #默认画蓝色实线
plt.xlabel('time ($\tau$)') #x轴标签
plt.ylabel('Price',fontsize=16) #y轴标签
```

```
plt.title('Random walk: $d\ln p_t = \mu dt + \sigma dW_t$',fontsize=16)

y = np.random.rand(5)
x = np.arange(5)
plt.subplot(2, 3, 2) #2x3图形阵的第2个
colors = ['#FF0000','#FFFF00','#00FF00','#00FFFF','#0000FF'] #颜色代码
plt.barh(x, y, height = 0.5, color = colors, \
edgecolor = '#000000', linewidth = 5) #水平条形图(barh)
plt.title('Bar plot')

y = np.random.rand(5)
y = y / sum(y)
y[y < .05] = .05
plt.subplot(2, 3, 3)
plt.pie(y) #饼图
plt.title('Pie plot')

z = np.random.randn(100, 2)
z[:, 1] = 0.5 * z[:, 0] + np.sqrt(0.5) * z[:, 1]
x = z[:, 0]
y = z[:, 1]
plt.subplot(2, 3, 4)
plt.scatter(x, y)
plt.title('Scatter plot')

plt.subplot(2, 3, 5)
x = np.random.randn(100)
plt.hist(x, bins=30, label='Empirical') #画直方图
xlim = plt.xlim()
ylim = plt.ylim()
pdfx = np.linspace(xlim[0], xlim[1], 200)
pdfy = stats.norm.pdf(pdfx) #scipy模块中的标准正态分布密度函数
pdfy = pdfy / pdfy.max() * ylim[1]
plt.plot(pdfx, pdfy,'r-',label='PDF')
plt.ylim((ylim[0], 1.2 * ylim[1]))
plt.legend()
plt.title('Histogram')

plt.subplot(2, 3, 6)
x = np.cumsum(np.random.randn(100,4), axis = 0)
plt.plot(x[:,0],'b-',label = 'Series 1')
plt.plot(x[:,1],'g-.',label = 'Series 2')
plt.plot(x[:,2],'r:',label = 'Series 3')
plt.plot(x[:,3],'h--',label = 'Series 4')
```

```
plt.legend()
plt.title('Random lines')
```

代码中在每个子图前面有一个 subplot 语句, 表明接下来的图在图形阵中的位置, 比如 subplot(2,3,3) 意味着在 2×3 的图形阵中的第 3 个 (按行数); 画图语句除 plot 之外, 还有画水平条形图的语句 (barh), 如果要画竖直条形图则用 bar 函数, 但是后面的 "高度"(height, 指水平条的粗细) 应该换成 "宽度"(width, 指竖直条的粗细). 此外, 这里的 pie 用于画饼图, scatter 用于画散点图, hist 用于画直方图, 等等. 其中的 legend 表明需要加上图例, 选项中的 label 显示不同的对象在图例中的标签, 代码中的 linspace 给出从初始点 (这里是 xlim[0], 即 x 的最小值) 到终点 (这里是 xlim[1], 即 x 的最大值) 的等间隔的点 (这里是 200 个点).

前面的代码直接使用 plt (matplotlib.pyplot) 的函数, 我们也可以定义画图对象的名字, 定义之后, 就可以直接使用这些名字而不用 "plt." 了, 但有些代码会有变动, 以图 11.3.2 为例.

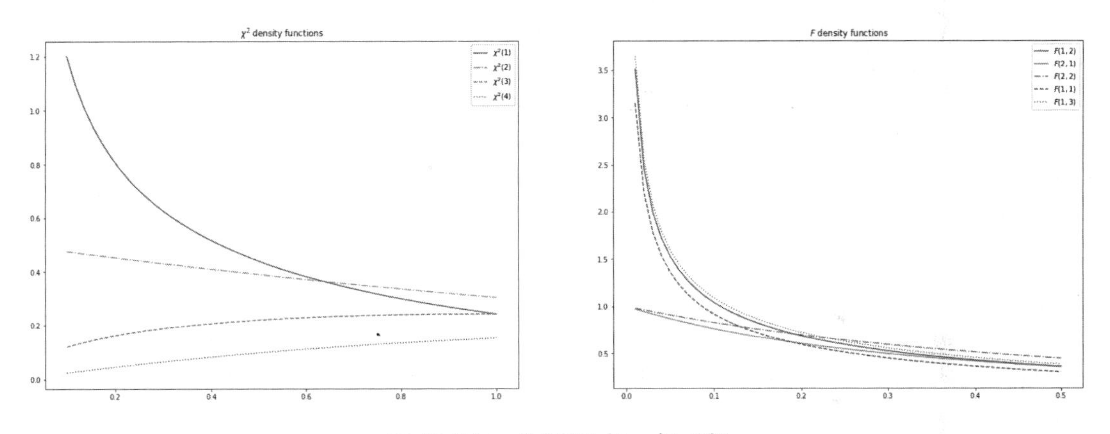

图 11.3.2 几张图在一起 (续)

产生图 11.3.2 的代码为:

```
fig=plt.figure(figsize=(10,3))
f1=fig.add_subplot(1,2,1)
x=np.linspace(0.1,1)
f1.plot(x,stats.chi2.pdf(x,1),'-', label='$\chi^2(1)$')
f1.plot(x,stats.chi2.pdf(x,2),'-.', label='$\chi^2(2)$')
f1.plot(x,stats.chi2.pdf(x,3),'--', label='$\chi^2(3)$')
f1.plot(x,stats.chi2.pdf(x,4),':', label='$\chi^2(4)$')
f1.set_title('$\chi^2$ density functions')
f1.legend()
f2=fig.add_subplot(1,2,2)
x=np.linspace(0.01,.5,50)
f2.plot(x,stats.f.pdf(x,1,2),'-', label='$F(1,2)$')
```

```
f2.plot(x,stats.f.pdf(x,2,1),'-', label='$F(2,1)$')
f2.plot(x,stats.f.pdf(x,2,2),'-.', label='$F(2,2)$')
f2.plot(x,stats.f.pdf(x,1,1),'--', label='$F(1,1)$')
f2.plot(x,stats.f.pdf(x,1,3),':', label='$F(1,3)$')
f2.set_title('$F$ density functions')
f2.legend()
```

11.4 三维图

下面为绘制一个三维曲面图 (见图 11.4.1) 的代码:

```
from mpl_toolkits.mplot3d import Axes3D
from matplotlib import cm
X=np.arange(-5,5,0.25)
Y=np.arange(-5,5,0.25)
X,Y=np.meshgrid(X,Y) #X为每行相同的矩阵,Y为X转置
Z=np.sin(np.sqrt(X**2+Y**2))
x=X.reshape(len(X)**2)#把矩阵拉长成为一个向量
y=Y.reshape(len(Y)**2)
z=Z.reshape(len(Z)**2)
fig=plt.figure()
ax=fig.gca(projection='3d')
ax.plot_trisurf(x,y,z,cmap=cm.jet,linewidth=0.3)
```

上面的代码中引进了 `Axes3D` 和 `cm` 两个组件, 目的分别是使 `fig.gca` 和最后的语句选项 `cmap=cm.jet` 可以执行.

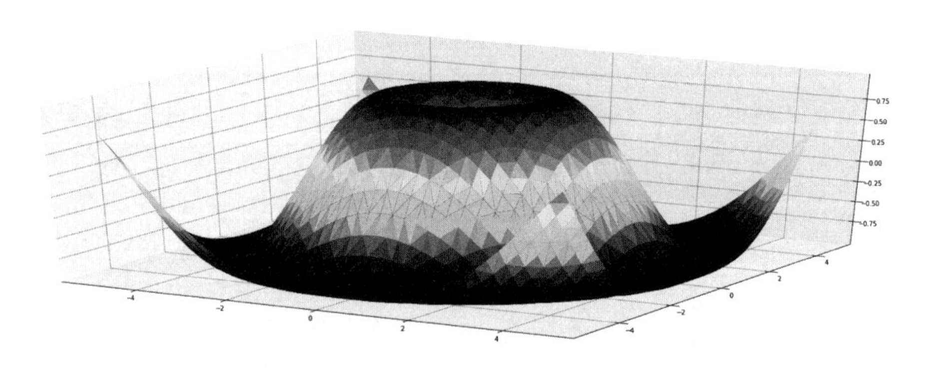

图 11.4.1 一个三维曲面图

下面是绘制一个三维曲线图 (见图 11.4.2) 的代码:

```
z=np.linspace(-1,1,1000)
x=z*np.sin(100*z)
y=z*np.cos(100*z)
plt.figure(figsize=(30,10))
plt.axes(projection='3d')
plt.plot(x,y,z,'-b')
```

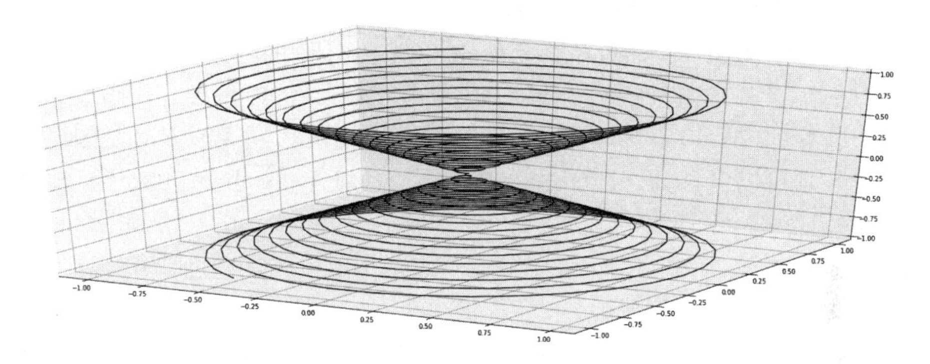

图 11.4.2　一个三维曲线图

第 12 章 seaborn 模块

seaborn (简称 sns) 模块是基于 matplotlib 而产生的, 下面介绍一些基本画图功能.

人们可能会发现, 许多 seaborn 的类似任务都能用不同的函数来完成. 这是因为 seaborn 命名空间是 ''扁平'' 的, 也就是说, 所有功能都可以在顶层访问. 但是代码本身是分层结构的, 具有通过不同方式实现相似的可视化目标的函数模块. 大多数文档都是围绕这些模块构建的: 一个模块可以包含一类的方法. 除了不同的模块外, seaborn 函数还有一个横切的分类, 如 ''轴级'' (axes-level) 或 ''图形级'' (figure-level). 对于轴级函数, 将数据绘制到返回值为单个 `plt.Axes` 的对象上. 而图形级函数通过管理图形的 seaborn 对象 (通常是 FacetGrid) 来与 matplotlib 接口. 每个模块都有一个图形级功能, 它为其各种轴级功能提供统一的接口. 通常图形级函数使用选项 `kind="..."` 来产生类似名称的专项轴级函数的图形. 下面是对一些与图形直接有关的部分模块:

- 变量关系类的图形级函数为 `relplot`, 而为其服务的是轴级函数:
  - `scatterplot` (散点图)
  - `lineplot` (线条图)
- 分布类的图形级函数为 `displot`, 而为其服务的是轴级函数:
  - `histplot` (直方图)
  - `kdeplot` (核密度估计曲线图)
  - `ecdfplot` (累积经验分布图)
  - `rugplot` (地毯图)
- 涉及分类变量的图形级函数为 `catplot`, 而为其服务的是轴级函数:
  - `stripplot` (一个变量为分类变量的散点图)
  - `swarmplot` (没有重叠点的分类变量散点图)
  - `boxplot` (盒形图)
  - `violinplot` (盒形图及核密度估计曲线的组合)
  - `boxenplot` (较大数据集的增强盒形图)
  - `pointplot` (使用散点图符号显示点估计和置信区间)
  - `barplot` (可显示点估计及置信区间的条形图)
  - `countplot` (显示每一类观测值计数的条形图)
- 绘制数据和拟合回归模型适合 FacetGrid 的图形级函数为 `lmplot`, 而轴级函数为:
  - `regplot` (数据点图及拟合的线性模型)
  - `residplot` (线性回归的残差图)
- 矩阵图 (均为轴级):
  - `heatmap` (对矩形数据画颜色标记的热量图)

- clustermap (对矩形数据做聚类热量图)

在点图时, 如果想把几个用图形级函数生成的图放到一起是不会成功的, 只有可能把轴级函数点图集合到一个图中.

12.1 基本类型图形点图

图 12.1.1 展示了 sns 轴级函数画的散点图、线条图、直方图及密度图、条形图、盒形图、小提琴图. 这些图是用下面的代码生成的:

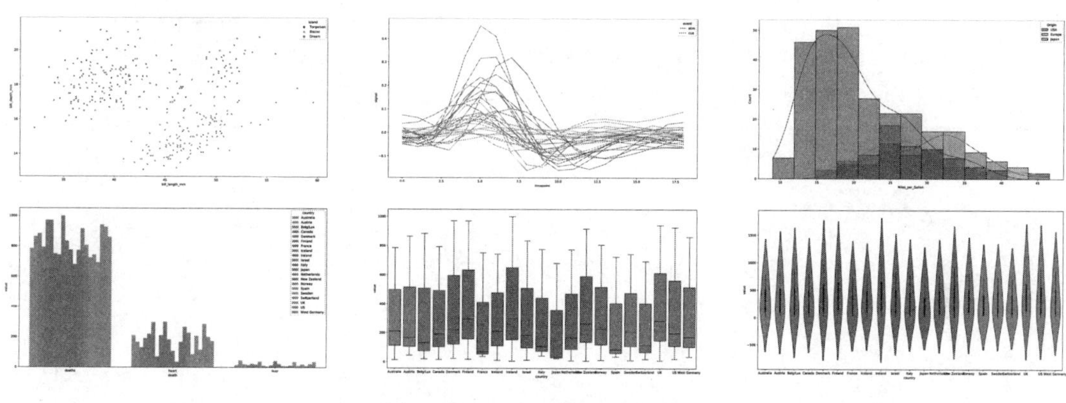

图 12.1.1 sns 的 6 个图形

```
# 输入4个数据:
w=pd.read_csv('penguins.csv')
fmri = sns.load_dataset("fmri")
u=pd.read_csv('autocars.csv')
v=pd.read_csv('wine.csv')
v1=pd.melt(v,id_vars=['country'],var_name='death',
           value_vars=['deaths', 'heart', 'liver'])

# 生成4个图形
fig=plt.figure(figsize=(60,20))
ax1 = fig.add_subplot(231)
sns.scatterplot(x='bill_length_mm',y='bill_depth_mm',data=w,hue='island')
ax2 = fig.add_subplot(232)
sns.lineplot(data=fmri.query("region == 'frontal'"),
    x="timepoint", y="signal", hue="event", units="subject",
    estimator=None, lw=1,ax=ax2)
ax3 = fig.add_subplot(233)
sns.histplot(data=u, x="Miles_per_Gallon",hue='Origin', kde=True,ax=ax3)
ax4 = fig.add_subplot(234)
sns.barplot(x='death',y='value',hue = 'country',data=v1,ax=ax4)
ax5 = fig.add_subplot(235)
sns.boxplot(data=v1,x='country',y='value',ax=ax5)
```

```
ax6 = fig.add_subplot(236)
sns.violinplot(data=v1,x='country',y='value',ax=ax6)
```

12.1.1 关系类图函数 seaborn.relplot 示例

散点图

下面的代码产生图 12.1.2:

```
sns.relplot(data=u, x="Displacement", y="Weight_in_lbs", hue="Year",
            col="Origin")
```

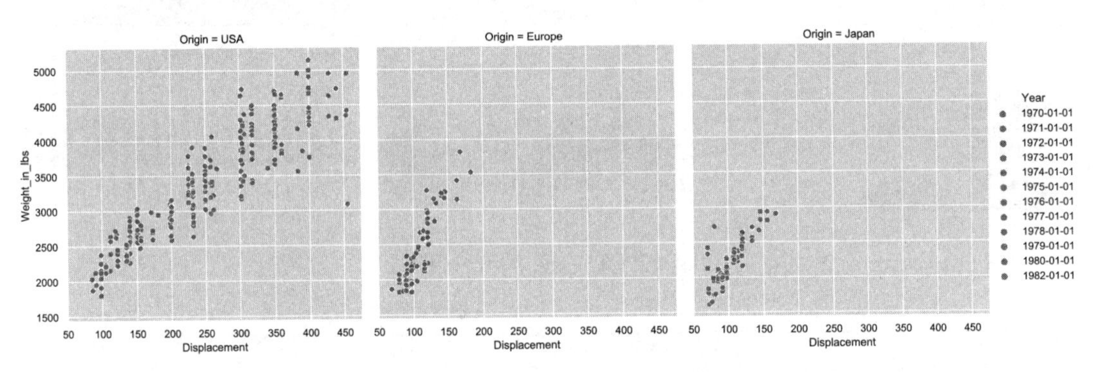

图 12.1.2 sns 关系类图之一: 例 1.2 数据的散点图

线条图

下面的代码产生图 12.1.3:

```
sns.relplot(x="bill_length_mm", y="body_mass_g", hue="species",
            col="island", row="sex", height=3,aspect=2,
            kind="line", estimator=None, data=w)
```

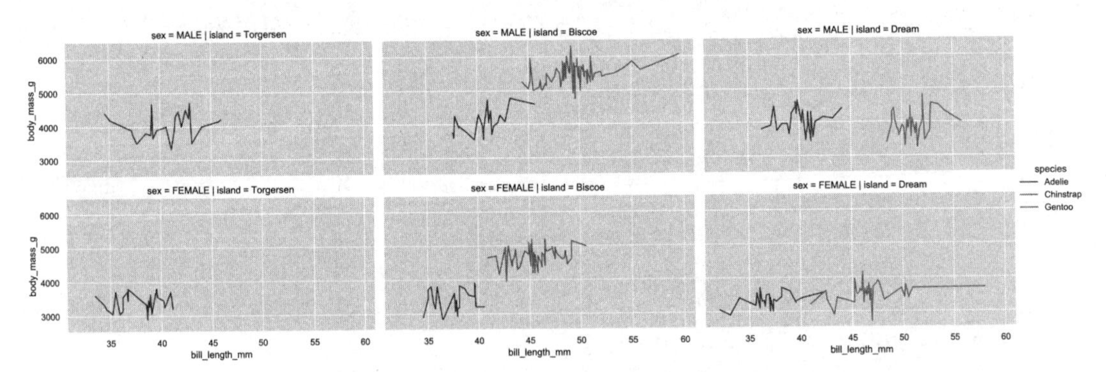

图 12.1.3 sns 关系类图之二: 例 1.3 数据的线条图

12.1.2 分布类图函数 seaborn.displot 示例

核密度估计图

下面的代码产生图 12.1.4:

```
g = sns.displot(
    data=w, y="flipper_length_mm", hue="sex", col="species",
    kind="kde")
g.set_axis_labels("Density", "Flipper length (mm)")
g.set_titles("{col_name} penguins")
```

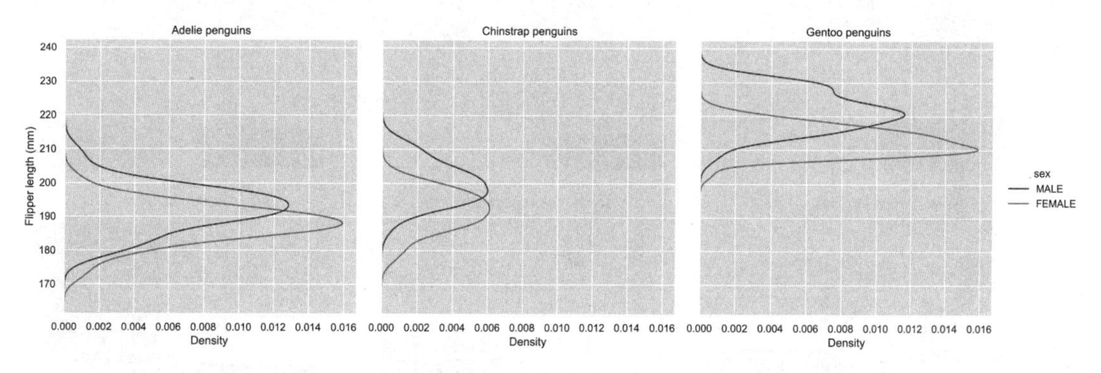

图 12.1.4 sns 分布类图之一: 例 1.3 数据的核密度估计图

经验分布图

下面的代码产生图 12.1.5:

```
g = sns.displot(
    data=w, y="flipper_length_mm", hue="sex", col="species",
    kind="ecdf")
g.set_axis_labels("ECDF", "Flipper length (mm)")
g.set_titles("{col_name} penguins")
```

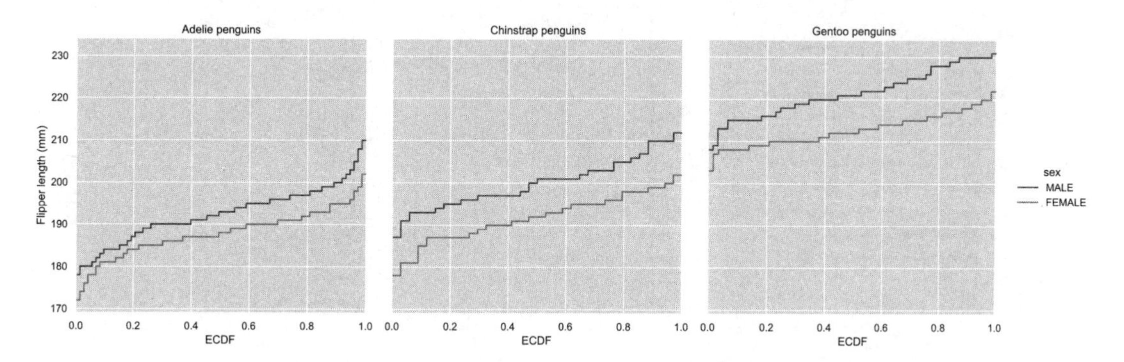

图 12.1.5 sns 分布类图之二: 例 1.3 数据的经验分布图

12.1.3 涉及分类变量类图函数 seaborn.catplot 示例

计数条形图

下面的代码产生图 12.1.6:

```
tt=pd.read_csv('titanicF.csv')
g = sns.catplot(x="survived", col="pclass", row='sex',
                data=tt,#titanic[titanic.deck.notnull()],
                kind="count", height=2.5, aspect=1.5)
```

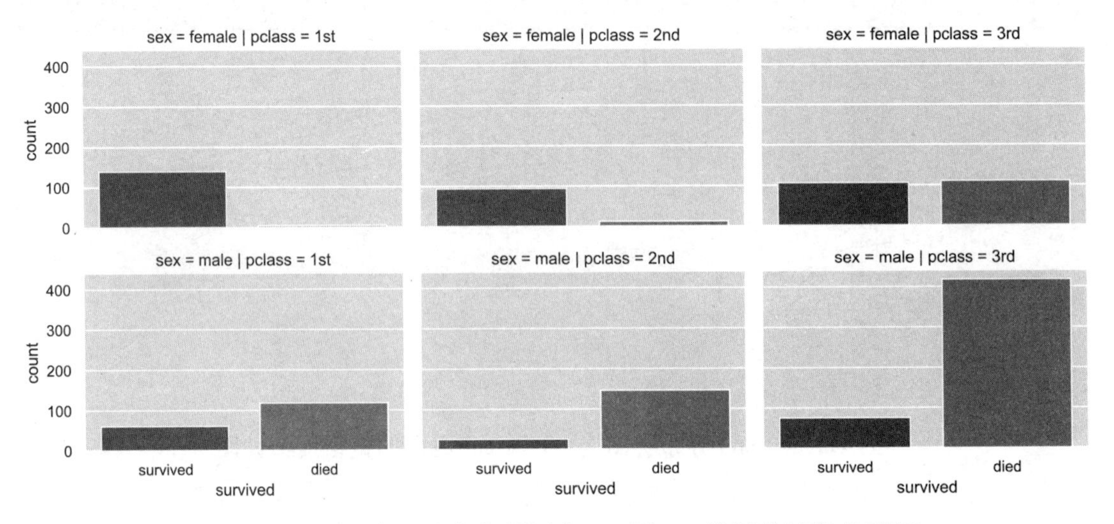

图 12.1.6 sns 涉及分类变量图之一: 例 3.4 数据的计数条形图

小提琴图

下面的代码产生图 12.1.7:

```
g = sns.catplot(y="Year", x="Displacement",
                col="Origin", hue='Cylinders',#row="Origin",
                data=u, kind="violin", dodge=False, cut=0, bw=.2)
```

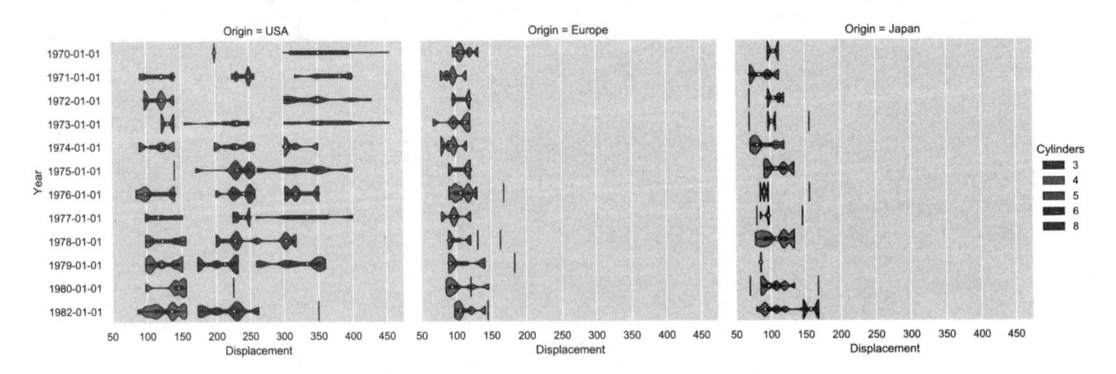

图 12.1.7 sns 涉及分类变量图之二: 例 1.2 数据的小提琴图

12.1.4 矩阵图: 聚类热量图函数示例

下面的代码产生图 12.1.8:

```
v2=v.copy()
sns.set_theme(color_codes=True)
country = v2.pop("country")
lut = dict(zip(country.unique(), "rbg"))
row_colors = country.map(lut)
sns.clustermap(v2, row_colors=row_colors)
```

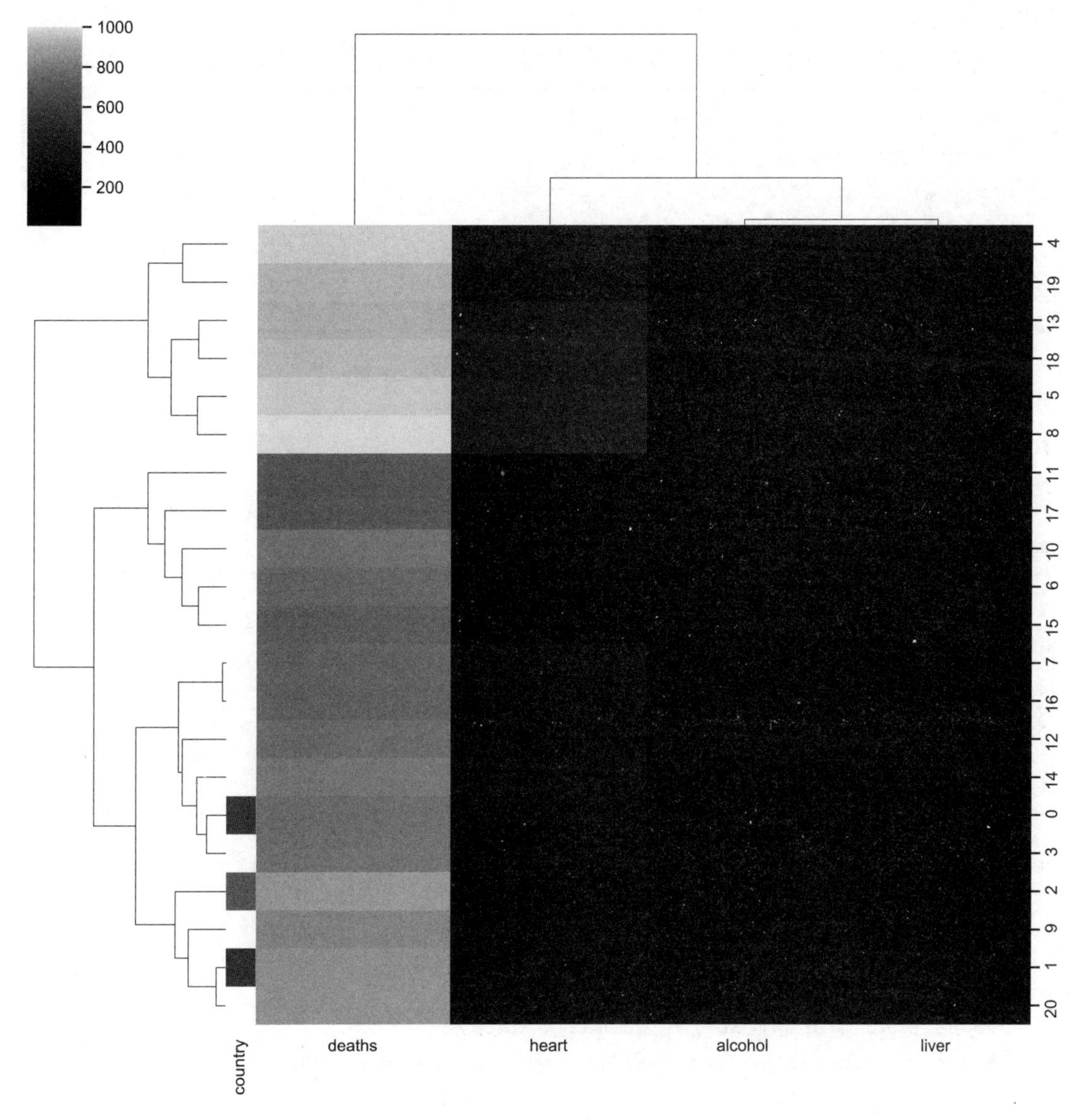

图 12.1.8 例 1.1 数据的 sns 聚类热量图

第 13 章　scipy 模块

scipy 模块和许多应用数学及科学研究领域密切相关, 它有大量的特殊函数、各种优化方法、计算方法及其他与科学计算有关的领域. 但是因为它与 numpy 有很多功能重合, 我们这里仅仅对少数功能做简单介绍.

scipy 模块是和前面介绍的其他模块紧密结合的, 因此, 我们需要首先输入这些模块:

```
import scipy.stats as stats
import numpy as np
import matplotlib
import matplotlib.pyplot as plt
%matplotlib inline
import pandas as pd
```

这里主要介绍 scipy 模块与数据科学应用有关的一些方面.

13.1　存取各种数据文件

scipy 模块可以存取各种类型及不同软件格式的数据文件, 下面是一个存取扩展名为 mat 数据文件的简单例子.

```
from scipy import io as sio
np.random.seed(789)
data = np.random.randn(5, 4)
sio.savemat("randn.mat", {'normal': data})
data = sio.loadmat('randn.mat', struct_as_record=True)
data['normal']
```

输出为:

```
from scipy import io as sio
np.random.seed(789)
data = np.random.randn(5, 4)
sio.savemat("randn.mat", {'normal': data})
data = sio.loadmat('randn.mat', struct_as_record=True)
data['normal']
```

下面给出了各种格式文件的存取列表:

(1) MATLAB 文件:

1) `loadmat(file_name[, mdict, appendmat])`: 读取 MATLAB 文件.

2) `savemat(file_name, mdict[, appendmat,...])`: 存储 MATLAB 文件.

3) `whosmat(file_name[, appendmat])`: 列出 MATLAB 文件的变量名.

(2) 读取 IDL `sav` 文件: `readsav(file_name[, idict, python_dict,...])`.

(3) Matrix Market 文件:

1) `mminfo(source)`: 得到 Matrix Market 文件源的大小和存储参数.

2) `mmread(source)`: 读取 Matrix Market 文件源的内容到一个矩阵.

3) `mmwrite(target, a[, comment, field,...])`: 存储稀疏或稠密数据到 Matrix Market 文件源.

(4) 非格式化 Fortran 文件: `FortranFile(filename[, mode, header_dtype])`: 来自 Fortran 代码的非格式化文件序列对象.

(5) Netcdf 文件:

1) `netcdf_file(filename[, mode, mmap, version,...])`: Netcdf 数据文件对象.

2) `netcdf_variable(data, typecode, size, shape,...)`: Netcdf 文件数据对象.

(6) Harwell-Boeing 文件:

1) `hb_read(path_or_open_file)`: 读取 HB 格式文件.

2) `hb_write(path_or_open_file, m[, hb_info])`: 存储 HB 格式文件.

(7) WAV sound 文件 (scipy.io.wavfile):

1) `read(filename[, mmap])`: 读取 WAV 文件.

2) `write(filename, rate, data)`: 存储 WAV 文件.

(8) ARFF 文件 (scipy.io.arff):

1) `loadarff(f)`: 读取 ARFF 文件.

2) `MetaData(rel, attr)`: 保存 ARFF 数据集的必要信息.

13.2 常用的随机变量的分布及随机数的产生

在笔者用的 Python 3 版本中, `scipy.stats` 中的离散分布有 13 个, 连续分布有 94 个, 多元分布有 8 个. 针对每个分布都可以得到其 (连续变量的) 概率密度函数 (`pdf`) 或 (离散变量的) 概率质量函数 (`pmf`)、累积分布函数 (`cdf`)、分位数 (`ppf`, 为 `cdf` 的逆)、随机数 (`rvs`)、对数概率密度函数 (`logpdf`)、对数累积分布函数 (`logcdf`)、生存函数 (`sf`)、逆生存函数 (`isf`)、均值、方差、偏度和峰度 (`stats`) 以及非中心矩 (`moment`) 等等.

下面是就标准正态分布对上述一些函数作图 (见图 13.2.1) 的代码:

```
plt.figure(figsize=(18,4))
plt.subplots_adjust(top=1.5) #调节每个图四周的空间
x=np.arange(-4,4,.01)
plt.subplot(2,2,1)
plt.plot(x,stats.norm.cdf(x))
```

```
plt.title('cdf of $N(0,1): \Phi(x)$')
plt.subplot(2,2,2)
plt.plot(x,stats.norm.pdf(x))
plt.title('pdf of $N(0,1): \phi(x)$')
plt.subplot(2,2,3)
plt.plot(x,stats.norm.sf(x))
plt.title('sf of $N(0,1): 1-\Phi(x)$')
x=np.arange(.01,.99,.01)
plt.subplot(2,2,4)
plt.plot(x,stats.norm.ppf(x))
plt.title('ppf of $N(0,1): \Phi^{-1}(x)$')
```

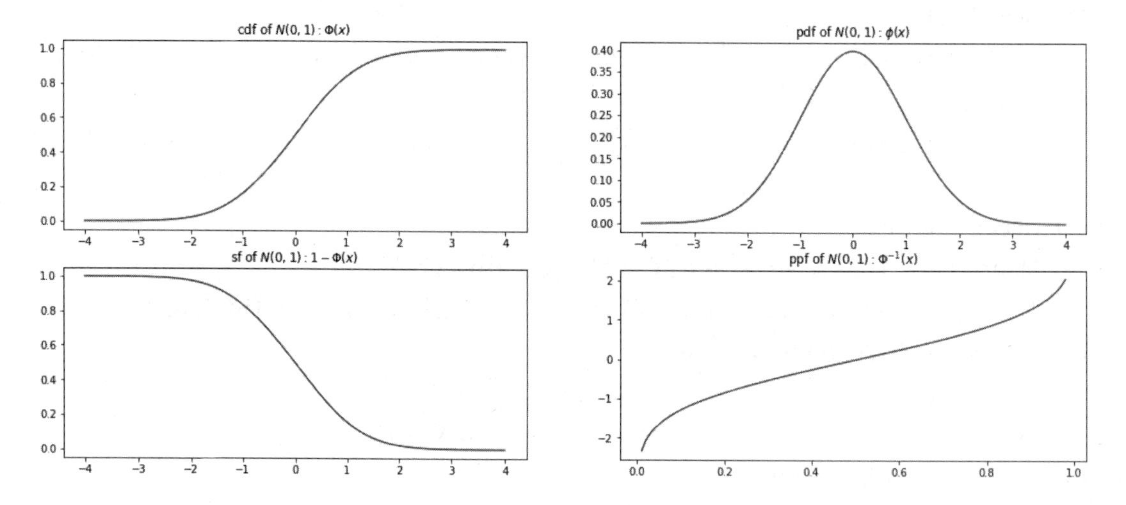

图 13.2.1 标准正态分布的 cdf, pdf, sf 及 ppf

下面是给定随机种子 (比如 999) 时产生 10 个均值为 5, 标准差为 2 的正态分布随机数的代码:

```
np.random.seed(999)
stats.norm.rvs(size=10,loc=5,scale=2)
```

这些代码等价于下面的代码 (它产生同样的 10 个随机数, 但随机种子仅作为函数的一个选项):

```
stats.norm.rvs(size=10,random_state=999,loc=5,scale=2)
```

注意, 代码 `stats.norm.rvs(10)` 会产生均值为 10, 标准差为默认值 1 的一个随机数, 而 `stats.norm.rvs(size=10)` 会产生标准正态分布的 10 个随机数. 这是因为 `rvs` 函数的变元次序为: (1) 均值 (`loc`); (2) 标准差 (`scale`); (3) 样本量 (`size`); (4) 随机数 (`random_state`). 如果不按照次序输入变元, 必须写明变元名称.

如果反复和某一种分布 (比如 $N(5,2)$) 打交道, 就可以一次 “冻结” 这个分布, 把它赋值于一个对象, 然后就不用每次输入那些涉及分布及参数选项的代码了, 请看下面的代码:

```
fr=stats.norm(loc=5,scale=2) #把N(5,2)冻结到对象fr下面可得到各种有关结果
print('rvs(size=3,random=999): %s \nmean: %s \nstd: %s\
\ncdf(5.97): %s\npdf([-0.5,2.96]): %s \nkwds %s' \
      %(fr.rvs(size=3,random_state=999),fr.mean(),fr.std(),\
        fr.cdf(5.97),fr.pdf([-0.5,2.96]),fr.kwds))
```

得到:

```
rvs(size=3,random=999): [5.25431569 7.80378176 5.62962997]
mean: 5.0
std: 2.0
cdf(5.97): 0.6861618272430887
pdf([-0.5,2.96]): [0.00454678 0.11856598]
kwds {'loc': 5, 'scale': 2}
```

下面的代码产生对应于一些概率点的标准正态分布右侧尾临界值表:

```
stats.norm.isf([0.1,0.05,0.025,0.01,0.001])
#等价代码: -stats.norm.ppf([0.1,0.05,0.025,0.01,0.001])
```

输出为:

```
array([ 1.28155157,  1.64485363,  1.95996398,  2.32634787,  3.09023231])
```

类似地, 下面的代码产生对应于一些概率点的三种自由度 (2,5,500) 的 t 分布右侧尾临界值表:

```
stats.t.isf([0.1,0.05,0.025,0.01,0.001],[[2],[5],[500]])
#等价代码: -stats.t.ppf([0.1,0.05,0.025,0.01,0.001],[[2],[5],[500]])
```

得到 (每一行对应于一个自由度):

```
array([[ 1.88561808,  2.91998558,  4.30265273,  6.96455672, 22.32712477],
       [ 1.47588405,  2.01504837,  2.57058184,  3.36493   ,  5.89342953],
       [ 1.28324702,  1.64790685,  1.96471984,  2.33382896,  3.10661162]])
```

显然, 在自由度很大时, t 分布的临界点接近标准正态分布的临界点.

13.3 自定义分布的随机变量及随机数的产生

13.3.1 自定义连续分布

利用 scipy 模块可以自己定义随机变量的分布, 虽然想弄清楚细节需要关于 class 和 subclass 的一些基本知识 (参见第 8 章), 但可以照猫画虎. 下面通过密度函数定义指数分

布 (参数为 L):

```
from scipy.stats import rv_continuous
class exponential_gen(rv_continuous):
    '''Exponential distribution'''
    def _pdf(self,x,L):
        return L*np.exp(-x*L)
    def _cdf(self,x,L):
        return 1-np.exp(-x*L)
```

由于从前辈 class rv_continuous 继承了许多方法，这样得到的分布可以享受现存分布函数的各种 "特权"，比如下面的代码所显示的:

```
Exp=exponential_gen(name='exponential')
print('Exp.cdf:\n',Exp.cdf(np.arange(1,4,.3),.5))
print('Exp.pdf:\n',Exp.pdf(np.arange(1,4,.3),.6))
print('Exp.ppf:\n',Exp.ppf([0.1,0.05,0.01],.6))
print('Exp.rvs:\n',Exp.rvs(.6,size=7))
print('Exp.mean(.6):\n',Exp.mean(.6), Exp.var(.7),Exp.std(.7))
```

输出为:

```
Exp.cdf:
 [0.39346934 0.47795422 0.55067104 0.61325898 0.66712892 0.7134952
 0.75340304 0.78775203 0.81731648 0.84276283]
Exp.pdf:
 [0.32928698 0.27504361 0.22973573 0.19189141 0.16028118 0.1338781
 0.11182439 0.09340358 0.07801723 0.06516547]
Exp.ppf:
 [0.17560086 0.08548882 0.01675056]
Exp.rvs:
 [2.03164754 0.87654809 3.40911609 1.23362439 0.91257522 0.91241673
 0.64601185]
Exp.mean(.6):
 1.666666666666668 2.040816326530487 1.4285714285713849
```

需要注意的是，在子类 exponential_gen 中没有定义而衍生出来的函数 (比如 ppf)，都是程序计算出来的，有时进行诸如积分等浮点运算会出现意外. 下面例子定义了一般的均值为 m，标准差为 s 的正态分布，但这里仅仅定义了 pdf，因此在计算 cdf 时可能会出错.

```
from scipy.stats import rv_continuous
class gaussian_gen(rv_continuous):
    '''Gaussian distribution'''
    def _pdf(self,x,m,s):
        return np.exp(-(x-m)**2/2./s**2)/np.sqrt(2.0*s**2*np.pi)
```

执行下面语句:

```
Gaussian=gaussian_gen(name='gaussian')
print('Gaussian.cdf:\n',Gaussian.cdf(np.arange(-4,4,1),.01,3))
print('Gaussian.pdf:\n',Gaussian.pdf(np.arange(-4,4,1),0.01,2))
print('Gaussian.rvs:\n',Gaussian.rvs(0.001,2,size=3))
print('Gaussian.mean:\n',Gaussian.mean(0.001,2),Gaussian.var(0.1,2))
print('Gaussian.ppf:\n',Gaussian.ppf([.1,.2,.5,.9],2,4))
```

得到 (看得到浮点运算的错误, 比如方差不刚好是 4, 而且算得慢):

```
Gaussian.cdf:
 [0.09066573 0.15785003 0.2514289  0.3681841  0.49867019 0.62930002
 0.74644145 0.84053683]
Gaussian.pdf:
 [0.02672654 0.06427412 0.12038044 0.17559094 0.19946865 0.17647109
 0.12159028 0.0652455 ]
Gaussian.rvs:
 [ 1.47625043  3.88755326 -0.79042144]
Gaussian.mean:
 0.0010000000000001967 4.000000001559113
Gaussian.ppf:
 [-3.12620626 -1.36648493  2.          7.12620626]
```

但执行下面的语句就有问题了 (出现 `[nan    nan]`), 猜测是浮点积分时的问题.

```
print(Gaussian.cdf([2,0.1],0,2))
```

13.3.2 自定义离散分布

和连续分布情况类似, 也可以自定义离散分布, 比如 Poisson 分布函数:

```
from scipy.stats import rv_discrete
class pois_gen(rv_discrete):
    '''Poisson distribution'''
    def _pmf(self,k,m):
        return np.exp(-m)*m**k/math.factorial(k)
import math
```

但更实际的是根据 $x_1, x_2, \ldots, x_K$ 的概率 $p_1, p_2, \ldots, p_K$ 自定义离散分布, 下面是这样的一个例子. 首先定义离散概率分布:

```
x=np.arange(1,6,1)
p=np.array([.1,.2,.3,.3,.1])
mydf=rv_discrete(name='mydf',values=(x,p))
```

运行下面的代码还可画出该离散分布的概率质量图和累积分布图 (见图 13.3.1):

```
plt.figure(figsize=(12,5))
plt.subplot(1,2,1)
plt.xlim((0,6))
plt.ylim((0,.4))
plt.plot(x,mydf.pmf(x),'bo',ms=12,mec='r')
plt.title('PMF')
#上面ms为markersize简写, mec为markeredgecolor简写
plt.vlines(x,0,mydf.pmf(x),colors='k',lw=5)
plt.subplot(1,2,2)
plt.xlim((0,5))
plt.ylim((0,1.5))
plt.step(x,mydf.cdf(x),'b--',lw=4)
plt.title('CDF')
```

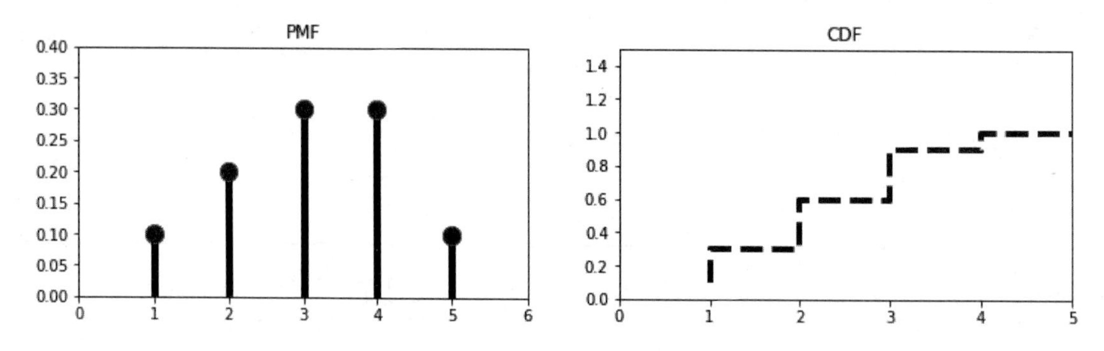

图 13.3.1 自定义离散分布概率质量 (pmf) 图和累积分布 (cdf) 图

13.4 定积分的数值计算

假定要做数值积分

$$\int_0^4 (6x^3 - 2x^2 + x - 1)\mathrm{d}x,$$

则可以用 scipy 模块中 integrate 的一般积分函数 quad():

```
from scipy import integrate
f = lambda x: 6*x**3-2*x**2+x-1 #定义被积函数f
integrate.quad(f, 0, 4)    #做f的从0到4的积分
```

得到:

```
(345.3333333333333, 3.842356655157 62e-12)
```

结果中的第一个数目是积分结果, 第二个数目是误差.

再看一个有参数的积分例子:

$$\int_1^\infty \frac{e^{-xt}}{t^n} dt.$$

我们先定义被积函数和写成参数的函数的积分 (参数是 (n,x)), 最后用向量化函数嵌套 (参见 9.7 节):

```
def g(t, n, x):
    return np.exp(-x*t) / t**n
def gint(n, x):
    return integrate.quad(g, 1, np.inf, args=(n, x))[0]
vec_gint = np.vectorize(gint) #向量化
```

然后我们可以对 $n = 5$ 以及 4 个不同的 x 值 ($x = 4.3, 3.1, 0.2, 0.21$) 做积分:

```
vec_gint(5, [4.3,3.1,0.2,0.21])
```

得到 4 个积分值:

```
array([ 0.00153955,  0.00597441,  0.19221033,  0.18973336])
```

对上述积分再做从 0 到 ∞ 的积分, 则为

$$\int_0^\infty \int_1^\infty \frac{e^{-xt}}{t^n} dt dx.$$

(该积分已知结果是 $1/n$). 只要对上面的 gint 再使用一次一般积分函数 quad() 即可 (这里 $n = 4$):

```
integrate.quad(lambda x: gint(4, x), 0, np.inf)
```

得到 ($1/n = 0.25$):

```
(0.2500000000043577, 1.0518245715721669e-09) #第二个数目是误差估计
```

二重积分可以用 dblquad() 函数. 比如计算积分

$$\int_{y=0}^{1/3} \int_{x=0}^{1-3y} xy dx dy,$$

可以用下面的语句:

```
integrate.dblquad(lambda x, y: x*y, 0, 1/3.,lambda x: 0,lambda x: 1-3.*x)
```

得到:

```
(0.004629629629629629, 5.13992141030165e-17)
```

n 重积分可以用 nquad() 函数. 比如对于上面的积分, 可以用下面的语句得到和上面相同的结果:

```
def f(x, y):return x*y
def by():return [0, 1/3.]
def bx(y):return [0, 1-3.*y]
integrate.nquad(f, [bx, by])
```

对于前面的积分

$$\int_0^\infty \int_1^\infty \frac{\mathrm{e}^{-xt}}{t^n} \mathrm{d}t\mathrm{d}x,$$

也可以用 nquad() 函数, 例如使用下面的语句 ($n = 4$) 得到同样的结果:

```
def f(t, x):return np.exp(-x*t) / t**4
integrate.nquad(f, [[1, np.inf],[0, np.inf]])
```

图书在版编目（CIP）数据

Python编程训练入门：数据分析的准备/吴喜之，张敏编著. -- 北京：中国人民大学出版社，2022.2
（基于Python的数据分析丛书）
ISBN 978-7-300-30237-9

Ⅰ.①P… Ⅱ.①吴… ②张… Ⅲ.①软件工具-程序设计 Ⅳ.①TP311.561

中国版本图书馆CIP数据核字（2022）第020412号

基于Python的数据分析丛书
Python编程训练入门
——数据分析的准备
吴喜之 张 敏 编著
Python Biancheng Xunlian Rumen——Shuju Fenxi de Zhunbei

出版发行 中国人民大学出版社
社　　址 北京中关村大街31号　　**邮政编码** 100080
电　　话 010－62511242（总编室）　010－62511770（质管部）
010－82501766（邮购部）　010－62514148（门市部）
010－62515195（发行公司）　010－62515275（盗版举报）
网　　址 http：//www. crup. com. cn
经　　销 新华书店
印　　刷 北京七色印务有限公司
规　　格 185 mm×260 mm　16开本　　**版　　次** 2022年2月第1版
印　　张 16.5 插页1　　**印　　次** 2022年2月第1次印刷
字　　数 389 000　　**定　　价** 49.00元

版权所有　侵权必究　　印装差错　负责调换

教师教学服务说明

中国人民大学出版社管理分社以出版经典、高品质的工商管理、统计、市场营销、人力资源管理、运营管理、物流管理、旅游管理等领域的各层次教材为宗旨.

为了更好地为一线教师服务, 近年来管理分社着力建设了一批数字化、立体化的网络教学资源. 教师可以通过以下方式获得免费下载教学资源的权限:

在中国人民大学出版社网站 www.crup.com.cn 进行注册, 注册后进入 "会员中心", 在左侧点击 "我的教师认证", 填写相关信息, 提交后等待审核. 我们将在一个工作日内为您开通相关资源的下载权限.

如您急需教学资源或需要其他帮助, 请在工作时间与我们联络:

中国人民大学出版社　管理分社

联系电话: 010-82501048, 62515782, 62515735

电子邮箱: glcbfs@crup.com.cn

通讯地址: 北京市海淀区中关村大街甲 59 号文化大厦 1501 室 (100872)